休閒農業概論

陳昭郎、陳永杰　著

全華圖書股份有限公司

序

自1960年代末期農業開始萎縮以來，產、官、學各界便積極致力於改善農業結構，尋求新的農業經營方式，以突破農業發展瓶頸，促進農業轉型， 提高農民所得及繁榮農村社會。有識之士便醞釀利用農業資源吸引遊客前來遊憩消費，享受田園之樂，並促銷農特產品，於是農業與觀光結合的構想應運而生。

休閒農業係結合生產、生活及生態三生一體的農企業。一般而言，具有教育、經濟、社會、遊憩、醫療、文化和環保等功能。臺灣自1989年4月28 日至29日在臺灣大學舉辦「發展休閒農業研討會」，各界建立共識並確定

「休閒農業」名稱後，休閒農業便成爲農業發展政策，政府就有計畫推展此項產業。

由於都市化社會出現，都市人口快速成長，使得公園綠地休閒活動空間與設備不足。國民所得提高，消費能力提昇，加上消費結構改變，育樂與交通支出逐年增高，顯示民眾對休閒旅遊需求逐年增加。工業化與機械化結果，國民休閒時間增多，相對地，對休閒遊憩之需求亦隨之增加。又道路與交通的改善，致使公共運輸及私人車輛普遍的發達，成爲無遠弗屆的境界。這些因素的相互影響，使得休閒農業的發展變成時勢所趨。

休閒農業發展至今已歷經數十個年頭，目前已到了蓬勃發展時期，很多大學院校紛紛開授休閒農業相關課程，不少研究生也以休閒農業爲主題撰寫碩、博士論文，政府及相關單位亦相繼舉辦訓練研習班，培育從業人員，但始終缺乏休閒農業有關的教材書或有系統的參考文獻，提供學生與學習者閱讀參考。

在編寫過程中承蒙諸多人士之協助，始能順利付梓出版，承蒙黃廷合教授從旁參與，內人陳美滿女士幫忙搜集資料、電腦打字、篩選照片及校對文稿出力最多，陳美芬教授提供照片與修正高見，陳永杰、張東友在資料的圖表整理協助不少，尙有許多農場及好友提供照片使本書內容更爲充實，在此一併致謝。

本書乃作者在臺灣大學農業推廣學系及景文科技大學休閒事業管理系任教期間，教授休閒農業相關課程之講義資料整理彙集而成，因時間匆促尚有許多遺漏或錯誤之處，還望士林碩彥多多批評斧正，無勝感荷。

陳昭郎

改版序

傳承與延續

台灣休閒農業之父陳昭郎教授於1990年起讓休閒農業得以正名，不僅推動休閒農業的觀念，也開啓農業加值發展的道路，他協助建立產業制度與規範，並引領台灣休閒農業邁向六級化產業，對台灣休閒農業發展與推廣的豐碩果實，功不可沒。

台灣休閒農業的發展至今已歷經數十個年頭，目前已到了再次突破與轉型的時期，近年在農政單位的輔導與業者的努力下，已有經營堪稱典範的休閒農業區及場域，休閒農業區朝向主題化、特色化及區域化發展；而創新農業體驗，也從國民旅遊市場邁向國際化，開發具潛力的國際新興市場；政府及相關單位亦相繼透過舉辦訓練研習班，培育在職人力及休閒人才，以提高休閒農業人力素質。

先父陳昭郎教授的一生見證了台灣休閒農業的發展歷程，卻於2014年仙逝，爲延續他對台灣休閒農業發展的理念與精神，永杰對本書內容的增補與更新維護責無旁貸，這幾年有幸參與了休閒農業評鑑與輔導的工作，期望將多年實務經驗和觀察以案例增補進書中，並與先父陳昭郎教授原本在本書休閒農業完整論述內容相輔相成，本書改版主要重點：

1. 新增休閒農業發展大事紀年表，俾利快速、有效理解休閒農業重要發展與脈絡。
2. 政策及法規與時俱進，更新至2018年。
3. 新增實務案例：苗栗休閒農業區、頭城休閒農場及評鑑與認證評選實例，作爲農業教育與訓練研習觀摩解說輔助，提高學習樂趣及效率。
4. 緊隨世界趨勢潮流，將台灣休閒農業發展策略與問題對策作系統化整理，休閒農業未來發展願景，將以全球在地化的視野擴展旅遊市場，建立跨區域的旅遊產業，發揮群聚經濟的優勢，建立地方特色，國際行銷。

本書竭盡所能將相關資料增補至最新，因時間匆促恐有遺漏或錯誤之處，仍望士林碩彥多多批評指正，無勝感荷。也衷心盼望本書能對休閒農業的發展與學習有一點貢獻，並衷心期盼學子及讀者能從本書中獲益。

陳永杰 謹識

2019.10

目次

第一篇　休閒農業基礎概念

第 1 章

休閒意義與功能

第 1 節　休閒意義

第 2 節　農業社會的休閒功能

第 3 節　現代社會的休閒意義

第 4 節　休閒功能

第1節 休閒意義

休閒（Leisure）的定義到底是甚麼？

休閒哲學之父古希臘哲學家亞里斯多德（Aristotle）（圖 1-1）說：「休閒是免於勞務的一種境界或狀態」（acondition or a state of being free from the necessity to labor）。他認爲休閒是人類所有活動的目的，其論述是屬於休閒行爲，他認爲人的生命是與休閒有關的，休閒是人類活動的目的。

圖1-1　古希臘哲學家亞里斯多德（Aristotle）

一、休閒定義

現今社會休閒時間增加及休閒活動愈趨受重視，促成休閒產業的發展，隨著社會與時代的變遷，「休閒」一詞也被賦予不同內涵，不僅是年紀和教育的差異影響人們對休閒的理解，不同年代與地理區域和個人特質、工作環境差異，對「休閒」的認知也各有不同。例如到法國葡萄園進入酒莊實習是休閒活動，也是遊憩的一種（圖 1-2）。

許多專家學者對休閒的定義，除哲學與宗教的觀點外，亦有依照人文社會科學的理論模式。由各學門的對休閒的觀點如下：

1. 心理學的觀點：休閒是個人行爲的一種形式。
2. 社會學的觀點：休閒只有在社會孕育與鼓勵下才會發生。
3. 哲學的觀點：休閒是源自於人的價值觀。

圖1-2 到法國葡萄園進入酒莊實習是休閒活動，也是遊憩的一種。

西方國家對休閒的論述歸納以下幾點：

1. 是多餘的時間：眞正的休閒時間是指正當自己可支配的時間，沒有應盡職業上的責任且是生理上必須滿足以後的時間。
2. 能獲得長久的快樂：正當的休閒必須給人身體安適、心理快樂且歷經長久時間以後仍然留下滿足快樂的回憶。
3. 自主性的時間：自由不被占據的時間一個人可隨其所好任意的休息、娛樂、遊戲或從事其他有益身心的活動。
4. 需富於建設性的意義：休閒leisure一詞源於拉丁文的licere，意指被允許；從licere又引申爲法文loisir－自由時間，以及英文license－許可。從字源來看，休閒可說是行動的自由。而社會科學百科全書則指出，leisure是源於希臘字的schole，演變到後來英文的school與scholar，其語源、字解說明了休閒在古希臘泛指「學習活動」，這是因爲古希臘時代，一些貴族或自由市民因有奴隸代勞，而有自由時間享受「學習活動」，所以休閒在古希臘代表的是一種自由狀態以及具精神啓蒙作用的積極意義。

圖1-3　人惟有在休閒時才有幸福可言

可見「休閒」的意涵已呈現多元化概念，包括的範圍相當廣泛，它幾乎涵蓋工作以外的所有層面。休閒是「工作」的相對詞，意即「不工作」之謂；指個人可自由支配的時間而言；指個人應付生活的一種幽雅心境。

綜合各家說法，休閒的意義以休閒之父古希臘哲學家亞里斯多德（Aristotle）的說法最爲後人所推崇，他稱休閒爲一切事物環繞的中心，是科學與哲學誕生的基本條件；工作的目的是爲了休閒，人惟有在休閒時才有幸福可言（圖 1-3）。

二、休閒、觀光與遊憩之間的關係

有關休閒研究中，休閒（Leisure）、遊憩（Recreation）與觀光（Tourism）往往交相互爲引用，導致這三個名稱或名詞在概念上常有混淆不清的現象，主要是因爲生活在不同環境裡的人們，對三者各賦予不同的意義，很難明確界定與定義（圖 1-4）。

由圖 1-4 之界定可看出「休閒」（Leisure）大體涵蓋觀光與遊憩，遊憩和觀光都是休閒的一種方式。「觀光」（Tourism）包含休閒旅遊和商務與個人旅遊，包括三個基本要素，即人、空間與時間，缺一不可。WTO 將「觀光」定義爲「一個人進行旅遊活動和停留在非日常生活環境的地方，不超過一年以上，從事於休閒、商務、社交或其他目的相關活動的總稱」。（圖 1-4）

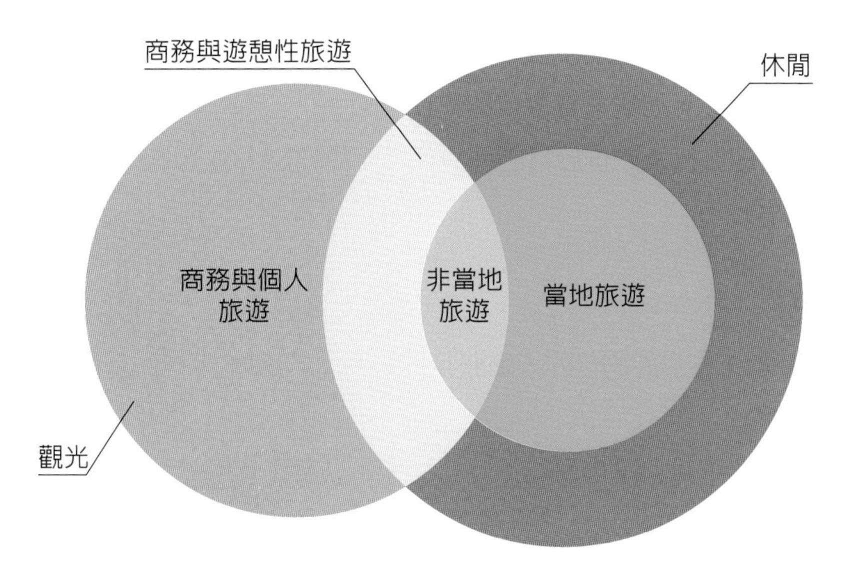

圖1-4　「休閒」包含了觀光與遊憩；觀光包含休閒旅遊和商務旅遊，但不等於休閒；遊憩則包括了當地遊憩與非當地的深度旅遊。（資料來源:Mieczkowisk（1981））

遊憩（Recreation）或稱休閒活動，含有重新創造的意思，意即解脫平日職責束縛之後，讓個人恢復健康與再創造的過程，亦就是讓人們重新還回工作崗位繼續工作的一種活動。根據學者薛銘卿統合各家說法分析出遊憩或休閒活動具有下列含意：

1. 閒暇時所從事的活動。
2. 個人或團體追求或享受自由愉悅體驗的活動。
3. 個人或團體所從事對其具有吸引力的活動。
4. 個人從事具有趣味、遊樂體驗的活動。
5. 可以任何型態，於任何時間、地點發生之活動。

綜合陳思倫等學者看法，觀光（Tourism）現象構成包括三個基本要素，即人、空間與時間，缺一不可。人之要素爲觀光行爲之主體，即觀光客，若無觀光客，即無觀光活動之產生。空間即觀光客所欲前往之處，觀光之目標，亦即觀光行爲本身所必須涵蓋之實體要素，如觀光資源或觀光設備。時間即旅行及停留於目的地所耗之時間要素。觀光有狹義及廣義兩種概念（圖 1-5）。

圖1-5　圓形劇場

狹義觀光爲：

1. 人們基於工作以外的目的，離開其日常生活居住地。
2. 是自願的 。
3. 向預定的目的地移動。
4. 須是非營利性的。
5. 觀賞風土文物。
6. 停留某一段時間，仍要回來原居住地的一種可以自由支配金錢和時間的遊樂活動。

圖1-6　尼斯海港

廣義的觀光，則再加上學術、文化、經濟等活動在內（圖 1-6）。

總之，觀光在觀念上可被視爲一種現象，也就是人民在其本國境內（國內觀光）或跨越國界（國際觀光）的一種活動現象，觀光是利用休閒與娛樂的活動，但並不包括所有的休閒娛樂活動。觀光是對他地、他國的人文觀察，包括文化、風俗習慣、社會制度、產業結構、國情，以及生活型態的瞭解或體驗。其作用可紓解工作壓力、增廣見聞、提升知識水準及促進人類和平。

爲了進一步瞭解休閒、遊憩、觀光等相關名詞之異同，李銘輝與郭建興發展出思維評準表（表1-1），從價值取向、行爲模式、空間範疇、資源情境、時間向度，以及活動內涵等層面來比較，以期使讀者快速認識這些相關名詞間概念之差異性。

表1-1　觀光相關名詞之思維評準表

思維評準／類別	價值取向	行為模式	空間範疇	資源情境	時間向度	活動內涵
觀光	達成某一願望或精神紓解	觀察體驗或學習新環境之事務或特色	遠離日常生活圈	藉由空間移動達到精神紓解	花費一段不算短的時間	以空間移動為內涵之活動。廣義的遊憩
遊憩	滿足個人實質、社會及心理需求	個人利用休閒時間自由從事的動、靜態行為	社區或區域尺度	支持活動者產生愉悅經驗的資源或空間	無義務的時間	獲得個人滿足與愉快體驗的任何形式活動
運動	鍛鍊強健體魄	較激烈的動態行動	社區或區域尺度	足夠身體伸展之空間或特別界定的場所	特定的時間	含有競技、鍛鍊之要素的肉身活動
休閒	不受任何約束與支配下鬆弛身心	於自由時間發生的一種狀態	無特定空間範疇	任何合法及被允許的空間	在約束時間之外的時間	做自己喜歡的事

資料來源：李銘輝、郭建興（2000，P.5）

第2節 農業社會的休閒功能

一、早期人類社會的休閒意義

在人類歷史早期，因生存困難，生命的維護與延續便成爲最大挑戰，爲了生存，人們絕大多數在醒著的時間都戰戰兢兢從事「工作」，亦就是在採摘獵食，抵抗敵人入侵，防禦自然災害，以維持生命安全及繁延後代子孫，幾乎毫無休閒可言。但隨著人類群居社會與部落的組織，分工合作機制的形成，工作效率提升，生存壓力紓解，人類方能稍有多餘的時間可從事不具積極生產性質的活動，於是人們才能從「工作」時間中，抽離出一點時間從事休閒遊憩活動。

不論古今中外，在歷史上能夠享受大量休閒時間的，通常只是少數特權階級，如高官貴族、僧侶、奴隸主人或地主階級。對絕大多數的一般平民而言，由於生產力的發展或提升有限，加上被統治階級層層剝削，日常生活中的工作壓力沈重，極有限的休閒時間頂多只能用來做消除身心疲勞、恢復體力的遊憩活動而已。

在傳統的農業社會中，人們一直以工作爲生活的重心。早期我國農業社會工作與休息時間劃分不很清楚，沒有把自由時間與工作時間界線劃分明顯，因此，工作與休閒微妙地統合在一起，成爲整合性或連續性活動，在各種生活領域裡，均隱含著休閒娛樂的成分，這種現象成爲維持社會共同生活所不可或缺的部分，如婦女在溪邊洗衣時的閒話家常、一邊採茶一邊唱山歌、社區性宗教慶典活動、民俗節慶活動，均包含有休閒娛樂活動意涵（圖1-7）。

圖1-7　工作與休閒微妙融合資料來源：截至https://www.youtube.com/watch?v=5doTHD2HXbk

二、農業社會的休閒意義

在傳統的農業時代，工作和休閒並沒有很清楚的劃分，經常是和諧地融合在一起。勞動被認爲是神聖的工作，經濟活動不僅須與自然和諧融洽，順應大自然的規律，而且農業生產活動乃是一種生活方式，主要在滿足自我生存的直接需求。尤其是小農制家庭農場的經營方式，農民對農業生產過程與耕作方法享有充分自主性，其勞動成果也直接由自己或與家人共同享受，家庭農場從事勞動時也多半在親密關係的人們之間（如家族）進行，因此工作雖辛苦，但卻有代價、有意義。

十七世紀勞動本身被視爲一種生產，基督新教（Protestantism）更將工作或職業稱爲「天職」，詮釋勞動本身爲尊奉上帝意旨的行爲，被賦予神聖及倫理意義，人只有通過「天職」，依上帝意旨，盡一己之社會義務，才能得到救贖，才能接近神的世界。此時期的勞動雖然辛苦（新教倫理要求禁慾儉樸的生活)，但其生活是充實且有意義的(圖 1-8)。

圖1-8　聖儂克修道院薰衣草圃

18 世紀中工業革命後，機械的運作取代了自然的律動，人類生產逐漸轉向新的製造過程，出現了機器取代人力，不僅打破了勞動與自然之間的和諧關係，而且也粉碎了工作的神聖意義。勞動者對勞動過程自主性降低，勞動開始失去意義、勞動者只是出賣自己時間和勞力，喪失由生產活動中體會到的生活更深一層的意義。不僅如此，工業革命初期，唯利是圖的資本家對勞工施予無情剝削，工作條件極爲惡劣，甚至僱用大量童工，在惡劣環境中忍受長時間的廉價勞動的結果，工廠勞工無異於過去的奴隸。

工業化以前的社會，運動、消遣等活動多與工作有關，勞動者雖貧困艱苦，但卻可在工作中獲得某程度的自我實現，工業革命後由於工廠工作時間長、艱苦、枯燥、呆板、單調且易疲倦，因而急需縮短工時，增加自由時間，以消除疲勞及恢復體力，對休閒需求變得十分迫切，甚至有人提出享有休閒生活權利的要求。因此，休閒與工作的分離，以及純休閒時間的出現，可以說是工業社會的產物。

總體而言，在農業社會中工作和休閒並沒有很清楚的劃分，經常是和諧地融合在一起，由於農事工作的時間性、工作地點的孤立性，以及工作方式的自主性，使得休閒時間的需求沒有特別的強調。又農業社會勞動神聖的價值觀，也影響對休閒倫理與價值的重視，孔子在所寫的三字經 「勤有功、戲無益」, 就是告訴人們只要肯勤勞努力的學習，就會有成果，但如果只是嬉戲和遊玩，對自己對父母對師長，都是沒有益處，這也反應了當時休閒意涵的寫照。

第3節 現代社會的休閒意義

一、大衆休閒社會來臨

工業及科技革命以後，機器代替了人力，機械的運作原理取代了自然的動律，打破以往只有貴族才有休閒文化的慣例，休閒已成爲現代人生活中不可或缺的一部分。19世紀初期，歐洲工廠的工人每週工作長達60小時，拜科技進步，到了1920年代，大部分歐洲工廠每週工時已降至40小時。科技發達與高度自動化的結果生產效率陸續增加，工作性質也有很大改變，人們可自由支配的時間大量增加；加上經濟情況改善，所得增加，對生活品質也就更加重視，對休閒需求更加殷切，商業休閒活動開始蓬勃發展。

另一方面，由於社會制度的改變，以及受到民主潮流衝擊的影響，階級分化非但已經模糊，且占少數人口的特權階級，也已無法肆無忌憚地剝削占多數人口的中下階級；相對地，一般大衆已可享受到許多以往原是專屬特權階級及所擁有的種種，包括休閒。如今，休閒的階級意味幾已消失殆盡，已非中上階級的表徵，相反地，幾乎人人手頭上都有空閒的時間可供運用，也就是說，在已開發的民主體制社會之下，對絕大多數人而言，休閒不再是奢侈品，休閒已成爲大衆所必須面對的「重要課題」。我國在民國2001年起也實施週休二日制後，帶動了國內休閒旅遊風潮，顯示大衆性休閒時代已經來臨了（圖1-9）。

圖1-9 法國鄉村度假農莊入口

二、現代社會之休閒眞諦

有休閒時代的來臨帶來人類新希望的實現！現代人由於科技文明、分工專業化結果，工作效率提高，加上民主思想普及，一般大衆社會地位提升，自己掌握的自由及自主運用的休閒時間增加，尤其是經濟高度發展國家的大多數人們，拜現代化之賜，享受富裕的生活，還擁有已往專屬特權階段的「休閒」。

但什麼才是好的休閒？依據 Nash（1953）的休閒理論，將休閒分爲六個層級（圖 1-10）：

4. 原創性活動：如發明家、畫家
3. 主動參與的活動 ：複製現有模式如表演者、追隨者、臨摹書法
2. 情感性參與的活動 ：聽音樂會、參觀畫廊
1. 娛樂消遣、逃離單調、殺時間的活動 ：爲旁觀的參與如看電視
0 是危害自身的參與：傷害自我違背常理的活動
0 以下爲危害社會的參與

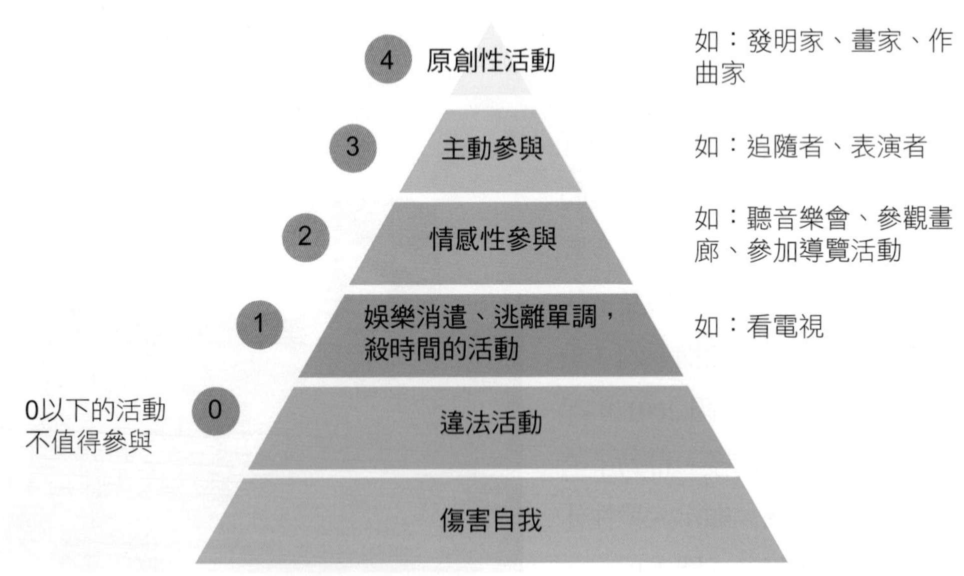

圖1-10　Nash（1953）休閒分類與金字塔模型

資料來源：Nash, J. B. (1953). Philosophy of Recreation and Leisure. Dubuque, lowa: William C. Brown Company Publisher, p.89.

因此，休閒參與即爲個人在自由時間及自由意願下，從事有益身心發展的動、靜態的活動或運動，並能達到身心快樂與滿足的狀態。但現代人所從事的休閒生活，多半缺乏傳統社會民間娛樂所具的消除身心疲勞、恢復體力之「再創造」（Recreation）的積極面。相反地，大多數是感官性、消極性、非現實性、被動性、無力感等，是現代社會大衆休閒活動的心理特性（圖1-11、1-12）。

圖1-11　參觀法國葡萄酒之鄉屬於情感性參與的休閒活動

「休閒」是工業社會的產物，定時工作、定時休息、定時休閒的問題自然產生。工業社會在休閒與工作上有兩個特徵：一是計時付工資，不論是日薪、週薪，還是月薪；二是特定的假日，如星期日、例假日、教師和學生的寒暑假。工作的時候不准休息，假日不能去工作，把工作和休息或休閒劃分清楚，工業社會的人不得不設法打發假日的時間或工餘的閒暇。現代人享有充分的休閒時間，但願休閒不再淪爲商業工具，而使得自工作解放而得的休閒，流失在消費的洪流之中。現代人應妥善運用自己的休閒，來培養幽雅心境、增進生活情趣，從事創作、充實內涵、擴大生活視野、發揮潛能、展現自我。

圖1-12　參觀藝術聆聽導覽賞析能培養幽雅心境、增進生活情趣,圖為已故雲門舞集第一代舞者羅曼菲的雕像

現代人更要好好利用自由時間，接觸有價值的人類文化，發展自己的人格和能力，並致力於增進家族、朋友與社會之間的接觸，以豐富和充實精神生活，進而達成美好社會實現，以提升人生境界的「休閒」。

因此，期望現代社會的人們能從休閒生活中獲得人生的意義，發展人類的潛能，實現美好人生，從而對美好社會的實現做出貢獻，企盼休閒時代的來臨帶來人類新希望之實現。

第 4 節 休閒功能

法國社會學家杜馬哲 (Joffre Dumazedier) 認爲休閒具有三個相互貫通的功能：放鬆、娛樂及自我發展，稱此爲「休閒三部曲理論」。他認爲休閒活動是個人隨心所欲從事的活動，它是放鬆、多樣與廣泛知識的結合；它經常是社交活動，需要個人的創造力的投入。

世界衛生組織（WHO, 2002）也指出，休閒活動不但有助於青少年遠離藥物濫用等危險行爲，也可降低老年人的孤立與寂寞感。因此只要適有當休閒活動，就會產生不同的休閒功能，休閒活動對不同層面會有不同的影響，而透過休閒參與確實可得到各種面向的正向功能，有助於促進身體健康、心理健全、增進人際關係互動及家庭互動，並能增進社會和諧，只要個人的知覺感受在休閒參與後是正面的，即可達到休閒參與的功能。

一般而言，休閒對人們的功能較常被提及的大致有四項：

1. 鬆弛身心恢復疲勞。
2. 獲得工作以外的滿足感，可以穩定情緒、紓解壓力。
3. 擴展生活經驗，增廣視野。
4. 增進個人身心發展，獲得自我實現。

整體而言，從個人和家庭社會方面來分析：

一、 個人方面：

1. 平衡身心健康：工商社會競爭激烈，現代人的文明病不僅常見於生理，官能性的心理病症亦常因工作之忙碌、競爭、不確定性，而感受到壓力、緊繃、焦慮等現象。這些心理失衡可藉由參與知性、感性、欣賞性、娛樂性、體育性之體驗活動，達到平衡身心的效果，調節情緒，滿足心理上的需求，如好奇心、成就感、自我肯定等。

2 .培養創造力與毅力：休閒活動是自己選擇的，興趣濃厚，很容易激發創造力，甚至有時爲了達到某種理想，往往廢寢忘食地努力以赴，無形中培養了堅毅不拔的精神。
3. 增長人際關係：在休閒時與同好互動過程既可交換經驗，增廣見聞，又可排除寂寥。另外有些休閒活動，需要團體合作，如桌遊、打球、參加旅遊等，在與他人相處的過程中，可以學習別人的長處，培養忍耐、諒解、領導等能力，更可交到不少志同道合的朋友。有些技藝如繪畫、書法等，藉由彼此觀摩、研究學習，往往得更大的成就。
4. 拓展生活領域：參加休閒活動，特別是自己有興趣的活動，不僅消除工作上的疏離感，更能使生活多彩多姿，擴大胸襟，體驗生命的眞諦。

二、家庭社會方面

1. 加強家庭的凝聚力：家人一起參與休閒活動，不但可以提供家人互動的機會，透過休閒體驗的共同分享彼此回饋，還可增加家庭成員的互相了解，達成共識，並加強家庭的凝聚力。家庭成員藉著參加共同活動互動機會，不但可以削減緊張、分享遭遇問題、了解彼此的需求、增進同理心，還可享受全家在一起的快樂。
2. 建立價値與規範：休閒活動中，可以學習到許多生活準則、價値判斷和社會規範等，因此能幫助個人社會化，達到寓教於樂的目的。青少年在休閒時間從事正當活動，可以減少犯罪傾向，預防青少年犯罪行爲的產生。
3. 提高社會意識，促使社會更加團結：個人與社會的依存關係也就更緊密，相互之間的影響力也就更明顯，小者透過個人的行爲產生細微的社會流動，大者以集體形式造成社會規範的改變。休閒活動參與有助於社會整合，增加整體工作效率。文化性的休閒活動對生活素質提升及公德心的培養有正面助益。心靈上的宗教性與靜思性休閒有助於祥和社會的達成。

第2章

休閒農業意義與功能

第 1 節 休閒農業之緣起

一、臺灣的農業發展

臺灣光復後推動系列經濟性、社會性與區域性的農業建設計畫，奠定臺灣農業快速發展的基礎。但由於內外環境急劇的變遷，臺灣的農業由強勢產業逐漸轉變爲弱勢產業，農業的轉型也應運而生。

臺灣光復初期，經濟建設以增加糧食生產、安定社會爲最主要目標，農業政策以土地改革爲重心，發展策略則以修復水利設施、重建農業生產結構、增加化學肥料之施用、引用新技術增加生產、實施土地改革，使耕者有其田，提高生產誘因，並提高農民社會地位。經過 7 年（1945 年～ 1952 年）的農業建設，農業年平均成長率高達 13%。其後政府積極致力於農業全面發展計畫，除繼續加強糧食增產外，亦著重高經濟作物栽培、引進新作物、改良新品種、創新技術、建立農業推廣制度、增強農民組織，因而臺灣農業至 1960 年代末期仍能維持快速成長，其年平均成長率高達 5%以上，帶來外匯存底增加即繁榮富足之景象，逐漸培育了臺灣工業的起飛，但也導致農村勞力的開始外移，造成農業成本相對的提高。

自 1970 年代開始，工商業快速發展後農業資源的不斷外移，農業生產感受到資本與勞力缺乏的壓力。農村勞力外移導致農村工資上漲，農業用品價格偏高，農業所得與收益相對下降，勞力密集生產方式不再可行，農業所得與非農業所得差距加大，農村社會問題浮現，因此，政府農業政策目標著重調整農業結構，縮短城鄉差距，提高農民所得。

1980 年代後，臺灣經濟仍維持成長，以輸出爲導向的海島型貿易型態，在國際貿易自由化的影響下，不得不犧牲部分產業，來換取更多產品的輸出，在此一情形下，農業往往成爲犧牲對象，農業成長維持衰退，甚至零成長。臺灣農業發展好像走到十字路口不知何去何從？紛紛引起產、官、學各

圖2-1　鄉村田園景觀

界的關注，無不致力於改善農業結構，尋求新的農業經營方式，突破農業發展瓶頸，提高農民所得及繁榮農村社會。有識之士便醞釀利用農業資源（圖2-1）吸引遊客前來遊憩消費，享受田園之樂，並促銷農特產品，於是農業與觀光結合的構想便應運而生。

二、臺灣休閒農業的發源

（一）森林遊樂區開發

臺灣地形多山，森林茂密，過去林業經營多偏向「森林利用」，將森林伐採並把木材搬運利用。臺灣森林自 1966 年開始發展多目標功能的林業經營取向，如表 2 - 1 所示，除了林業生產、國土保安外，森林旅遊、生態保育、環境綠化、國民健康、自然教育及陶冶性靈等功能逐漸受重視。林業單位首先於 1965 年開發阿里山森林遊樂區，發展多目標功能的林業經營，提供國民大眾遊樂活動，獲得熱烈回響，爾後逐漸進行各地森林遊樂之規劃建設工作。

森林遊樂區強調以森林自然環境爲主題，讓遊客獲得舒適、健康、安全、高品質的回歸自然體驗。森林遊樂事業仍不斷開創新境，吸引各階層旅遊人潮不分季節地湧向森林體驗大自然，親近大自然，以期改變過去國人走馬看花的旅遊型態，逐漸轉變爲定點深入渡假的休閒型態。

（二）田尾公路花園創設

永靖、田尾地區不僅是臺灣最大的花卉種苗栽培區，也是臺灣花卉種苗事業的發源地。臺灣省政府爲了建設公路花園的構想，使其成爲觀光休閒的好去處，於 1973 年特委託學者專家完成「園藝觀光區」的規劃，以促進花卉苗木事業發展，並增進當地觀光事業開展（表 2-1）。

表2-1　多目標林業功能

森林功能類別	內涵註釋
陶冶性靈	（1）回歸自然（Green Contact）。 （2）對性情心靈的影響。
自然教育	（1）對社會大衆推動森林自然及環境教育。 （2）對遊客作解說服務。
國民健康	（1）推行森林浴活動，培養健康活力。 （2）提供大衆運動、復健、調養的場所。
環境綠化	（1）保護生活環境，包括緩和氣象、防音、防風、防火、淨化空氣等。 （2）工業區生態綠化最近備受重視。
生態保育	森林區保存自然資源，包括：保安林、森林自然保護區、自然保留區等。
森林遊樂	（1）發展國民育樂事業。 （2）以保育理念為基礎，並讓大衆親近森林。
國土保安	傳統林業重點之一。 （1）依森林法之規定，設置保安林。 （2）實施治山防洪工程。
林業生產	傳統林業重點之一。 林產收穫利用、造林、保林、經營等。

資料來源：李銘輝、郭建興（2000，P.5）

1975 年開始著手闢建田尾公路花園的環園公路，1976 年完成 9 公尺寬、4.7 公里的環園公路，於是國內首座公路花園正式問世。由於交通情況的改善，助長當地園藝事業的發展，亦帶動農業觀光產業的發達，形成了一個頗具盛名的園藝觀光區。爲了維護當地珍貴園藝觀光資源，並開發爲優良觀賞環境，彰化縣政府委託臺灣省住都局擬定「彰化縣田尾園藝特定區（公路花園）計畫」，並於 1981 年 3 月 3 日公告實施。該計畫以現有公路花園園藝景觀精華地區爲重心，連同其附近住宅聚落劃定爲「田尾園藝特定區」，加以整體規劃，計畫面積達 332.5 公頃。該計畫爲形成園藝景觀環境，除對鄉街社區及交通系統妥加規劃外，並以現有公路花園爲基礎，配合計畫開闢 20 公尺寬的環園大道，規劃完成園藝發展區計畫，劃設園藝景緻區、休憩區、保存區、商業區、園藝展覽區、別墅區、公園、綠地、旅館區、市場、服務管理中心、園藝研究中心、停車場及花園廣場等公共設施，具備了生產、生活與生態的機能，儼然成爲現今的休閒農業園區。

（三）大湖觀光草莓園的興起

苗栗縣大湖鄉素有「草莓王國」的美譽，是臺灣草莓的主要產區。苗栗縣大湖地區栽培草莓係從 1958 年開始，早年農民基於好奇、新鮮、有趣試種，果子收成後幾乎都直接加工製成果醬出售，沒想到會創造奇蹟，發展成觀光休閒產業先驅作物。

1976 年有遊覽車公司爲因應遊客需求，主動到農家要求開放採果，體驗田間樂趣與豐收喜悅，以作爲新的旅遊賣點，這也是臺灣休閒農業的發軔。大湖草莓園開放觀光採果後，草莓種植面積便開始倍數成長，目前苗栗大湖草莓栽種面積約五百多公頃，面積與產量約佔全國八成。

大湖草莓園開放觀光採果，開創了農業結合觀光旅遊的風氣，不僅打開了農業新的發展契機，全省各地各類農場紛紛仿效，也開啓了休閒農業發展的里程碑。

（四）學術團體的討論引發各界關注

1979年中華農學會於全國各農業團體召開聯合年會時，以「觀光農業」爲主題，進行學術性討論，探討臺灣發展觀光農業的可行性。由於農學團體的熱烈研討，引起各界對農業觀光的關注，以及觀光休閒產業與農業結合的重視，亦激發農政機關與相關團體組織對休閒農業產業的認識，成爲引導休閒農業發展的動力。

（五）臺北市觀光農園的推展

由於內外環境的變遷，在都市的農業經營遭遇到相當大的困境，臺北市也不例外，傳統的農業產銷工作推動困難，積極尋求突破發展瓶頸。臺北市農會於1980年在木柵指南山上創辦「木柵觀光茶園」，成爲全國觀光農園之先驅，目前臺北市的觀光農園，主要分佈在北投、士林、內湖、南港、木柵等山坡地區。北投區竹子湖的觀光海芋園每年都吸引大量遊客上山賞花（圖2-2），其他還有觀光柑桔、花圃、仙人掌園等。

圖2-2　北投區以竹子湖的觀光海芋園聞名全臺　圖:臺北市政府產業發展局官網

隨著國民所得的提高，爲滿足都市人親自體驗農耕的樂趣及對安全農產品的需求，台北市農會於1989年起積極規劃推動市民農園，並將農業、休閒、教育功能相結合；隨著九年一貫教育鄉土教學、戶外教學的實施，臺北市政府於2002年籌組休閒農場輔導小組，輔導合乎法令規定、具發展潛力的農園轉型爲休閒農場，作爲國民中小學田園教學場所，藉由體驗式的活動安排，來了解農村生態、自然環境與人文活動，並滿足學習的娛樂性。

透過臺北市農會的策劃，有計畫的宣導觀念，結合區農會組訓農民，籌措經費，致力倡導，使得農業與觀光結合的經營方式，促進臺北市農業經營現代化邁上歷史性的新里程，也帶動了臺灣觀光休閒農業發展的風潮。

（六）臺灣省觀光農園的推動

為了配合國民旅遊，促使農業朝向多元化之層次發展，1982年底，行政院農業委員會有鑑於當時觀光農業尚在萌芽階段，為輔導此項頗具發展潛力之新興事業，以提高農民所得，繁榮農村經濟，促進農村發展，核定「發展觀光農業示範」計畫，首先在苗栗縣大湖鄉、卓蘭鎮（圖2-3）及臺中縣豐原市設置觀光果園，如草莓園、梨園、葡萄園、柑橘園及楊桃園等，面積共285.6公頃，開放供遊客觀光及採果，由臺灣省政府農林廳主辦，縣政府及鄉鎮市公所或農會負責推動，成為全省第一個由政府輔導之觀光農業帶。

此計畫推動以來廣受農民與遊客喜愛，每年輔導地點、面積、種類、規模等均不斷成長，至1989年度止，7年來總共輔導設置之觀光農園面積超過1,000公頃，範圍包括14縣、42鄉鎮，22種農作物。

圖2-3　苗栗卓蘭鎮雄觀光果園的巨峰葡萄，果實粒粒結實飽滿，甜度足口感佳，每到採果期吸引遊客絡繹不絕。圖片來源：鎮雄觀光果園

觀光農園計畫主要輔導工作包括：

1. 農園栽培技術改進。
2. 農民組訓及協調。
3. 公共設施之設置及維護。
4. 遊客服務、示範與教育。
5. 宣傳廣告等。

觀光農園的推動在農政機關與農民團體積極輔導下，已具顯現成效，並達成提供民眾觀光遊憩之良好場所與減少農產品運銷層次，增進農民收益之目標，同時也奠定了休閒農業發展的基礎。

（七）東勢林場發展經驗

東勢林場屬中低海拔林地，動、植物生態豐富，場內原始林、人造林、純林、複合林都有，杉木林、油桐林、楓香林、相思林、梅林都十分美麗壯觀。東勢林場導向森林遊樂區經營後，其資源開發利用更朝向配合休閒旅遊需求：

1. 配合一年四季不同自然生態推出賞櫻路線、賞桐路線、賞楓路線、賞梅路線、螢火蟲季、甲蟲季等各種行程。
2. 豐富的生態環境與自然生態，針對不同對象開發環境教育課程。
3. 森林浴場是林場的主題特色，SPA健康步道可讓遊客恣意徜徉於山林芳香中，沿途並有各種植物解說牌，提供遊客享受知性與感性的森林之旅。
4. 導覽解說讓遊客更深度認識東勢林場特色，園區導覽生態介紹與夜間生態觀察。

（八）走馬瀨農場之觀光開發

走馬瀨農場（圖 2-4 ）位於臺南縣玉井、大內兩鄉交界的曾文溪南畔，佔地 120 公頃，足足有四個台北大安森林公園大，早期作牧草栽培的農場經營，1985 年爲長期開發，規劃爲現代化農牧經營爲主、觀光爲輔的營運策略。由台南市農會於 1988 年起開始開發經營，是全國第一個休閒農業主題遊樂園。以專業種草起家，再轉型升級爲觀光休閒農場，並且爲第一批獲頒合法風景遊樂區標章，連續11年優等及特優考核園區。

圖2-4　走馬瀨農場

2004年11月，榮獲農委會委託臺灣休閒農業協會評鑑，優級休閒農業標章，2016年，榮獲農委會委託臺灣休閒農業發展協會評鑑，通過休閒農場服務認證。

走馬瀨農場轉型成功，發揮多樣化功能，農場營運以企業體正軌化運作，經營管理上強調資源管理、安全管理、環境管理、旅客服務及營運管理工作，無形中對臺灣休閒農場發展，起了示範效果，也產生很大的良性導引作用。

（九）農村文化觀光 外埔鄉單車草根香之旅

1986年臺中外埔鄉還是一個典型的農業鄉鎮，因屬高嶺地形，土地貧瘠，天然缺水，農業發展頗受限制，但自然環境地勢優美，鄉內文物古蹟蘊藏豐富。當時的外埔鄉鄉長吳桂森，有感於農村經濟與生活所潛在之危險與問題，積極利用該鄉現有農業資源及純樸的風土人情，推動農村青年快樂群「單車草根之旅」活動，使國內青年有機會親臨農村，體驗農村風情與生活，進而支持農村，帶動農村復興，促進農村新活力。其目的在吸引全國各階層人士到外埔鄉來實際了解農村風貌與田園風光，紓解都市緊張生活的情緒，順便體驗農村草根生活，認識農村文化。

目前臺中市外埔區已經發展出多條單車路線，外埔區自然環境山明水秀是個很好的騎車點，不但擁有獨一無二的天然環境，有平坦直路也有坡道，是車友很推薦的騎車路線，例如永豐桐花路線、三崁古蹟之旅、鐵山古建築路線，以及牧場線、水美線及土城線等。

外埔區單車休閒路線的發展模式，乃以農業資源、文化資源、自然資源互相結合為基礎，發展為全鄉性農村文化觀光方式，將是標準的休閒農業發展模式，也是目前休閒農漁園區之發軔。

（十）休閒渡假農場開設

除了上述較具規模且有計畫開發的農業觀光計畫與場所外，尚有一些腦筋靈活具有先見的農民與團體，利用農業與農村資源開設了休閒渡假中心，吸引遊客前來消費。譬如，南庄鄉三角湖的農民在公所與農會輔導下，於1988年由參與基層農民組織的班員共同開發休閒中心，服務項目包括山地農特產品展售、山地手工藝品展售、山地風景區及觀光農園指引、提供露營休閒設備、提供野餐烤肉場所與山地料理餐點供應等等，其經營型態已具休閒農場之內涵。

由個別農家自行投資經營的觀光休閒農園或中心，散布在全省各地為數也不少，例如苗栗縣獅潭鄉的仙山綜合農園遊樂區，在1989年之前，就已把自家農場的特色與資源加以發揮，提供遊客休閒遊憩及餐飲住宿，經營出色，收益可觀。

三、「發展休閒農業研討會」集大成

以上觀光農園及休閒渡假農場之開發奠定了臺灣休閒農業發展之基礎。在這段期間，有一個共同的現象就是，不管是產業界、行政界或學術界，大家對農業結合觀光的新興事業不知給予何種名稱，也不知如何下定義，有「農村觀光」、「農村旅遊」、「鄉土旅遊」、「農村休閒」、「農鄉休閒」、「農郊休閒」、「觀光農業」、「觀光農場」、「農業觀光」等稱謂，其所涉的意旨涵蓋範疇均有不同。所以名詞不一，定義不清，未能建立共識，導致農政機關及相關單位很難研擬對策輔導發展。此種現象直至1989年4月28日、29日，行政院農業委員會贊助臺灣大學農業推廣學系舉辦「發展休閒農業研討會」後，產官學各界自此才建立共識確定「休閒農業」名稱，並將其定義爲：「休閒農業係指利用農產品、農業經營活動、農業自然資源環境及農村人文資源，增進國民遊憩、健康，合乎利用保育及增加農民所得改善農村之農業經營」。從此「休閒農業」一辭成爲主流用辭，取代過去許多不同名稱。農委會自 1990 年起在農建計畫中增設「發展休閒農業計畫」，積極輔導推動休閒農業之發展，自此臺灣邁入推展休閒農業時代。

第 2 節
休閒農業之定義

一、休閒農業的法定定義

誠如上節所述，休閒農業之名稱與定義，自 1989 年之「發展休閒農業研討會」後才建立共識，其後於 1992 年 12 月 30 日公布之「休閒農業區設置管理辦法」中將休閒農業用辭定義爲：「休閒農業：指利用田園景觀、自然生態及環境資源，結合農林漁牧生產、農業經營活動、農村文化及農家生活，提供國民休閒，增進國民對農業及農村之體驗爲目的之農業經營」。雖然「休閒農業區設置管理辦法」已經多次修正，目前修改爲「休閒農業輔導管理辦法」，但對休閒農業用辭定義未曾變動過。同時「農業發展條例」增列條文中對休閒農業用辭之定義亦相同。從休閒農業法定的定義中可以瞭解，休閒農業所表現的是結合生產、生活、生態、生命四生一體的農業，在經營上更是結合農業產銷、農產加工及遊憩服務等「三」級產業於一體的農企業，所以具有初級產業、二級產業及三級產業特性，可說是近年來發展的農業經營新型態（圖 2-5）。

圖2-5　飛牛牧場

二、休閒農業的特質

由上面休閒農業的定義，吾人可知此項產業具有下列特質：

（一）休閒農業的資源主要來自農業資源本身

休閒農業是將農業相關資源妥善規劃運用在休閒活動上。這裡所謂農業資源係包括田園景觀、自然生態、農村環境資源、農業生產、農業經營活動、農村文化，及農民生活等方面。

（二）休閒農業是結合生產、生活、生態、生命四生一體的經營方式

1. 生產係指農、林、漁、牧的生產過程、生產方式、生產工具，以及其生產品。
2. 生活係包含農村居民本身的特質、生活方式、生活特色，以及農村文化活動等。
3. 生態係涵蓋農村地理環境、農村氣象、農村生物，以及農村景觀等。
4. 生命係指休閒農場中，隨處都有花、草、樹木、昆蟲、鳥獸，萬物生生不息，充滿生命力。遊客藉由親身體驗，感受生命意義，體認生命價值，分享生命成長與豐收的喜悅，進而使人們尊重生命，發揮生命力。

休閒農業是將四生結合為一體的新農業經營型態，有別於傳統的農業生產業，亦不同於一般觀光旅遊業。

（三）休閒農業是跨越農業生產、農產加工及農業服務業等三級產業的農企業

傳統的農林漁牧業的生產事業被稱為第一級產業，農產品加工業為第二級產業，服務業則歸屬為第三級產業。休閒農業需要以農業生產的第一級產業為基礎，提供遊客消費與體驗活動，同時亦必須將初級產品創意開發加工製造提升其附加價值（圖 2-6），

圖2-6　農業加工品

最後尚須以第三級產業的理念與方法將農產加工品經營管理才能獲取成效。所以，休閒農業是將「三級」產業集大成的產業。

（四）活用農業資源提供國民休閒旅遊，增進對農業及農村體驗

農村綠滿大地、山明水秀、景色天成，寬廣的空間將其與農村聚落或農業經營連結發展休閒農業。農林漁牧生產除提供採摘、銷售、觀賞、森林遊樂、垂釣捕捉、坐騎遊樂等活動外，部分耕作或製造過程也可以讓旅遊者參與或觀賞，而農村之鄉土文物、民俗古蹟、童玩技藝之有形與無形文化素材則更加豐富，可供展售、教育和讓遊客拾回失落的童年。因此農村自然資源、田園與文化資源，經有計畫的開發，用心的整理，精巧靈活的運用，可以經營為可看性、鄉土性、草根性、娛樂性很高的休閒體驗遊憩活動。

（五）休閒農業具有服務業商品的特性應朝向休閒服務業的方向來經營與管理

休閒農業所提供的休閒產品、活動和服務具有服務業商品的特性，服務業商品具有無形性、不可分割性、異質性、易逝性等四種特性。

1. 無形性（Intangibility）：休閒農業的商品是無形的，沒有具體的樣品，無法預先看到及試用的產品，必須仰賴現場的體驗。
2. 不可分割性（Inseparability）：一般的實體產品是先被生產，然後被銷售，最後才被消費。但休閒農業的服務就不同，是先被銷售，然後同時被生產及消費。因此服務人員與顧客必須共同參與，這種消費者對生產過程涉入的情形，使得服務人員與顧客之間的互動非常頻繁。因此，對於休閒農業來說其商品就是「服務」的提供，必須即時地向消費者提供服務。
3. 異質性（Heterogeneity）：一般具體的產品在生產過程中，可以將生產過程標準化；但休閒農業很難標準化並控制品質，因服務大多數是由服務人員與顧客之間的互動關係，此時服務品質決定於經營者本身或服務人員的素質與熱誠。由此可知服務人員的訓練與良莠，是休閒農業服務的關鍵。

4. 易逝性（Perishability）：實體的產品可以大量生產，並將未銷售的部分予以儲存，但服務是無法儲存的，因此，服務會有需求上的波動。服務的設備與服務人員雖然可以事前準備或訓練，但是服務的生產具有即時性，無法調節產能，因此經營者在面對淡、旺季需求的變動時，如何平衡且維持一致性的供給是非常重要的。

（六）供給彈性小

舉凡旅遊、民宿等服務業均具有供給彈性小的共同特性。休閒農場的經營亦不例外。

1. 投資大：休閒農場固定資產占極大的比例，投資報酬率不高。
2. 季節性：休閒農業經營有淡旺季之分，無法連續生產。
3. 週期性：臺灣休閒農業之遊客向以國人為主，因此，平日與假日遊客數非常懸殊，假日遊客絡繹不絕，平日則門可羅雀，經營者常戲曰休閒農業為週休五日產業。
4. 量的限制：休閒農場的空間或房間數固定後，淡旺季或平日假日時， 無法臨時變動增減。
5. 場所的限制：地點決定後，不能隨便轉移。
6. 區位限制：好的地點比高明的經營更重要。

第 3 節 休閒農業功能

一、農業的功能

休閒農業是以農業經營爲主，沒有農業經營就沒有休閒農業。休閒農業的經營擺脫了農業就不可以稱之爲休閒農業。因此，在探討休閒農業功能之前，值得先分析農業的功能。一般而言，農業的功能有下列幾項：

（一）供應糧食

人類生存必須依賴糧食，民以食爲天，糧食的供應是國民生活的基本需求，亦是國家社會安定的基本力量。糧食的匱乏是國家動亂的來源。糧食不但是養活國民、改善營養的農產品，在國際間，糧食亦曾被用來當武器，以禁運糧食行經濟制裁，可見糧食不僅是供應人類的營養品，亦是國家社會安全的重要指標，生產糧食一向是農業的基本功能，供應人類食物，維護人們的健康與生理的成長是農業最直接的貢獻。

（二）國土保安、水土保持

臺灣土地面積有三分之二比例爲山坡地及高山，由於地形陡峻、地質脆弱、河川短促湍流、豪雨地震頻繁，極易引發土壤沖蝕或土石崩落、流出等現象。過去常遭不當開發利用，如濫墾、濫伐、濫挖、濫建或濫葬等行爲破壞，使寶貴的綠色資源大量喪失，造成重大災害，甚至危害到生命財產安全。山坡地是環境敏感地區，應在林木草類保護下，才可青山長在、綠水長流，維護重要的環境資源。因此，環境保育、自然生態維護、資源永續利用與發展，爲國土保安、永續國土資源的重要課題。山坡地維持適當的農業經營，包括造林、綠化、農作物覆蓋等，不要任意開發利用，方能保持青山綠水，而達到國土保安的功能。

（三）水源涵養調節氣候

農業經營涵蓋農林漁牧生產事業，其中絕大部分產業基地與水源涵養及氣候調節息息相關。大地需要花草樹木來涵養水分，森林、湖泊、水塘、魚池或水田等都是水質、水源的保護者，沒有農業，水源可能消失，氣候亦將產生巨大變化。尤其是水田具有明顯的三生功能，除糧食生產功能外，尚具有涵養地下水源及安定河川流況，調蓄暴雨洪水減低下游排水尖峰流量、淨化水質、調節微氣候、防止土壤沖饋、洗鹽，及提供水鳥庇護、繁殖、覓食場所等生態功能，也具有提供農村良好居住環境及美麗景觀等生活功能。

（四）提供就業

農業是一種產業，不但提供就業機會，也提供農民收入的來源，農業在經濟性功能方面，除了農民直接從農業生產獲得利益外，對農業相關的二、三級產業，也盡了不少經濟性功能。

（五）提供工商業發展的基礎資源

工商業的發展主要係來自農業的基礎，工商業最初的發展依賴農業提供的原料及勞力，以及農業所累積的資金。而廣大農村消費市場也是工商產品賺取利潤的主要場所。總之，農業對整體經濟發展功不可沒，更是二、三級產業發展的基石。

（六）安定社會

小農制家庭農場經營型態的農業經營方式，對家庭勞動力容納彈性較大，當工商業產生衰退時，農業可吸納回流勞力，以緩衝社會危機發生，例如在1970年代中期發生的能源危機，臺灣有不少中小企業工廠關閉，不少勞動力回流農村爲家庭農場吸收，雖然這些勞動力在家庭農場中可能是不充分就業狀態，但都不至於帶來社會危機產生。

（七）休閒旅遊的優良環境

農業經營維護綠地、保育生態景觀資源、保存農村藝術和產業文化、生產農特產品，以及提供廣闊的自然環境，提供國民休閒體驗與生態旅遊，使農業提升爲生產、生活、生態三生一體的休閒產業。

二、休閒農業的功能

休閒農業是近年來發展的農業經營新型態，是將農業資源應用在休閒體驗活動上的產業，亦是將農業生產主體及其環境和休閒觀光遊憩活動相結合的一種活動型態，是親近自然、體驗自然的活動。此項結合農業與服務業的產業可說是農業經營的一環，所以農業大多數的功能，休閒農業也都具備。一般而言，休閒農業具有下列七種重要功能：

（一）經濟功能

休閒農業是新近發展的農企業，就經濟性目標而言，主要有改善農業生產結構，繁榮農村經濟，增加農村就業機會提高農家所得等功能。休閒農業將農業由初級產業導向三級產業發展，促使農田成爲生產的園地，也是休閒遊憩的場所，更具農村公園的面貌。辦理休閒農業可使農民直接銷售產品給消費者，解決了部分農產品運銷問題，並避免運銷商中間剝削；無形中增加農家收益，同時農民也可從提供遊憩服務中獲取合理報酬增加收入。無形中使原專事生產的初級產業，躍升至結合加工及服務的二、三級產業的農企業，致使農業生產結構有所改善。

發展休閒農業可增加農村許多就業機會，並改善農民所得條件。發展休閒農業可增加農村許多就業機會，並改善農民所得條件。許多服務性工作，例如各種基層農業推廣組織，提供農村婦女或老弱婦孺參與，也可留住部分農村青年參與經營，達到農村青年留村、留農的目標。自 2001 年農政單位推廣休閒農業區計畫以來，由於投入不少軟、硬體建設，改善農村地區休閒遊憩環境，每逢假日大量遊客湧入園區遊憩活動，農村居民便從事農特產品的行銷與提供服務性工作來增加收入，並增加就業機會。

根據農委會估計 2001 年度一鄉一休閒農業區計畫執行成果，46 個園區計畫計創造商機達 588,562,345 元，吸引遊客 11,916,990 人，創造就業機會 2,505 人，農民轉型休閒農業人數達 1,654 人（2002 年度農業發展計畫專案查證：發展休閒農業計畫查證報告，27 ～ 34）。可知，休閒農業發展可達到增加農村就業機會，促進農業轉型的功能。

傳統的農業生產，農民從銷售農產品賺取微薄的利潤，遇到菜土菜金、穀賤傷農時，經常是血本無歸，所以農業所得往往是偏低，發展休閒農業後，農業轉型，農民增加就業機會，農業經營方式導入第三產業，以服務業的理念、方法、技巧來經營農業，不但農產品的附加價值提升，農民收益亦增加，許多農民利用假日服務遊客，平時則從事農業生產工作，如此，對農家所得提高甚爲顯著，就整體而言，休閒農業所帶來的農村消費市場的擴展，也給農村地區帶來生機，達成繁榮農村經濟的功能。

（二）教育功能

知識就是力量，知識是解決問題的能力。知識是學習而來的，人活到老學到老，人們對生活周遭環境的有關事物有認知與學習的需求，所以追求知識是人類基本的需求之一。傳統教育，教室是主要的學習場所，課本是唯一的教材，然而現代的教育，學習空間卻步出教室、踏出校門，在校園、社區、社會、田野、大自然裡進行教學活動；教材也具生活化、鄉土化、本土化、國際化；教學方法求新求變，過程力求生動活潑，眞正還原教育的原本面目。

休閒農業經營類型如休閒農場、漁場、牧場、林場或觀光、教育農園等都是具有自然開闊的場所，豐富的生態景觀環境，許多生活、民俗、產業文化資源、農業生產過程，以及農業經營活動等，都是戶外教學活生生的教學空間與資源。休閒農業所提供的各種體驗活動，亦是力求達到「寓教於遊，寓教於樂」的最佳教學活動。使學習者從體驗中去觀察與發現問題和事實現象，親自去接觸和感受，去探索和思考事物之關係，以便在自己腦海中建構知識。因此，此種在大自然環境中所提供的教學資源不是抽象符號、圖象或替代性的經驗，而是較具體直接的經驗，是從親身參與由做中學習或體驗中建構而成的知識，這種經由獨立思考、判斷能力的教學方式具有社會性與未來性的需求。

圖2-7　中苗農村再生城鄉交流活動－來去秀水種菜趣，跟著農民學習蔬菜種植。
圖片來源：行政院農業委員會水土保持局網站

（三）社會功能

休閒農業在社會性功能方面，主要有四項：（1）促進城鄉交流；（2）增進農村社會發展；（3）提升農村居民生活品質；（4）縮短城鄉差距。

休閒農場、觀光農園、教育農園、森林遊樂區等休閒農業園區均座落在農村地區，具有優美的田園景觀，豐富的自然生態及環境資源。又有傳統特色的農村文化，以及生動有趣的農業經營活動，這些都是居住在水泥叢林的都市居民所追求「綠」與「自然」的空間環境。每逢假日都市居民無不想要暫時擺脫擁擠的居住環境與工作生活之壓力，湧進農村地區欣賞自然景觀，體驗農業活動，享受平和與寧靜的環境，以求紓解壓力及恢復身心疲勞，因此，休閒農業變成促進城鄉交流的一種產業（圖 2-7）。

由於發展休閒農業增加農村就業機會，提高農家所得，農村居民體認其擁有的自然景觀、產業與文化的珍貴，激發了農村內部的動力，愛護農村、維護其產業文化。例如南投縣水里鄉的上安社區，原來是典型的農村社區，絕大多數居民世代以務農爲生，爲了推動休閒農業，居民強化組織，並結合社區總體營造，推動各項產業文化活動，成就了上安社區的多元產業風貌。他們注重農產品研發創新，使青梅產業跳脫蜜餞的層次，並研製多種茶產品廣受消費大眾歡迎，同時推出20項套裝生態旅遊活動吸引不少遊客，這一系列的社區營造活動，使得上安居民充分發揮「愛鄉愛家」的精神，提升了居民的社區意識，他們以自動自發、自立自助的力量來發展自己的社區，可見休閒農業推展可以帶動農村社區的發展工作。

經由休閒農業推動農村居民所得提高，社區意識的增進，農民社會地位也逐漸提升；另一方面由於城鄉交流頻繁，透過都市人民到鄉村的住宿旅遊生活，增進城鄉居民的溝通、資訊流暢、擴展人際關係、縮短城鄉居民的距離、增加生活情趣、充實生活內涵，無形中提高農村居民的生活品質。

休閒農業發展增加農村就業機會，留住不少農村青年留村。加上農村軟、硬體設施改善，縮短城鄉生活便利性的差距。又由於農村地區交通運輸的改善，使得城鄉之間空間距離的縮短，資訊的發展、電腦網路的普及，亦使得人與人之間距離拉近，因此，農村休閒產業發達，促使城鄉差距縮小。

（四）環保功能

休閒農業是善用自然景觀資源、生態環境資源、農業生產資源及農村文化資源以吸引休閒遊憩人口。資源利用可分兩種情形，一種是保育型利用，另一種爲消耗型利用。休閒農業是強調前者，避免後者產生。許多資源是稀有財，亦是公共財，這些資源做爲體驗活動，只限於觀賞性體驗，而不可做爲損耗性體驗。

遊客在休閒農業區或休閒農漁場從事休閒活動時，可以經由親身觀察、參與、體驗過程，認識生物生長現象，感受生命的意義，體會生命的價值，分享生命成長的喜悅。由此可知，休閒農業資源是環境教育最好的教材，休閒農場（園區）是實施環境教育最好的場所，亦是培養環境倫理最好的方式。

任何一個休閒農場（農業區）為吸引遊客前來休閒遊憩，必須主動改善環境衛生，提升環境品質（圖 2-8），維護自然景觀生態，並藉由教育解說服務使遊客瞭解環境保護與生態保育的重要性，主動做好資源保護工作，所以休閒農業在環保功能上扮演重要角色。

圖2-8　環保垃圾桶

（五）遊憩功能

根據交通部觀光局 2017 年國人旅遊狀況調查，顯示國人所從事的遊憩活動中，約近 6 成 5 旅客喜歡「自然觀賞活動」，休閒農業所提供民眾休閒場所乃以自然景觀生態環境為主（圖 2-9），可以滿足絕大多數遊客從事自然觀賞活動之旅遊需求。

休閒農場（園區）除了具有豐富的自然景觀生態資源提供遊客觀賞活動外，幾乎所有農場均設計安排許多體驗活動，讓遊客親身參與，提供遊客

圖2-9　花蓮光復鄉馬太鞍濕地

感官上的滿足。體驗活動有些是生態性的，有些是生產性的，有些是文化性的，有些是生活性的，適合不同年齡、不同階層及不同對象的人來參與，通常休閒農場所規劃的體驗活動大都能滿足遊客的需求，達成休閒遊憩的功能。

（六）醫療功能

人與大自然的關係，在理想上，室內空間可以不斷地接觸外在環境、體驗自然，自然環境對人的健康、學習及工作上具有正面的幫助。

臺灣很多休閒農場或鄉村民宿位於風景優美、生態豐富、氣候溫和的自然地理環境中，蘊藏許多自然資源、農業資源、人文資源及文化資源，若能妥善規劃運用，提供國民休閒渡假與體驗活動場所，可解除工作及生活壓力、舒暢身心作用。例如上山賞櫻，或獨處、或偕伴同遊，都是一種身心靈的療癒。

休閒農業場域空間將各種養生元素經由眼、耳、鼻、舌、身、意等感官吸納，充養遊客身心靈之滿足。藉由身心活動體驗，解說引導方式，將飲食、音樂、園藝、芳香、運動、心靈等元素經由遊客親自感官體驗，可促進身心靈均衡發展及保健功效。

尤其是對於有慢性疾病需長期療養而不需天天看醫生的人而言，休閒農場所具有的自然景觀環境，其新鮮的空氣、寧靜的空間、生生不息的動植物、遍地綠色的草木，以及隨處的鳥語花香，此種境地具最適合調劑身心以及養生保健的場所，所以，休閒農場具有顯著的療癒功能。

（七）文化功能

文化是人類生活方式，由學習累積的經驗。通常文化可分爲兩類：物質的和非物質的。物質文化指各種人類所創造及使用的器物，是有形的。社會中重要的物質文化，包括各種食物、衣著、建築、設施、設備、交通工具、技術製品、生產工具、玩物等。非物質文化則指觀看不到或觸摸不到的概念，是精神的或無形的。重要的非物質文化包括意識、思想、語言、信仰、價值、禮節、民俗、道德、規範、人格、制度、規則、法律、知識、藝術、生活方式、耕作制度、行爲模式等。

臺灣農村文化非常具有特色與豐富內容，無論是物質文化或精神文化，都在傳承與創新上表現了相當獨特和格調。對都市居民而言，這些文化是過去自己的體驗，或是先前代代生活經驗，這些文化是足以令人一方面懷念思情，一方面親身體驗的觀光資源。休閒農業若與農村活動相互結合，對前來休閒消費的遊客而言，想必是寶貴的體驗。

臺灣農村中有很多精緻豐富的民俗文化活動，如寺廟迎神賽會、豐年祭、捕魚祭、猴祭、矮靈祭、飛魚祭、牛犛陣、車鼓陣、宋江陣、王船祭、放天燈、賞花燈、舞龍舞獅、皮影戲、歌仔戲、布袋戲、南管北調、划龍舟、山歌對唱、說古書、雕刻、繪畫、泥塑等。也有許多產業文化，如茶葉文化（圖 2-10）、水稻文化、金棗文化、柿餅文化、竹藝文化等。農村中亦存在不少生活文化，如遺址、古道、老街、古宅、古橋、廢墟、古井、舊房舍、客家美食、竹筒飯、小米酒、原住民風味餐等。同時尚有不少童玩技藝活動，如玩陀螺、竹蜻蜓、捏麵人、玩大車輪、打水槍、推石磨、打水車、駕牛車、灌蟋蟀、抓泥鰍、垂釣、釣青蛙、撈魚蝦、踩鐵罐、辦家家酒、騎馬打仗、跳屋子、放風箏、踩高蹺（圖 2-11）、玩泥巴等。

圖2-10　茶葉文化

圖2-11　踩高蹺

這些農村民俗文化、生活文化或產業文化活動，如能與休閒農業相互結合，在休閒農業經營上，規劃導入這些豐富的文化資源，不但有利於休閒農業的發展，而且亦將使農村文化生根，繼續傳承下去，並可更加以發揚光大。

第3章

休閒農業發展背景與過程

第 1 節　休閒農業發展背景

第 2 節　休閒農業發展過程

第 3 節　休閒農業發展原則與目標

第1節 休閒農業發展背景

一、臺灣社會轉型經濟結構改變

臺灣社會從1960年代末期起，逐漸由傳統的農業社會生活形態，轉型爲工商社會生活形態。1970年代以後，政府致力十大建設，大力推動本土化政策，加強各項城鄉基礎建設，使得臺灣經濟快速發展，社會更加繁榮進步。由於社會經濟的快速變遷，促使臺灣社會結構逐漸由農業社會轉變爲工商社會，相對的，臺灣農業發展亦隨之式微。

首先從臺灣經結構變化來看，農業原爲主要產業，自1971年以後工商業開始主導臺灣的經濟發展，農業產值占國內生產毛額（GDP）的比例迅速下降，1966年農業產值仍高達22.52%，至2010年農業生產值只占GDP的1.58%，顯示農業在國民經濟的重要性已顯著降低。近年來仍是如此，2015年農業生產值占GDP的1.69%，2017年農業生產值占GDP的1.70%（表3-1、圖3-1）。

表3-1　經濟成長率結構變動

年別	農業占GDP比例	工業占GDP比例	服務業占GDP比例
1966	22.52%	30.52%	46.93%
1971	13.07%	38.94%	47.99%
1981	7.30%	45.47%	47.23%
1991	3.79%	41.07%	55.14%
2001	1.95%	31.09%	66.96%
2005	1.61%	32.28%	66.11%
2010	1.58%	31.34%	67.08%
2015	1.69%	35.27%	63.04%
2016	1.79%	35.52%	62.69%
2017	1.70%	35.41%	62.89%

資料來源：農委會、農業統計年報

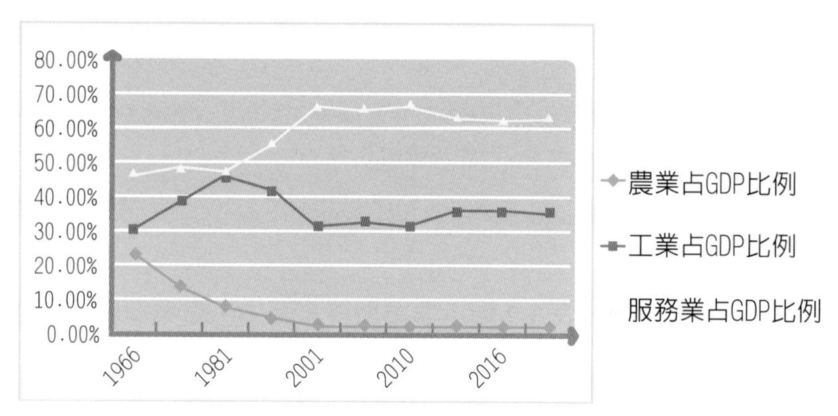

圖3-1　經濟成長率結構變動

臺灣農業經營屬於小農制家庭農場的經營型態，耕地面積狹小而分散，平均每戶耕地面積僅1.01公頃，缺乏規模效率，無法達成企業化經營，導致農業生產成本很難降低，農業所得無法增加，農民所得與一般民眾所得差距加大，因此，農民所得並未隨著社會富裕而增加（表3-2）。

表3-2　農家所得按來自農業與非農業

	金額（元）			結構比(%)		
年別	農業平均每戶所得總額	農業所得	非農業所得	合計（%）	農業所得	非農業所得
1970	35,439	17,257	18,182	100%	48.69%	51.37%
1980	219.412	54,436	164,976	100%	24.81%	75.19%
1990	503,830	101,265	402,563	100%	20.10%	79.90%
2001	881,298	163,158	718,140	100%	18.51%	81.49%
2005	872,677	168,694	703,983	100%	19.33%	80.67%
2010	884,547	182,160	702,387	100%	20.59%	85.02%
2015	1,025,698	229,860	795,838	100%	22.41%	77.59%
2016	1,073,142	234,067	839,075	100%	21.81%	78.19%
2017	1,050,176	236,033	814,143	100.00	22.48 %	77.52 %

資料來源：行政院主計處、臺灣地區家庭收支調查

附註：農業所得係指農牧業淨收入、林業及漁業淨收入之合計。非農業所得包括薪資、營業淨收入、財產所得收入、經常移轉收入等。

農業所得係指農牧業淨收入、林業及漁業淨收入之合計。非農業所得包括薪資、營業淨收入、財產所得收入、經常移轉收入等。

以 2010 年爲例，表 3-2 顯示農業所得來源中，農業淨收入僅 20.59%，可見農業收入遠低於非農業所得。到 2017 年也只占 22.48%，農業收入仍遠低於非農業所得。

隨著經濟成長，工商業及就業機會過度集中於都市，使得農村人口大量外移（表 3-3）。青年離村轉業，農業勞動力老化，1991 年老年勞動人口爲 5%，到 2016 年則達到 17.1%，顯示農業勞動力老化，另一方面農業經營在無利可圖下，農民從事其他事業以增加收入的情形大爲普遍，可見農業產業急需轉型。

表3-3　農家就業人口之性別年齡結構變化

項目	男				女			
年別	小計	15~34歲	35~64歲	65歲以上	小計	15~34歲	35~64歲	65歲以上
1987	69.2	19.2	46.8	3.2	30.8	6.8	23.4	0.6
1991	69.9	17.2	48.9	3.9	30.1	5.1	23.9	1.1
2001	72.3	11	52.8	5.9	27.7	2.8	22.6	2.3
2005	71.4	8.1	52.9	10.3	28.8	2.7	22.7	3.4
2010	69.8	7.7	47.6	12.5	30.2	2.9	22.9	4.4
2015	72.6	7.9	51.5	13.2	27.3	2.9	20.2	4.2
2016	72.6	8.5	50.9	13.2	27.4	2.8	20.7	3.9

資料來源：行政院主計處，人力資源調查統計年報

由於農業生產結構不佳，導致生產成本偏高，利潤偏低，農民經營意願下降，反映在農地利用上，為大量農地閒置不用或農地變更為其他用途，複種指數有逐年下降趨勢（表3-4），從1966年的188.2%降到2015年的87.9%，顯示農地利用逐漸降低。

表3-4　作物複種指數

年別	複數指數%	未包含長期作物之複數指數%
1966	188.2	239.1
1976	174.6	218.1
1986	142.8	167.0
1991	127.5	145.9
1996	114.4	124.4
2001	103.3	105.4
2005	91.2	86.4
2010	85.7	78.4
2015	87.9	82.2
2017	1.70%	35.41%

資料來源：農委會，農業統計要覽。

複種指數

複種是指在同一塊土地上，於一年內連續種植二次或二次以上作物的一種耕地利用，「複種指數」是將作物種植總面積除以耕地總面積乘以100，複種指數愈高即表示該地愈頻繁播種，可以看出此區域同一年中農地的經營集約度。

二、休閒農業發展之背景條件

由於經濟、社會快速發展，造成臺灣地區產業結構產生了巨大的變化，隨之帶動休閒產業的發展。臺灣休閒農業旅遊產業之發展具有特殊的背景條件，較重要有下列數項：

(一) 產業結構的變遷——農業發展逐漸形成休閒農業

由於工業化社會到來，經濟發展快速，農業就業人口急遽下降，由 1964 年的 54.8%，到 2010 年已降為 5.24%，2016 年農業就業人口為 55.7 萬人，其中農業就業人口持續下降占總就業人口 4.9%；農業產出亦隨之下降，農業 GDP 占總 GDP 比例亦由 1971 年的 13.07%，降到 2017 年的 1.70%，產業結構產生極大變化。

農業發展由原有的傳統生產角色，轉變為結合生產、生活與生態三大功能的現代化農業；逐漸由初級產業轉型為多角化的經營產業，農業結合觀光旅遊產業逐漸形成，此種綜合性發展趨勢成為推動農業發展的重要方向。「休閒農業」迅速成長，儼然成為農業轉型的重要方向與政策。

(二) 都市化社會出現——休閒活動空間不足

1954 年都市化程度約 30%，2005 年時，臺灣都市人口約占總人口數的 78%，亦即臺灣地區約有八成人口居住都市地區。都市人口密度逐年提高，都市化社會現象顯著，都市人口快速增加，使得公園、綠地、休閒活動場所與設備普遍不足，無形中促成對休閒農業之發展。

(三) 國民所得的提高——休閒活動已成為國民生活重要部分

隨著經濟發展，國民所得逐年提高，根據行政院主計處調查 2017 年臺灣平均每人國民所得已達 21,159 美元的水準，使得國人在追求物質生活之餘，更有經濟能力追求精神生活，尤其是休閒活動已成為國民生活的重要部分（圖 3-2）。

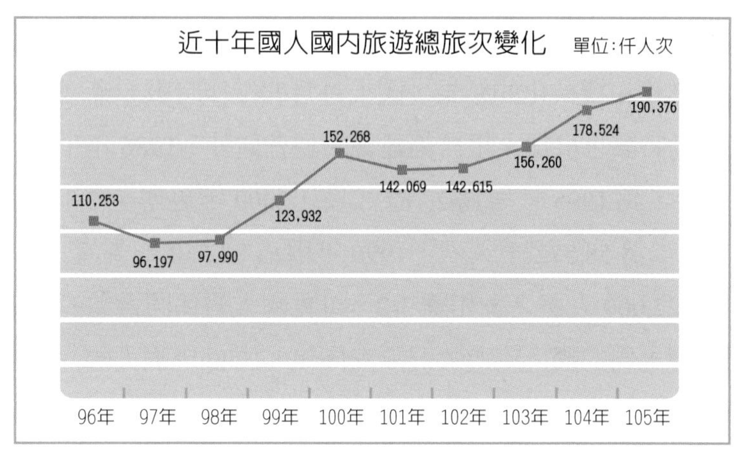

圖3-2 近十年國人國內旅遊旅次變化圖

資料來源:交通部觀光局的國人旅遊狀況調查

（四）消費結構的改變——觀光旅遊需求不斷增加

隨著所得提高，國人在衣、食與住方面的花費比例已逐漸降低，在交通和育樂方面的比例則逐年增加。育樂與交通支出的增長顯示國人對觀光旅遊之需求不斷增加。根據行政院主計處對民間消費結構的調查報告中指出，國民在交通、休閒與文化、教育、餐廳及旅館費用的支出百分比，從 1981 年的 23.52%至 2011 年 34.22%，30 年間共成長了 10.7%，是所有非家庭固定開支的消費項目中，少數呈現正成長（表 3-5）。 2017 年在交通、休閒文化育樂的百分比為 32.72 %，教育的負成長主要應為少子化的關係。

表3-5 國人支出比例

年別	交通	休閒與文化	教育	餐廳及旅館	小計
1981	11.01%	4.33 %	5.20 %	2.98 %	23.52%
2011	12.81%	8.57 %	4.49 %	8.35 %	34.22%
2017	12.37%	8.06 %	3.61 %	8.68 %	32.72%

(五)休閒時間的增加——國人國內旅遊總旅次大幅增加

由於工業化和機械化的結果，國人每月非工作時數亦漸增趨勢，而實際參與旅遊活動時間也增加。根據經建會的調查估計，1986 年平均每人的時間爲 2,600 小時，到 1995 年增爲 2,787 小時，2000 年更增至 2,849 小時。而旅遊人次 1986 年爲 58,572 千人次，1996 年增爲 82,550 千人次，到 2000 年將更增至 107,627,000 人次之多如圖 3-2，可見國人對休閒遊憩的需求增多。再根據交通部觀光局的國人旅遊狀況調查得知，1999 年國人國內旅遊總旅次的 72,651,00 人次，到了 2016 年增至 190,376,000 人次，短短 17 年中成長了 2.6 倍之多。

(六)道路與交通的改善一休閒農業的發展成爲時勢所趨

近 30 多年來政府在交通運輸及道路的改善投資甚鉅，加上汽車數量增加甚速，導致公共運輸與私人車輛交通的發達，成爲無遠弗屆的境界。不論多偏遠的鄉村，幾乎車輛都可以開到每個家庭的門前。例如休閒旅遊地區或景點的開發不遺餘力，誘使人群前往觀光旅遊。總之，由於上述社會環境的背景條件造成對休閒產業需求的一股趨驅動力量，而另一方面，政府和民間機構投入龐大的人力、物力、財力全力推動，對休閒產業成長形成一股強大的提昇力量，彙集各方資源條件下，休閒農業的發展成爲時勢所趨。

第2節 休閒農業發展過程

臺灣休閒農業的發展主要是受政府政策的引導，政府輔導休閒農業的政策隨內外在環境的變遷可分爲下列幾個階段：

一、自然發展時期：在1980年以前

自1960年代末期農業開始萎縮以來，農政單位便積極致力於改善農業結構，尋求新的農業經營型態，以求農業發展的第二春。有識之士便醞釀利用農業資源吸引遊客前來遊憩消費享受田園之樂，並促銷農產品，於是農業與觀光休閒結合的構想應運而生。

在本書第二章第一節中所敘及的休閒農業源起之實例，除了林業單位輔導林業從生產利用轉型爲多目標功能的經營外，一般農業結合觀光休閒的休閒農業，都是由腦筋靈活具先見之明的農民或農民團體開創而來，他們仿效先進國家的農業旅遊方式，把自己農場的特色與資源加以規劃利用，提供遊客休閒遊憩、體驗活動及餐飲住宿，休閒農業自然而然發展起來。

二、觀光農園時期：1980-1990年

1980年臺北市首先在木柵區指南里組訓53戶茶農；稱爲「木柵觀光茶園」，開啓了臺北市「觀光農園」之先例，此後便在轄區內陸續輔導各種農產業的觀光農園之設置，提供市民享受陽光、綠野、清新空氣以及寧靜悠然的田園之歡樂，同時也可親享親手摘採並品嚐新鮮農產品之情趣。觀光農園計畫的推出廣受社會大衆喜愛，也受到農民及各界的重視與肯定。

臺灣省亦自1982年開始爲了配合國民旅遊，促使農業朝向多元化層次發展，推動「發展觀光農園示範」計畫，在全省各縣市輔導觀光農園發展。從1982年至1989年的短短7年中，觀光農園面積超過1,000公頃，範圍包

括 14 縣、42 鄉鎮、22 種作物。其中開放供採果之作物計有茶葉、桃、梨、李、龍眼、草莓、柑桔、文旦等 20 種。投資經費總計 8,023 萬元之鉅。

休閒農業案例1- 彰化縣農會之東勢林場森林遊樂區

1979年起　確立森林多角化經營方針

1979年～1983年　以建設農村青年活動中心為主

1984年　正式開放遊客旅遊並加強公共設施

1985年～1986年　引進森林浴活動以及休閒活動的遊樂設施。

1987年　委託規劃並依規劃逐步開發更多休閒項目與據點，同時採行森林遊樂解說服務，頗具休閒林場之氣勢。

圖3-3　東勢林場

圖片來源：官網東勢林場https://www.tsfa.com.tw/index.aspx

休閒農業案例2- 飛牛牧場

1975年　中部青年酪農村

1995年　更名為飛牛牧場，牧場營業面積約50公頃，經營面積（含牧草種植、乳牛養殖）約120公頃

2008年　取得全國第一張綜合型休閒農場許可證

2011年　榮獲休閒農場服務品質認證

圖3-4　飛牛牧場

圖片來源: 飛牛牧場官網https://www.flyingcow.com.tw/

「飛牛牧場」位於苗栗縣通霄鎮南和里山坡地，具有明顯的酪農文化特質，是瞭解牧場產業的極佳地點。「全國第一家」經行政院農委會專案輔導成功，而取得「全場完整許可登記證」之綜合型休閒農場。

三、休閒農業區時期：1990-1994 年

由於農業結合觀光旅遊產業在各地區自然發展，以及有計畫推動觀光農園結果，奠定了農業旅遊基礎，於是行政院農委會便委託臺灣大學農業推廣系在 1989 年 4 月 28 日～ 29 日舉辦「發展休閒農業研討會」，建立共識並確定「休閒農業」名稱。

自 1990 年開始在農建計畫中增設「發展休閒農業計畫」，積極輔導休閒農業之發展，自此臺灣邁入推展休閒農業時代。農委會編列預算補助規劃面積在五十公頃上的休閒農業區，做爲示範發展計畫。同時在 1992 年 12 月 30 日發佈「休閒農業區設置管理辦法」，積極輔導休閒農業區發展。

1. 組成發展休閒農業策劃諮詢小組：由行政院農業委員會聘請學者專家組成，協助農政單位及農民團體評審休閒農業區設置，規劃案件審查，以及其他有關工作推動。
2. 加強教育訓練：針對休閒農業的輔導人員及經營者，分別辦理數梯次休閒農業經營管理、解說服務、活動設計等專業訓練，以加速推廣理念及專業知識。
3. 從事休閒農業教學研究，強化學理化基礎：臺灣大學、屏東科技大學及有關農學院校，陸續開設休閒農業相關課程，講授休閒農業學理與知識，並有多篇碩士論文以休閒農業爲主題，建立休閒農業理論基礎，並使理論與實務相結合。
4. 設定「休閒農業標章」並研擬「休閒農業標章使用要點」。
5. 爲了協助休閒農業之推動，公開徵選休閒農業標章，此標章並已獲中央標準局核定爲休閒農業專用。農委會並開始研擬標章使用要點，將頒發給正式核定之休閒農場或休閒農業區使用。

由於這些措施的配合，休閒農業如雨後春筍般在臺灣蓬勃發展，深受各地農民及農民團體的喜愛，紛紛在各地設置休閒農業區或休閒農場。就農政機關選定完成規劃的休閒農業區就有 31 處，而由農民自行投資設置者不計其數，休閒農業成長甚爲快速。

四、休閒農業區、場時期：1992-2000 年

「休閒農業區設置管理辦法」公佈實施後，農政機關選定完成規劃的休閒農業區有 31 處，但均無法順利完成合法登記，其主要困難爲：

1. 土地毗鄰且面積在 50 公頃以上之休閒農業區，必須結合很多農家共同經營、或合作經營、或公司經營，這些經營主體的組成與運作，在實務上有其困難。
2. 休閒農業設施之各項營建行爲無法突破。於是將該辦法修正爲「休閒農業輔導辦法」，其後又修正爲「休閒農業輔導管理辦法」。其修正重點爲將「休閒農業區」與「休閒農場」加以區隔，前者以區域爲範圍，由地方機關主動規劃送中央核定，主管機關並得依據規劃結果協助公共建設，促進農村發展。而休閒農場設置面積縮小至0.5 公頃以上，其規劃與建設則由農場經營者自行投資開發。
3. 爲促進各界人士對休閒農業更進一步的認識，編印相關休閒農業手冊：
   (1)「休閒農業工作手冊」（圖3-5），其內容包括休閒農業定義，發展目標，休閒農業範圍，規劃設置要件，休閒農業區（場）規劃設計之內涵與步驟，籌設申請程序，經營活動項目，經營管理，以及國內外常見之休閒農業類型與實例等。主要目的將提供輔導人員及經營者參考，以引導休閒農業朝向正確方向發展。

圖3-5　休閒農業工作手冊

   (2) 休閒農業相關法規彙編：爲休閒農業經營及輔導與有關機關對法規政令的瞭解，農委會委託臺灣省農會完成編印「休閒農業相關法規彙編」，以便各界參考及工作推動之依據。
   (3) 休閒農場申請籌設範例：爲提供休閒農場經營者申請籌設休閒農場，及輔導人員輔導籌設休閒農場，農委會委託臺灣大學農業推廣學系編印「休閒農場申請籌設範例」供各界參考，方便休閒農場申請籌設。

4. 成立休閒農業相關團體組織

(1)「臺灣休閒農業發展協會」（http://www.taiwanfarm.org.tw/org/）：1998年成立，由全國休閒農場業者所組成的非營利事業組織，整合產、官、學三方資源共同開創產業發展（圖3-6）。

圖3-6　臺灣休閒農業發展協會

(2)「宜蘭休閒農業發展協會」（http://elfland.org.tw/）：前身爲1999年成立之宜蘭縣休閒農業促進會，經過資源整合後於2001年度更名爲「宜蘭縣休閒農業發展協會」，正式邁入產業提昇與整體行銷的新里程（圖3-7）。

圖3-7　宜蘭縣休閒農業發展協會

五、休閒農漁園區時期：2001-2005年

1. 一鄉一休閒農漁園區：受到世界經濟不景氣潮流影響，臺灣地區也遭遇經濟衰退、失業率增加的問題。爲促使農業轉型；增加農漁村就業人口、於是便積極促進農漁村社區資源的整合，輔導農漁民產業轉型，創造農漁村就業機會。自 2001 年開始推動「一鄉一休閒農漁園區計畫」，由農委會研擬計畫提送大綱與原則，函請各縣市政府轉向各鄉鎮農會或公所提送計畫。農委會邀請專家學者共同召開審查會議，審查通過後再請輔導委員赴各鄉鎮輔導細部計畫的擬定，協助各鄉鎮順利執行計畫。

2. 休閒農漁園區：「一鄉一休閒農漁園區計畫」基本上是一個鄉鎮設置一個園區爲原則，是一個由下而上的競爭型計畫。但是事實上，並非每個鄉鎮都具備設置休閒園區的資源條件，同時有些鄉鎮幅員遼闊、資源豐富，可設置數個園區發展休閒農業。因此，自2002年起便將計畫名稱改爲「休閒農漁園區計畫」，以符實際需求，休閒農漁園區仍是計畫補助之範圍或地區，不是依據法規程序正式劃定的區域。

3. 休閒農業區：休閒農業區是根據休閒農業輔導管理辦法及休閒農業區劃定審查作業要點，由農委會正式核定的合法區域。休閒農業區劃定後，政府便能逐年協助其必要的休閒農業設施之建設，以及行銷與管理活動之辦理。因此，為了發揮資源整合效果促進休閒農業持續發展，農委會對休閒農業之輔導便配合此項措施，經費補助則以休閒農業區為主。
4. 成立休閒農業相關團體組織
   (1)「臺灣農業旅遊發展協會」：2003年由農會界人士發起，前身為「臺灣農業旅遊策進會」，結合學術界與產業界組成，是一個推動休閒農業旅遊活動與農業體驗的平台。
   (2) 臺灣休閒農業學會(http://www.tlaa.org.tw/)：2003年由陳昭郎教授於臺灣大學創立，主要從事休閒農業之研究與諮詢服務，協助會員從事休閒農業經營管理之相關知識、技術及能力，提昇休閒農業經營、管理及服務品質，以促進休閒農業之永續發展。多年來接受農委會委託舉辦休閒農業區劃定審查及評鑑作業（圖3-8）。

圖3-8　臺灣休閒農業學會

5. 辦理休閒農場服務品質認證：為落實休閒農場永續經營，提升休閒農場服務品質，建立休閒農場品牌形象，提供優質休閒農場旅遊，針對合法之休閒農場所提出之申請案，農委會核定2005年由臺灣休閒農業發展協會服務品質認證委員會執行評鑑工作（圖3-9）。

臺灣休閒農業的價值與識別四生價值

F　水牛代表農業生產　金黃色代表豐收
A　山林代表自然生態　綠色代表休閒
R　農人代表體驗生命　紅色代表熱情
M　水流代表農村生活　藍色代表永恆

圖3-9　休閒農場服務品質認證標章

六、休閒農業時期：2006年至今

1. 設立農民學院：結合研究、教育、推廣資源，運用農委會各試驗改良場所之在地及專業優勢，建立完整的農業訓練制度，培育優質農業人才，提升農業競爭力。
2. 建構專屬休閒農業的職能培訓機制，透過產學合作及農民學院 ，開發青年人力資源，提升從業人員服務水準及專業技能。
3. 行政院研擬「黃金十年國家願景」：
   (1) 明列推動農業旅遊重要措施，促進休閒農業國際化，並將農遊國際化納入「傳統產業維新方案及推動計畫」之重要亮點工作。
   (2) 公告畫定休閒農業區，許可設立休閒農場，輔導成立「田媽媽」農村料理班，作爲提供休閒農業旅遊服務之重要場域。
   (3) 協助相關場域通過各種優質場域認證，包含服務品質、環境教育、校外教學及穆斯林友善餐飲等認證之輔導。
   (4) 爲輔導休閒農業區發展，農委會自2013年起依法每2年辦理1次 「休閒農業區績優評選」，以激勵競進方式，敦促各休閒農業區積極開拓休閒農業市場及農遊商品（圖3-10）。

圖3-10　農委會輔導成立「田媽媽」農村料理班,成績卓著

4. 休閒農業旅遊活動：2016年近2,550萬人次的遊客到全臺灣農村旅遊，光績優休閒農業區就占了1,100萬人次。
5. 2017年推動「農村再生2.0創造臺灣農村的新價值」，朝四大主軸進行，持續陪伴農村社區成長，打造全新農村再生：
   (1) 擴大多元參與：調整原以農村社區爲發展主軸，擴大地方政府、民間組織、NPO/NGO、企業及學校等不同單位參與農村再生，引進新的觀念與活力，共同推動臺灣農村之再造。

(2) 強調創新合作：爲調整以往過於著重硬體建設，規劃推動新農業示範、縣市農村總合發展及農村再生跨域發展等計畫，跳脫傳統均一式補助，鼓勵創新與跨領域合作，藉科技及服務之新典範，以展現農村豐厚底蘊及全民參與協力結果。

(3) 推動友善農業：爲落實農村自然資源世代永續利用，並輔導原住民部落合理運用森林環境，鼓勵發展有機與友善耕作制度，維持農村環境安全及競爭力。

(4) 強化城鄉合作：強化食農教育與地產地消，重建城市居民對於農村價值之認同與信任，並建立校園食材供應體系，落實社區支持型農業精神，另帶動及引導中高齡者生活經驗傳承，輔導農村青年在地認同，洄游農村創業發展。

6. 「休閒農業輔導管理辦法」2018年5月修正通過，重要摘錄於下：

(1) 爲利產業永續經營，同時兼顧遊客安全，以強化查核管理取代換發許可證之制度，刪除休閒農場許可證效期五年之規定。

(2) 休閒農場取得許可登記證後營業所涉及其他相關法令，因各法規制度調整，配合修正名稱，並爲顧及遊客安全，明定休閒農場應投保公共意外責任險。

(3) 配合取消休閒農場許可登記證效期，調整休閒農場許可登記證申請換發制度。

第3節
休閒農業發展原則與目標

一、休閒農業發展的基本原則

休閒農業為新近發展的農業經營型態，係結合農業產銷活動與休閒遊憩的服務性產業，為使此新產業之經營有別於一般觀光旅遊業，以及一般商品之消費，同時為兼顧農業、農民與農村之持續整體發展，休閒農業的發展應把握下列幾個基本原則：

（一）以農業經營為主

休閒農業雖然具有三級產業的服務性質，但仍是利用農業經營活動、農村生活、田園景觀及農村文化資源規劃而成的民眾體驗農業與休閒遊憩之新興事業。基本上並沒有離開農業產銷活動之範疇。農業資源的妥善應用，是休閒農場經營的基本生存條件，所以休閒農業仍以農業為主題。

（二）以自然環境生態保育為重

休閒農業之發展應充分利用當地景觀與生態資源，但不應與環境生態保育相衝突，也不應破壞自然資源。經由妥善規劃設計與經營管理，人類活動對休閒農場內的生態影響能被控制在最低限度，使得人類活動與環境保育維持動態平衡，也使得自然資源與生態體系均衡發展（圖 3-11）。

圖3-11　生態植物園

（三）以農民利益為依歸

休閒農業之經營應考慮遊客的需求，符合消費者取向，但其最終目的乃應以農民利益爲依歸，提高農民收益爲宗旨。休閒農場經營者可藉著農特產品的直銷，以及從提供之服務，獲得合理之報酬而增加所得。

（四）以滿足消費者需求爲導向

休閒農業爲服務性的產業，亦爲提供大家休閒遊憩的一種商品，消費者對商品需求的滿足，是市場導向經營的最佳銷售策略，休閒農業的經營應以滿足消費者爲導向。

二、休閒農業發展目標

（一）改善農業生產結構

休閒農業將農業由初級產業導向三級產業發展，促使農田成爲生產的園地，也是休閒遊憩的場所，更具農村公園的面貌（圖 3-12）。辦理休閒農業可使農民直接銷售產品給消費者，解決了部分農產品運銷問題，並避免運銷商中間剝削；無形中增加農家收益，同時農民也可從提供遊憩服務中獲取合理報酬增加收入。

（二）活用及保育自然與文化資源

農村綠滿大地，山明水秀，景色天成，農民甚少有計畫的將其與農村聚落或農業經營連結發展休閒農業。農林漁牧生產除提供採摘、銷售、觀賞、森林遊樂、垂釣捕捉、坐騎遊樂等活動外，部分耕作或製造過程也可以讓旅遊者參與或觀賞，而農村之鄉土文物、民俗古蹟、童玩技藝之有形與無形文化素材則更加豐富，可供展售、教育和讓遊客拾回失落的童年。因此農村自然資源，田園與文化資源，經有計畫的開發，用心的整理，精巧靈活的運用，可以經營爲可看性、鄉土性、草根性、娛樂性很高的休閒農業園區。

圖3-12 農場景觀

（三）提供田園體驗機會

都市人口劇增，使得都市居住空間與休閒活動場所顯得相對不足，而工業化的結果，工作與生活的緊張、繁忙、呆板、單調、枯燥，使得國民對於休閒旅遊活動之需求與慾望日趨殷切。農村有豐富的資源與寬廣的空間，可以發展休閒農業，爲需要休閒的人口提供遊憩觀光之用。

（四）增加農村就業機會提高農家所得

發展休閒農業可增加農村許多就業機會並改善農民所得條件，且許多服務性工作，可由各種基層農業推廣組織、農村婦女或老弱婦孺參與，也可留著部分農村青年參加經營，由於聚落集團性的發展經營，在實際經營發展過程中，可培育農村領導幹部帶動產業發展。

（五）促進農村社會發展

經由增加農村就業機會，提高農家所得，可以體認農村擁有的自然景觀、產業與文化的珍貴，而激發農村內部的動力，愛護農村、維護其產業與文化。另一方面由於都市人民的旅遊住宿交流，可增進城鄉民衆的溝通，擴展人際關係，縮短城鄉居民的距離，增加生活情趣，提高生活品質，充實生活內涵，使其成爲青年農民喜歡的農村（圖 3-13）。

圖3-13　鄉野景觀

第 4 章

休閒農業發展策略

第 1 節　策略之意義

第 2 節　合作經營策略

第 3 節　結合農村文化策略

第 4 節　環境生態保育策略

第1節 策略之意義

一、策略之定義

當當組織處於一個變動頻繁的環境中，有賴策略引導它走向成功。策略提供組織指引的方向，使得組織內部的各個部門或組織成員緊密的結合在一起，向組織目標邁進，組織若沒有建立一個明確的策略，僅憑主觀或直覺的判斷作決策，則無法因應快速變遷的環境，決策往往是徒勞無功的。

組織若沒有策略，就像是在大海中的船隻，沒有舵的引導，隨海水到處漂流。策略所要作的是開發組織的潛能以達成希望的結果，以及發展出反應能力（Reaction Capability）以因應環境的變遷。

二、合作經營的意義

廣義的合作爲二人或二人以上爲求達到某一個目標而聯合工作。據偉氏字典解釋：合作是一群人爲他們的共同利益所做的集體行動。狹義的合作含有對抗經濟上「自由競爭」的意義，主張合作的方式去經營生產、交易及消費等各種經濟業務，使近代的經濟制度中產生一種合作制度。

「合作」可詮釋爲：企業體爲促進資源有效分配，增進雙方利益，所建立的協調、節制，或相互依存的關係。合作策略可詮釋爲：企業組織基於本身利益之考量，與其他組織採取協調或共同運作的方式，作爲本組織營運活動的指引，而實現組織目標。

臺灣休閒農業發展採取合作經營、結合農村文化、環境生態保育、善用農業資源於體驗活動以及系統性的整體規劃等五項策略。本章先討論前三項策略，後兩項策略將在後面6-7章章節論述。

第2節
合作經營策略

休閒農業爲順應時代潮流的產物，也是一種嶄新的農業經營型態。休閒農業以增加農民所得、滿足民眾遊憩需求及維護生態環境爲主要目的，其結合農業產銷、農產加工處理及遊憩服務，整合三級產業而自成一企業經營體。然而整合三級產業的休閒農業在經營上須投入龐大的土地資源、人力資源、財務資源及專業的管理技術，絕非個別農民可勝任，因此必須結合多數農民集體合作經營。

臺灣發展休閒農業受限於農家生產面積狹小，生產資源有限，單獨農家無力經營及發展休閒農業，必須結合各農家之生產資源、自然資源以合作經營之策略來發展休閒農業促進農村的發展。因此在休閒農業的發展上之結合多數農民資源共同經營是未來必然的趨勢，故針對休閒農業合作經營策略的深入探討實有其必要性。

一、合作經營的意義

（一）合作的意義

組織內部的合作經營策略乃指農民參與的結合行爲。休閒農業是一整合性事業，在經營項目上除保留傳統農業生產行爲外，還兼具農產品加工處理及遊憩服物等業務。休閒農業區之設置，面積需爲50公頃以上，依此條件，休閒農業的經營絕非個別農民或少數農民足以達成。是故組織農民，結合多數農民的資源，採行合作經營的方式，將是發展休閒農業的一條必要途徑。

（二）不同合作策略下的組織型態

組織內部合作經營行爲的產生，係農民考量其本身條件及省視所處環境後，所做的一種互補性連結行爲，因此不同的內部合作動機將形成不同的組織型態。

根據調查，臺灣休閒農業的經營組織型態除了獨資經營（家庭農場）及公營組織外，其他經營方式如皆屬於農民合作經營的形式。

（三）以農民合作發展休閒農業的優點

1. 提升資源規劃效率：有效的休閒農業發展需要較大規模的規劃、籌設與管理，若單靠零星農民的個別力量來努力，實在很難產生應有的效率。因此透過農民合作的方式，將可集合農民整體的資源與力量作整體的規劃與開發，提升資源規劃的效率。
2. 提升資源利用的效率：休閒農業是結合農業產銷活動，農產加工與遊憩服務的一種農業經營型態，若單靠個別農民有限的土地、資金與人力等資源做多樣性的規劃，則無法發揮資源應有的使用效率。農民合作經營的方式可結合個別農民的資源，並將資源做妥善的規劃與利用，達成各項資源的最佳配置。
3. 降低營運風險：休閒農業的經營需投入大量的土地、資本及人力，若經營成功則可達成永續經營的目的，若經營失敗則可能導致傾家蕩產、血本無歸的結果。農民合作經營的好處在於能降低個別農民的經營風險，並能藉合作成員間集思廣義產生較佳的經營模式，以達成永續經營的目的。
4. 提升個別農民的生產技術與經營管理能力：以農民合作發展休閒農業不但可加強農民間的互動關係， 聯絡彼此間的情感，同時還可透過農民間的互動產生資訊交流、技術交流與管理經驗交流，提升個別農民生產計數與經營管理能力。
5. 強化農民凝聚力：以合作經營的方式發展休閒農業，可使農民產生利害與共的認知，藉此可強化農民的凝聚力，產生共同遠景以利休閒農業的發展（圖4-1）。

圖4-1　雲林古坑咖啡都是小農經營，「古坑咖啡嘉年華」加入藝術文化元素，結合農業產銷活動，農產加工與遊憩服務，是產業新創與咖啡產業合作經營策略的案例之一。

二、休閒農業組織內的合作經營策略

（一）意義

休閒農業是結合農業產銷、農產品加工處理及遊憩服務的農企業，在現代開放的經營環境架構模式，企業已不再是單一封閉體系，所面對的營運環境是多元詭變的，且在專業分工體系及比較利益原則下，企業已不能置身於開放經濟體制外，反之主動審視企業在產業內所處地位，依組織目標的需求進而向產業內外尋求建立協調、結盟、整合及合資等經營活動上的連結，才能達成資源共享、分擔風險、創造綜效並建立持久性競爭地位。故建立休閒農業組織外的合作經營行爲是必要的。

（二）一般合作經營策略的隱含性目標

無論是從資源依賴理論、降低交易成本理論或其他合作經營的動機理論來看，合作經營策略隱含了下列欲達成的目標：

1. 分攤經營成本
2. 降低營運風險
3. 達成規模經濟
4. 達成資源互補性
5. 創造經營上的綜效
6. 保留人才
7. 影響市場競爭力
8. 克服政府壓力
9. 經營多角化
10. 組織間的學習
11. 市場資訊交流
12. 生產技術移轉

（三）不同合作策略下的經營行爲

綜合國內外學者對各合作策略類型的研究，臺灣休閒農業的組織外合作經營策略的發展類型可歸納如下：

1. 提升資源規劃效率：有效的休閒農業發展需要較大規模的規劃、籌設與管理，若單靠零星農民的個別力量來努力，實在很難產生應有的效率。因此透過農民合作的方式，將可集合農民整體的資源與力量作整體的規劃與開發，提升資源規劃的效率。
2. 提升資源利用的效率：休閒農業是結合農業產銷活動，農產加工與遊憩服務的一種農業經營型態，若單靠個別農民有限的土地、資金與人力等資源做多樣性的規劃，則無法發揮資源應有的使用效率。農民合作經營的方式可結合個別農民的資源，並將資源做妥善的規劃與利用，達成各項資源的最佳配置。
3. 降低營運風險：休閒農業的經營需投入大量的土地、資本及人力，若經營成功則可永續經營，若經營失敗則可能導致傾家蕩產、血本無歸的結果。農民合作經營的好處在於能降低個別農民的經營風險，並能藉合作成員間集思廣義產生較佳的經營模式，以達成永續經營的目的。
4. 提升個別農民的生產技術與經營管理能力：以農民合作發展休閒農業不但可加強農民間的互動關係， 聯絡彼此間的情感，同時還可透過農民間的互動產生資訊交流、技術交流與管理經驗交流，提升個別農民生產計數與經營管理能力（圖4-1）。
5. 強化農民凝聚力：以合作經營的方式發展休閒農業，可使農民產生利害與共的認知，藉此可強化農民的凝聚力，產生共同遠景以利休閒農業的發展。

三、休閒農業組織外的合作經營策略

（一）意義

休閒農業是結合農業產銷、農產品加工處理及遊憩服務的農企業，在現代開放的經營環境架構模式，企業已不再是單一封閉體系，所面對的營運環境是多元詭變的，且在專業分工體系及比較利益原則下，企業已不能置身於開放經濟體制外，反之主動審視企業在產業內所處地位，依組織目標的需求進而向產業內外尋求建立協調、結盟、整合及合資等經營活動上的連結，才能達成資源共享、分擔風險、創造綜效並建立持久性競爭地位。故建立休閒農業組織外的合作經營行為是必要的。

（二）一般合作經營策略的隱含性目標

無論是從資源依賴理論、降低交易成本理論或其他合作經營的動機理論來看，合作經營策略隱含了下列欲達成的目標：

1. 分攤經營成本。
2. 降低營運風險。
3. 達成規模經濟。
4. 達成資源互補性。
5. 創造經營上的綜效。
6. 保留人才。
7. 影響市場競爭力。
8. 克服政府壓力。
9. 經營多角化（圖4-2）。
10. 組織間的學習。
11. 市場資訊交流。
12. 生產技術移轉。

圖4-2　到台東初鹿椰子林除了採釋迦，還可用椰子葉DIY 蚱蜢、熱帶魚等草編工藝品，同時保留鄉村技藝人才與文化。圖片來源：臺灣休閒農業發展協會

（三）合作經營策略的類型

1. 根據Hodeg&Anthory的理論，可以將合作策略分為6種：
   (1) 垂直整合（Vertical Integration）
   (2) 水平整合（Horizontal Integration）
   (3) 聯盟（Coalitions）
   (4) 董事連結（Interlockling Directorates）
   (5) 互惠（Reciprocity）
   (6) 社會連結（Social Interlocking）

2. 根據Niielsen理論提出七種和作策略類型：
   (1) 交換不同資源。
   (2) 分享資源，共攤風險。
   (3) 擴充總需求：例如藉由聯合廣告來擴充總需求。
   (4) 增加雙贏伙伴的數目：藉以獲得更多可用資源。
   (5) 免戰協調：協議避免價格戰等相互傷害的策略。
   (6) 交互補貼。
   (7) 降低風險的情境策略：通常用於農產品，以防止供過於求時的利潤下降。
3. 國內學者段兆麟將臺灣農場經營合作策略歸納爲六種：
   (1) 協調型
   (2) 結盟型
   (3) 合作型
   (4) 垂直聯結類型
   (5) 關係企業類型
   (6) 合資類型

（四）不同合作策略下的經營行爲

根據上述各合作策略的類型，臺灣休閒農業的組織外合作經營策略的發展類型可歸納如下：

1. 結盟型：結盟類型是指休閒農場間成立聯盟之類的組織，除兼有協調各農場活動規劃、產品生產種類避免重複外，並建立起一致的企業識別標誌體系（C.I.S.），運用一致的經營（Know-How），爲各農場仍保有獨立地位，各自負擔盈虧責任。目前正發展中的休閒農場聯盟即屬之。
2. 水平整合類型：中小型休閒農場鑑於本身競爭力薄弱，乃自願合併成一個大型的休閒農業組織，以提高共同的競爭力。此類型間具有結盟類型的所有合作行爲，不但經營權受上層經營組織的操控，且各農場喪失獨立人格，僅是上層經營組織的分支單位（遊憩點）。各農場經營所得經統一分配。

3. 垂直整合類型：垂直整合行為可分為向前整合與向後整合兩種。向前整合是指休閒農業與其投入產業，如：種苗、種畜、生產資材等，之間的合作行為。向後整合是指休閒業與其下游產業，如：旅遊業、餐飲業、旅館業等，之間的合作行為。
4. 合資型：休閒農業與其他相關企業，為求垂直整合休閒產業，乃共同集資創設休閒產業的上下游企業，如旅行業、旅館業、客運業、景觀造園業等。經合資造成垂直整合，可達成降低風險、降低成本、穩定市場及創造利潤的目的。

四、小結

休閒農業在臺灣的發展已由萌芽期漸漸步入成長期，無可置疑休閒農業的推動為臺灣農業發展帶來轉型的契機；藉由休閒農業的發展，臺灣農業的經營型態已由早期初級產業提升為整合三級產業的經營型態。鑑於休閒農業具有資源密集性、業務多元化、管理活動複雜等特色，及面臨其他休閒產業的競爭，使得推行休閒農業以農民合作經營的方式，成為發展的主要途徑。

農民合作經營策略乃為求休閒農業永續生存和發展的方式，休閒農業農民合作經營策略具有兩大含意，其一是對內如何糾集農民參與，結合成一組織體，集合多數農民資源作妥善規劃與利用，同心協力以完成經營目標。另外，農民合作經營策略對外在於如何運用社會關係，發展同業種或異業種產業間的整合關係，創造經營上的優勢；提升休閒農業的競爭力以促進成長與發展。

目前休閒農業農民合作經營策略下的組織行為及經營行為，尚未有健全而有效的運作，吾人認為將此問題作深入的研究，謀求解決之道，以促進休閒農業的永續化。

第3節 結合農村文化策略

一、農村文化的意義

（一）文化的內涵

文化包含著知識、信仰、道德、法律、習俗及價值的綜合體。

它包括了人民所有的共同行爲型態，生活方式，及其他文化產品如建築、設計、應用的器具，甚至一些行爲特徵。因此，文化是人類活動所創造出來的產物，包括了生活工具、典章制度、心智活動、精神生活、藝術品等。人類爲了征服自然發明了工具，形成物質文化（科技文化）；與他人共處，有了社群活動創造了倫理文化（社群文化）；克制自我在感情、心理、認知上的困難，創造出精神文化（表達文化）。總之，文化內涵可歸納爲：人類因生活上的需要在食、衣、住、行、育、樂所運用的工具，或因人際關係而產生的社會規範、人倫關係、典章制度與法律的社群文化；當然亦包含因克服自我心中之困境，而產生的藝術、文學、音樂、戲劇以及宗教信仰等。

（二）農村文化的發展

農村文化都是農村自發性的文化，而且是淵源流傳下來的，這種活動具有外展性與輸出性，即是當其在展示時，容易爲其他的人所感染而啓動學習的興趣。早期農村文化雖有鄉土氣息，但是仍有其精緻地方。

相對於都市文化的便利性，通俗性，農村文化在我國工業化的過程中變遷，農村居民在面對都市文化的強大滲透下，正改變其固有的生活方式及價值觀念，而舊有的民俗習慣與生活方式亦在逐漸消失當中。傳統農村文化對農民而言已是不值得重視或引起興趣的生活內涵。農民所關注的學習多屬有關個人的福祉，現有許多規劃案或農宅改建案例中，很明顯看出缺少農村文化的內涵。

根據王俊豪的研究，臺灣農村文化在一特殊的歷史時空下發展，所呈現的並不是自然生活的產物，而是經過政治意識刻意安排運作所產生的，無論其實質的生活素材，或是非物質的意識、思想、語言、信仰、價值、禮節、民俗和制度等，在經過政治黑箱（Politic Black Box）的主控過濾後而產生，此亦造成本土鄉村文化褪色與貧困的現象，諸如農村居民功利價值變濃、偏差性次文化叢生與傳統技藝凋零等。

臺灣農村文化發展困境可由下列幾方面來說明：

1. 意識表象臺灣繼承了傳統的「中原文化」內涵，而隱約浮現出完整性的文化概圖；但是實際上，在政府消極而不鼓勵地方文化的策略下， 臺灣農村文化的發展，更因為「都市優先、鄉村放任」的政策下，而流於邊陲性的文化地位。其產生的文化危機，主要為本土意識與文化長期被抑制，造成農村居民對其文化價值認同的失調，居民喪失對其土地的依屬感情，而不願致力於當地社會的發展，造成差序格局的文化歧視，農村文化淪為劣勢文化而被排拒與輕視。
2. 臺灣在長期經濟導向，和資本主義過度氾濫的結果，給農村文化發展帶來的負面影響主要有：世俗化、物質化、區隔化。首先，就世俗化而言，臺灣農村社會財富累積的迅速遠超過人們調適的速度。在此情形下，農村社會文化所表現的是粗俗的「暴發戶性格」，充斥瀰漫著消費主義、享樂主義與盲目的金錢崇拜。

   物質化而言，鄉村社會的價值與態度物質化的結果，造成社區居民重功利的價值觀，人與人間的來往多聯繫於利害關係的私利計較中，而傳統的情誼、互助精神則不復見，雖在日常生活中有著密切的互動，但在「利害」的隔閡下，卻是猶如「親密的陌生人」。

   區隔化而言，農村社會財富累積發展快速更容易產生貧者益貧、富者益富、資源分配兩極化以及社區區隔化加劇的現象。有可能在極短的時間內創造驚人的利潤與爆發性的成長。不同部門、不同條件的勞動者的生產力可以出現極大的落差。

3. 個人主義的擴張，基本上，不管資本主義或是個人主義均是西方思潮、價值觀念影響而來的。以「自我爲中心」的個人主義精神，投射於農村社會組織之上，形成個人本位的社會；因爲個人主義所講究的是個人的自由、利益與權利，凡事的考量均由自我出發，以利益爲導向，以爭取權利爲優先。如此轉變的心理，使得原本情意濃厚的中國社會，僅存其軀殼而不見其精神。這種文化質變的現象，可由傳統農村「厝邊隔壁」（圖4-3）的街坊社會中察見。雖然，鄰居相處時仍舊保有禮俗習慣，相互以「伯叔兄弟」相稱謂，但是實質上，彼此間卻是冷漠、疏離的，除了喪葬喜慶圈外，日常生活中的人情味則日漸淡薄。換言之，現今的農村地區，已從農業社會的集體主義價值觀念（Collectivist Value）轉變到工商社會的個體主義價值觀念（Indi- vidualist Value）。此一趨勢下，個人對團體活動的參與，以及人際關係的關懷有顯著下降的現象，並傾向於自我縱容、冷漠獨立與感官享樂上。其結果造成農村社會「人人講權利而不重義務；重私利而輕公益；求物質而無情義」，此個人心理層面的心態基本改變，可謂是當前臺灣農村文化發展的重大困境之一。

圖4-3　客家百年古厝是淵源流傳下來的傳統農村文化，傳統三合院古厝，有著濃濃的古樸農村味。

（三）休閒與文化的關係

休閒是文化的一部分，文化發達的社會裡民衆休閒生活會比較有特色，豐富的休閒生活能使文化更多彩多姿，二者其實互爲因果。由於文化具有時代性及地區性，其中的力量能夠塑造休閒的形式與價值，如歌仔戲和布袋戲帶有歷史和語言的特色。反過來說，有時候休閒是文化延續的關鍵，甚至是文化創新的動力，如平劇承載傳統戲劇形式，雅音小集在臺灣京劇的發展與轉型上，則是實驗新的藝術表現。由此可見休閒與文化相輔相成，隨時代而前進。休閒也可當做是文化的精華，講究風格和品味。這個看法的前提是人爲生存不得不工作，不是爲工作而生活。工作之外要追求自己的生活理想，理想的生活主要是生動、有內涵的休閒，例如音樂、文學、藝術、美酒、美食，是休閒生活，同時也表現文化的特色。休閒既然與生活、文化原爲一體，論文化發展便不能不提休閒生活的培養。

臺灣累積五十多年來的努力，經濟發達，社會進步，生活水準普遍提高，民生富裕之後人們關心的已不只是經濟成長與政治開放，更進一步講求治安、環境、休閒等生活品質問題。休閒是個人生活和文化發展相扣的一環，在這一個由追求成長轉入追求品質的新起點上，追求什麼樣的休閒生活是個人的選擇，合起來也是整個社會的集體選擇。從臺灣農村文化發展的困境中，我們擔心不良的休閒風氣會造成頽廢的逸樂，如何用心規劃可以增進民衆身心健康、促使文化放出活力的休閒生活？在講求生活品質的時候，推動休閒活動的品質上和結合文化的關係應該是必要的。

二、農村文化資源類型

臺灣的鄉村文化，農村生活方式都是非常具有特色及豐富之內容，不論是原住民或漢人的農村生活有關連之精神與物質文化都有濃厚的臺灣風格。再就景觀而言，臺灣地區農村極富特色與變化，從深山到平原地帶亦富多樣性民風景觀，加上多樣化的農、林、漁牧及其相關之產業經營，形成臺灣農村文化具有多彩多姿之多元性。因此，臺灣農村文化資源類型衆多，普遍存在於農村各個角落或地區。茲依根據王小璘與張舒雅的研究將台灣文化資源分爲下列數項：

1. 具有歷史價值之人文景觀：如歷史性古道、考古遺跡、紀念碑、民間廟宇、土地公廟、古庄等。
2. 具有特殊價值之民間遊藝：只流傳於民間，且具有特殊價值支各種遊戲技藝與農村文物包括：
   (1) 宗教活動：如迎神賽會、慶典祭拜、禪七、佛七、朝山活動、豐年祭等。
   (2) 民俗技藝：如民謠歌曲、雕刻繪畫、花燈、大鼓、地方戲劇、雜技等。
   (3) 童玩遊戲： 如打陀螺、踢毽子、抓泥鰍、放風箏、擲飛盤、釣青蛙、騎竹馬、滾鐵圈等（圖4-4、4-5）。
   (4) 農村文物：
      ① 遊憩參與農村文物：如牛車、石椿臼、木杵、水車、石磨等。
      ② 現代農村文物：如噴霧器、耕耘機、收割機等。
      ③ 早期農村文物：如農具、鋤頭、釘耙、魚籠、魚滬、斗笠、神龕、爐灶等。

圖4-4　陀螺

圖4-5　傳統童玩

3. 鄉土料理：各地方具有特色的料理、食品：如山地部落的小米酒、麻糬，客家菜餔，當地特產，或是各種野菜做成的食物，歲時節令的各種糕粿等皆屬之。

三、農村文化與休閒農業結合

農村文化是以農業爲基礎的文化，也是農村居民的生活方式與學習經驗累積的成果。其範圍大致可分爲生活文化、產業文化及民俗文化。生活文化如農村特有的三合院住宅、雜貨鋪前大樹下老人們的對軼、廟會民俗、童玩等等。產業文化則如採茶、製茶、茶道、農機具及其他種產業發展出來的特有文化等，它與農家生活是密不可分的，嚴格而言，也是生活文化廣義解釋的範疇。而民俗文化是傳統所遺留下來的習俗文物藝術，指特殊的節慶、活動等，如廟會、端午節、元宵節、放天燈、搶孤等。民俗文化是傳統文化資產，也是我們文化的「根」，有了「根」未來的文化發展可據以成長、茁壯，而國人的心靈也得以落實。

維護傳統文化，林衡道曾指出有三方面的意義：

1. 是對傳統文化的肯定與認同，由肯定與認同中激發民族自信心與同胞向心力。
2. 未來是過去之延續，傳統文化是未來的根基，維護傳統文化資產，可避免文化在傳遞過程中發生斷層現象，並可據此創造屬於自己的文化。
3. 工商社會緊張、繁忙，博大、溫厚的傳統文化，能滋潤現代人枯燥的心靈。它也像一座指標，使大家在忙碌，奔波中不致迷失了方向。 在休閒農業經營上，若能與農村文化相結合，以農村文化來充實休閒

活動或體驗之內涵，以農村文化包裝與行銷農特產品，來提升體驗活動及產品之品質與附加價值，則可促使兩者相得益彰，也使臺灣的休閒農業更獨具風格與特色。

農村文化資源應用在休閒農業經營上的具體作法有下列數項：

1. 探究或調查當地的風土民情，如自然環境、歷史文化、先民開拓歷程、產業活動、信仰禮儀等；同時在鄉土文化方面，如史蹟、古農具、廟寺、民間信仰儀式、婚喪喜慶、地方的神話、傳說、故事、先賢事蹟、俏皮話、傳統諺語、民俗歌謠、語言、地名、鄉土料理、手工藝品、童玩等等，都需經過研究記載、解說、規劃、展現成爲教育觀光資源。

2. 舉辦展示、比賽、參與體驗活動。休閒農業經營者可將祖先留下來的智慧結晶，鄉村文化或是生活文化不吝於展示給外人欣賞，如農具、生活用具等。並將若干傳統文化融入生活中，舉辦各種比賽，如民謠歌唱、手工藝品製、鄉土料理烹飪等，邀請遊客參與體驗。
3. 規劃各種教育農園，配合中小學教科書內容，選擇若干主題做為自然科學、社會科學、語文及美勞等科目的課外教學之用。使學生在體驗中學習認識農業產銷過程及經營方式的產業文化或生活文化。
4. 休閒農業經營者提供場所，協助都市的學生或遊客能學習農村的自然生態及生活文化，促進城鄉交流。
5. 休閒農場或休閒農業園區與附近旅遊點的文化資源相結合，或以策略聯盟方式推出旅遊行程，不但可提高對消費大衆吸引力，同時也能更充實休閒農業品質。
6. 配合地方上的歲時節慶、慶典儀式，舉辦各種活動吸引外來遊客；例如節慶活動、慶典儀式的舉辦、民俗技藝的表演等。
7. 配合農作的產期，舉辦產業文化活動，以提供農特產品的品嚐、展售等活動，或是開放供民衆採摘、安排體驗活動，讓人們瞭解農產品產、製過程。例如白河鎭的蓮花節、公館鄉的紅棗節、三星鄉的蔥蒜節、左鎭鄉的白堊節、新埔鎭的柿餅節等都是產業文化活動的代表。
8. 利用現有空間開辦鄉村民宿，除了可以讓生活在都市中的人們體驗鄉村中的生活作息，再配合深度的導覽解說與妥善設計的體驗活動，更能增進遊客對傳統鄉土文化來源及農村生活方式的認識與瞭解。

將農村文化納入休閒農場活動並相結合的作法不勝枚舉，但最重要是各地區要依照自己所擁有的文化資源，做適地適宜的規劃利用，發展出自己的特色。農村文化發展有助於休閒農業的發展，而以農村文化爲基礎的休閒農業的發展，亦有助於進一步推動農村文化發展。

第4節
環境生態保育策略

一、旅遊趨勢改變

休閒農業與一般觀光旅遊是有所區隔的，其最大的不同在於它是以農業和農村資源爲基礎，來提供休閒遊憩的功能，其發展是基於多目標功能，且展現結合生產、生活、生態三生一體的旅遊方式。

過去由於經濟及休假時間有限等因素，一般人難得有機會旅遊，因此，旅遊型態爲主要爲「流動型」，所利用的資源不只限於一處，其所從事之遊憩活動不限於某個固定的地區，而是在一次旅遊活動中抵達較多處之遊憩據點，且每處僅停留一、二小時。隨著上述的因素與客觀條件的改變，人們開始朝向定點停留及深度、知性的旅遊，因此定點旅遊、自然生態之旅乃因應而生。而隨著教育水準的提升，旅遊消費市場的走向則逐漸朝主題式、有文化內涵或知識性的趨勢發展，因此，主題旅遊、鄉村旅遊、知性旅遊、生態之旅等旅遊型態已取代過去逛街消費、吃喝玩樂等大衆旅遊的消費行爲。

從國內旅遊市場中，據觀光局的統計，遊客的消費趨勢近七成旅客喜歡「自然觀賞活動」，2001年臺灣旅遊前十大到訪據點，絕大多數以自然爲取向（Nature-based）的地區，可見自然生態環境資源受遊客喜愛之一斑。世界資源協會（The World Resources Institution）指出，旅遊人口每年的成長率約40%，但以享受自然生態爲主的旅遊人口成長率卻在10～30%之間。世界旅遊組織（World Tourism Organization）估計，生態旅遊和其他以享受自然資源爲主的旅遊型態，大約占了所有國際旅遊類型的20%，並有增加之趨勢。由此可知，與自然觀賞活動有關的田園景觀、自然生態環境及農村文化等綠色資源保育與維護，便成爲觀光旅遊業發展的首要工作（圖4-6）。

圖4-6　生態池導覽

二、環境生態保育的重要性

以往一直認爲旅遊業是無煙囪的綠色產業，事實上觀光旅遊常對生態環境造成嚴重破壞。近年來發現，因爲人在觀光時的心是爲所欲爲、毫無節制，對動植物、風土習俗和環境居民沒有尊重，以致旅遊業及其附加產業對於自然環境及旅遊地點的社會產生大大小小的不良衝擊與壓力，嚴重者可能導致生態景觀消失、文化傳統變質或瓦解。尤其遊客經常在尖峰季節或尖峰時間湧入旅遊地，經營者爲了要迎合遊客的需求，而大量開發，此舉不但造成環境資源遭受破壞，並因遊憩區的過度擁擠而使休閒的品質降低，更因不當的開發規劃，而逐漸使旅遊區步上自我毀滅。

任何產業都有生命週期，觀光旅遊地區從發展到衰退的過程，可歸納成四個階段：

1. 世外桃源：自然優美的渡假聖地，強調自然環境與生態景觀的維持。
2. 旅遊開發：吸引衆多遊客，超量投資設備，遊憩區因超量開發而開始扭曲。

3. 大量旅遊：平價，遊客的文化與環保素養不足，造成不當旅遊行爲導致環境破壞。
4. 旅遊沒落：旅遊品質低落，資源過度消耗，留下荒廢之旅遊設施及滿地的垃圾。

目前有些休閒農業園區或農場因具豐富的田園景觀及優美的自然環境資源，配合有效的行銷，吸引大量遊客前來休閒渡假旅遊，尤其是假日遊客量劇增，各園區又未能有效管制承載量，造成對生態、環境及設施之不勝負荷，同時對生態資源保育產生威脅，無形中降低了旅遊品質，若長此以往，可能會使資源過度消耗，旅遊品質低落，導致旅遊區之沒落而無法永續經營。

三、保育策略

（一）推動生態旅遊落實資源保育

由於有些遊憩區過量投資開發，帶來大量的人潮，導致環境破壞。爲免於環境與生態遭受浩劫破壞，降低旅遊品質，應就各園區生態景觀、自然環境資源妥善規劃，以生態觀光帶動人潮，形成產業，教育遊客學習大自然，再由此，進一步引領生態之愛護者進行深度的生態旅遊。生態旅遊是以自然環境資源爲基礎，建立在保育、管理與教育之上，並結合文化與產業，使地區得以永續發展的旅遊方式，其內涵有以下幾點：

1. 以自然環境爲基礎的旅遊。
2. 重視資源與長期保育。
3. 透過環境教育與解說的方式。
4. 對環境衝擊減少到最低的旅遊方式。
5. 以永續發展爲目標。
6. 尊重當地文化，體驗當地習俗與生活的遊憩方式。
7. 注重當地社區的實質利益（經濟利益、就業機會與社區福祉）。

休閒農業園區若能落實生態旅遊方式推動遊憩體驗活動，發展觀光休閒產業，其環境不但可以避免過度開發利用與過度承載的狀況，亦可使各園區環境生態資源得以保育，維持發展休閒觀光潛力。

(二)限制休閒農業園區或農場的承載量(Carrying Capacity)

承載量原先是指該棲息地所能維持的生物最大容量,以觀光旅憩的觀點而言,承載量是指該地區所能承受之遊客之最大使用量,在此程度以下,遊客具有高滿意度,且對環境資源的衝擊較小,相反的若過度的遊憩利用將對環境造成嚴重衝擊,因此爲減少這種衝擊最直接的方法就是限制承載量。一般而言,承載量分爲四類:

1. 生態容許量(Ecological Capacity):指遊客的使用情形對旅遊地區內生態系統的衝擊而言。
2. 實質容許量(Physical Capacity):旅遊地區內實際可供利用的空間、數量而言。
3. 設施容許量(Facility Capacity):個別設施如停車場、盥洗室能否滿足遊客的需求而言。
4. 社會容許量 (Social Capacity):指遊客遭遇其他個人或團體,所產生的負面經驗或影響而言。

(三)遊憩區的分區使用

分區使用的目的是依資源的脆弱程度或稀有程度分區,予以不同的開發利用與經營措施,避免資源被破壞,而且可保護生態系統多樣性,使經營管理者方便管理。Gunn(1988)將國家公園分成重點資源保護區、低利用荒野區、分散遊憩區、密集遊憩區和服務社區等。Dramstad(1996)亦提出景觀生態規劃原則以小地(Patches)、邊界(Edges)、廊道(Corridors)、面(Mosaics)爲分區原則,例如整個鄉休閒農業園區即可視爲「面」、河川綠葉或道路等均可視爲「廊道」、樹林或服務設施等均可視爲「小地」,而小地與外界連接的部分爲「邊界」。不同的分區其動植物資源的多樣性及豐富性有所差異,保育的程度亦有所不同。

（四）運用生態設計手法

圖4-7　生態工法設計

由於臺灣的工程導向，所有解決問題的方式多利用硬式工程，如農業的排水路常用水泥涵管，導致每逢暴雨、颱風時，雨水落在不滲水的鋪面，造成地表逕流大增而形成水患，同時由於地面滲透性差，使土壤含水性能降低；此外，不透水的護岸工程亦破壞了岸邊生物的棲息環境，造成動植物的滅亡。是故選擇符合生態設計的方法，例如透水磚鋪面或草溝，方為資源永續利用之道（圖 4-7）。在鄉村休閒農業中常見的景觀元素，其生態設計的方法例如：

1. 河川綠帶
2. 道路兩旁綠帶
3. 農地間的雜樹林等

（五）資源的保育與永續使用

保育及永續性的使用資源，包括自然的、社會的與文化的資源，例如自然資源方面應減少過度浪費避免成為遊憩品質的負擔，此外可建立資源回收管道，將有價值的垃圾分類並加以利用，如枯枝落葉可轉化為碎木作為敷地材料；食物殘渣可經過處理成為天然肥料，以減少化學肥料的使用，降低汙染。

（六）適當的體驗活動設計

休閒農業園區或農場內的各種遊憩活動需與區內的資源相配合（圖4-8），而且以非消耗性的利用及最小的破壞為活動設計原則，一般以發展鄉村休閒農業而言，活動的設計應由當地居民或對當地有深入瞭解的人士擔任或參與，以避免資源的浪費或破壞。

圖4-8 生態設施

（七）加強環境解說教育

由於遊客的休閒遊憩活動對鄉村環境本來就會造成衝擊，如鄉村實質環境的破壞、對農村文化的不良影響問題，歸結這些問題的根源均是遊客本身的公德心低落、缺乏對當地的尊重以及休閒教育不足。美國黃石國家公園曾建議：對遊客之旅遊計畫應當包括強烈環境教育的組成，除可提供低度衝擊性旅遊的指導原則，並可刺激生態系的覺醒，進而提供保育效力上的直接參與（Glick, 1991），因為解說教育是一種有效的管理工具，以此可以降低遊客對自然資源的衝擊性。透過環境教育的操作，可落實環境倫理的真諦，生態旅遊之終極目的，正是使每個遊客主動成為環境的管理者。

休閒農業資源

第1節 環境生態保育策略

一、資源之特性

在環境中凡是能夠滿足人類需求之任何事物均可稱之為「資源」。人類對資源的評價在於可利用性，而非僅其實質存在之狀態而已（圖 5-1）；其可利用性乃依人之需求與能力而定，所以資源係主觀的、相對的、功能的及動態的，它會隨人類的需求以及對其認知之不同而產生變化。一般而言，資源具有數種重要特性，綜合學者專家研究，資源具有數種重要特性：

圖5-1　人類對資源的評價在於可利用性，而非僅其實質存在之狀態而已，如各種農作物的收穫必須由牛車載運回家，象徵先民奮鬥精神。

（一）中立性

資源爲人類對其所處環境評價的一種表達方式，如森林與水本爲環境生態體系中之一環，因人爲之利用而被稱之爲森林資源與水資源。

（二）依需伴生性

資源具有滿足人類需求的潛在特質，因砍伐取材加工利用而有森林資源的產生；因森林浴及遊憩的使用，而有森林遊樂區的開發，這些都是人類需求利用所致。

（三）不可再生性

一般自然資源雖可分爲不可再生與再生資源兩種，而就資源提供遊憩使用而言，若過分密集使用而導致破壞後，則再生能力很小，不易復原，如人爲長期耕作經營之地形景觀資源，農田、台地、草原等，一旦遭受某種程度的破壞，則再生能力有限，不是要花費很長時間，就是需要很高的費用，有的甚至再也無法恢復。例如遭受高度重金屬汙染的農地，一旦受到破壞土壤的生態體系後，再也不可能復原。

（四）不可復原性

此類資源若經某種程度之改變，將不可復原及不可收回，如特殊景觀資源、火山、斷層、山岳、河流等。例如臺灣中部九九峰，原來非常特殊景觀，經過九二一地震摧殘破壞後，再也無法恢復原來之面貌。

（五）不可移動性

這類資源提供利用時必須到達該地方使用，始能欣賞其自然景緻，不似一般資源可將其移轉到消費中心，如阿里山之日出及雲海，雪霸觀霧之巨木群，農村之梯田以及其風貌等，都是到達該地才能觀賞得到。

（六）相對稀少性

在自然環境中，有些資源頗爲珍貴稀少，有些或已瀕臨絕跡，如阿里山及溪頭的神木、墾丁地區之海底珊瑚礁、太魯閣峽谷、野柳之奇形怪石、淡水紅樹林等等都是至爲稀有而珍貴之自然景觀資源，而臺灣黑熊、雲豹、梅花鹿、八色鳥、水韭及紅豆杉等，則爲稀有之動植物。

（七）變化性

有很多自然景觀資源只有在特定的季節和時間才會出現，例如臺北陽明山的花季賞櫻、花蓮與台東的金針花季、奧萬大的賞楓活動等，都是具有資源利用季節性的變化，而造成旅遊的明顯淡、旺季之分。

資源的利用有時會隨時間推移對遊客或消費者的需求產生改變，例如苗栗大湖鄉薑麻園休閒農業區，配合薑麻節活動，讓民眾親自體驗農事，並融入創意DIY手作，讓民眾更了解在地薑產業（圖 5-2）。

圖5-2　大湖鄉薑麻園的薑麻屋

二、休閒農業資源之特性

基本上休閒農業係以農業資源爲基礎，提供休閒遊憩之使用。幾乎所有農業資源都可加以規劃利用做爲休閒農業資源。休閒農業兼具農業與休閒的特性，所以休閒農業資源之特性除了具有一般資源和遊憩資源特性外，尚有其兼具農村生產與休閒遊憩功能之性質，其較顯著者有下列數項：

(一)保有鄉土草根性

此項資源有農林漁牧產業及其生產過程、鄉土文物、民俗文化、歌舞及祭典活動等。這些資源保有鄉土、本土、草根、與生活等特質。

(二)具有啓發城鄉之互動性

此項資源如農家與非農家接觸之場所,農家生活方式,以及工作和生活的態度等,可直接提供都市居民體會農村純樸勤奮之氣氛,促進城鄉交流之旨意(圖5-3)。

圖5-3 古農具

(三)保有生命永續性

此項資源如農村寬闊的空間、自然的環境、鄉土的資源等,提供農民和鄉村居民安身立命的空間,工作活動的場所,以及萬物生長的環境,保存生命延續的永續性。

(四)具有農村環境機能之教育性

此項資源如休閒農場、觀光農園、教育農園、市民農園、自然教育等,提供都市農民、兒童及青少年野外自然的教育園地和促進身心健康的活動場所。經由這些場所提供的體驗活動,學習者瞭解動植物生長的過程,體會了生命的意義,培育了環境的倫理,所以休閒農業資源無形中變成環境教育最好的場所與教材,深具教育性質。

第2節 休閒農業資源類型

一、依資源之組成範圍分

休閒農業資源依資源之組成範圍分爲以下三種類型：

（一）自然環境之景觀資源

指天然因素所造成的自然環境風貌，如斷岩、海峽、季節變化等。

1. 地形、地質景觀資源：依據地質礦物學大辭典解釋，地形、地質景觀資源爲：平原（高原、低原）、山岳、丘陵、台地、洞穴、岩洞、火山、盆地、草原、奇石、奇峰、溪谷、露岩、斷層等。
2. 水資源景觀資源：指以水體型態組成之景觀資源，包括海濱型及內陸型兩種。
3. 瞬間之景觀資源：指特殊之地理氣候形象所構成，能爲人所知覺之整體環境印象。此景觀資源元素有風雨、溫度、濕度、日照、雪、霧、雲海、日出（圖5-4）、日落、潮汐、季節變化等。

圖5-4　日出

（二）農林漁牧動物之景觀資源

1. 農：指農作物之景觀資源，係人類以直接或間接利用爲目的，所栽培的一切植物，使其成爲有經濟價值的植物。一般指農藝作物及園藝作物而言，包括各種農作物之育苗、栽培、管理及產品之採收、加工、觀賞、食用、研究之資源。
2. 林：係森林作物之總稱，包括高山群落及人工、天然林之林相。
3. 漁牧：
   (1) 魚類：包括近海、沿海、養殖漁業及各種水產（如魚蝦、貝藻類）之培苗、放養、管理、網、釣、採收、加工、觀賞、食用、研究等。
   (2) 畜牧：指畜養禽獸，包括家禽、家畜兩類。
4. 野生動物：凡具有知覺而能自由行動生活在森林中的昆蟲、兩棲類、爬蟲類、鳥類和哺乳動物等生物皆屬之。

（三）人文資源

指人爲因素所造成的人文環境風貌，或者具有文化價值上的條件等的資源皆屬之（圖 5-5）。

圖5-5　原住民圖騰入口意象

1. 具有歷史價值之人文景觀：如歷史性古道、考古遺跡、紀念碑、民間廟宇、土地公廟、古庄等。
2. 具有特殊價值之民間遊藝：指流傳於民間，且具特殊價值之各種遊戲技藝與農村文物。包括：
   (1) 民俗技藝：如迎神賽會、歲時節令、慶典祭拜、民謠歌曲、雕刻繪畫、花燈、大鼓等。

(2) 民間遊戲：如抓泥鰍、放風箏、擲飛盤、釣青蛙、騎竹馬、打地牛、滾鐵圈、抓泥鰍等。

(3) 農村文物：如農具、鋤頭、釘耙、牛車、水車、噴霧器、耕耘機、魚簏、魚滬等。

3. 鄰近地區之土地利用與設施：包括墓園、果園、水田、旱田、鹽田、梯田、雜作、畜牧場、農莊、民宅、農舍、渡假小屋、養魚池、養殖場、聚落等。

二、依人爲及自然成分的強度分

依據陳水源在其編譯的「觀光地區評價方法」中依照人爲設施及自然生態的成分強度，將資源休閒旅遊據點之資源類別區分成人爲資源或自然資源（圖 5-6）。

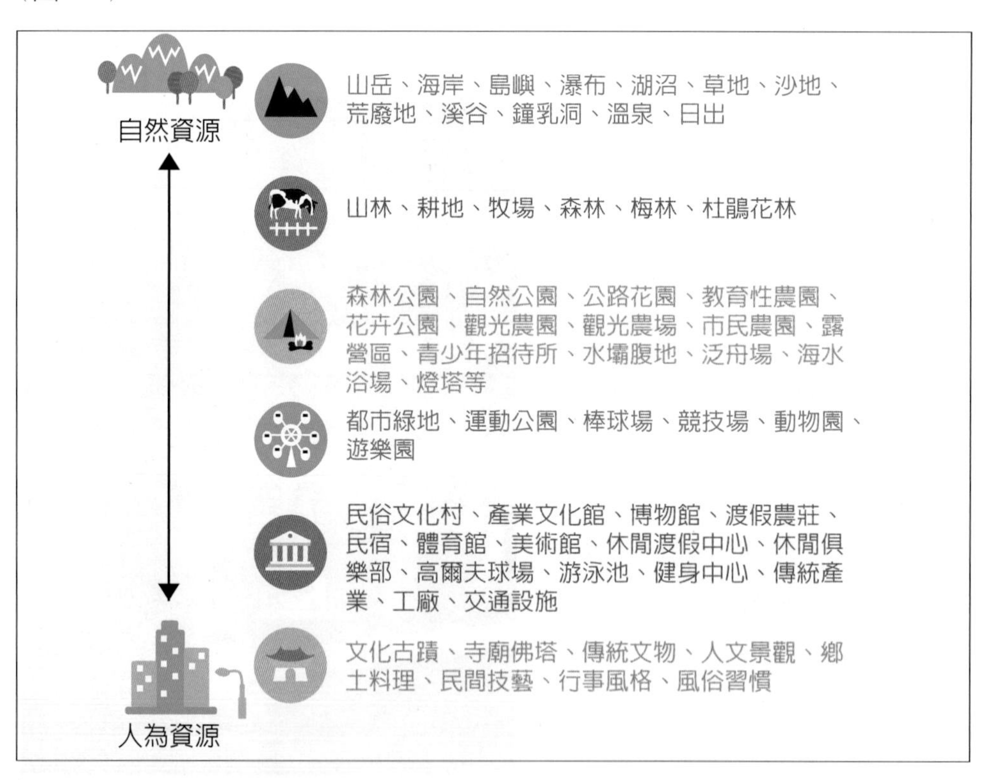

圖5-6　休閒旅遊據點資源類別

資料來源：陳水源（1998）

三、依鄉村體驗活動分

綜合段兆麟資料，將鄉村體驗活動資源分為自然資源、景觀資源、產業資源、人的資源、文化資源等五類。

表5-1　鄉村體驗活動資源分類表

分類細項	內涵註釋
自然資源	
1. 氣象資源	日出、落日、雲彩、彩虹、星相、季風等。
2. 水文資源	利用鄉村的溪流、河床、山澗、瀑布、溫泉，吸引遊客遊憩留宿。濱海地區的水文資源有海景、潮汐、浪花、溪流等。
3. 植物生態資源	利用鄉村的觀花、觀果、觀葉植物，及牧野的牧草，設計體驗活動。濱海地區，如馬齒莧、馬鞍藤、濱刺麥、臺灣濱藜等濱海草本及蔓性植物；水莞花、烏柑子、黃荊、蘿芙木、毛苦參等濱海灌木植物；山欖、九芎、刺桐、棋盤腳、臺灣海桐、海茄苳、水筆仔、蒲葵等濱海喬木。
4. 動物生態資源	利用鄉村的稀有動物，如蝶類、鳥類、魚類等設計活動，招徠遊客，提供自然教室的知性之旅。牧場的禽畜資源，如雞、鴨、鵝、狗、牛、羊、豬、馬、鴕鳥、駱駝等，設計體驗活動，提供自然生物習性的教育活動。濱海地區包括魚類、蝦類、貝類、蟹類、鳥類（留鳥與候鳥）、昆蟲，及潮間帶生物等。
景觀資源	
1. 地形地質景觀	農村有平原、步道、嶺頂、懸崖、峽谷、河灘、曲流、峭壁、環流丘等。濱海地區有：沼澤、魚塭、水塘、海岸線、潮間帶、沙洲、海岸洞穴、奇石、珊瑚礁岩等。
2. 牧野風光	如農村「鵝兒戲綠波」的故鄉味，大陸「風吹草低見牛羊」的曠達氣勢，美國大西部牧場的豪情，澳、紐大地青草綠的自然風光。
3. 禽畜舍特色	如飛牛牧場美國大西部穀倉式的遊客服務中心。又如蒙古包、氈房等村寨特色。
4. 農村風光	農宅傳統建築、廟寺建築、魚塘景觀、漁村風情、防風林相、鹽田景觀等。
	產業資源
1. 農產品	各種農園、林產、畜牧、水產養殖等產品，均可作為設計體驗活動的資源。
2. 牧草體驗活動	草原賞景、認識牧草、牧草收割、牧草加工餐飲、牧草編織等。

續下頁

接上頁

分類細項	內涵註釋
3. 禽畜舍特色	如剪羊毛、擠牛乳、擠羊乳、羊毛服裝製作 DIY 等。
4. 畜牧產品	如皮蛋製作、乳產品加工、鵝蛋彩繪、野山豬、烤乳豬、豬肉加工、滷豬腳等。
5. 牲畜市集	了解家畜家禽的交易活動。
6. 畜牧體驗活動	如騎馬、放羊、餵飼、牧羊犬趕羊、坐牛車等。
7. 漁業經營	漁業經營的各階段，皆適合搭配遊憩服務，提供體驗的機會。如在養殖階段，可發展觀光漁場；運銷階段，有假日魚市的活動；加工處理階段，有魚製品觀摩與採買的活動。
人的資源	
1. 地方名人	農漁村地方上有名的歷史人物或當代人物。
2. 匠師	特殊技藝的農漁民。
文化資源	
1. 傳統建築資源	農村平地有古代建築遺址、古道老街、古宅、古城、古井、古橋、廢墟、舊碼頭、牛墟、舊牧場等。山村有展現原住民特色的傳統石板屋建梨。
2. 傳統雕刻藝術及手工藝品	具有地區特色的藝術品，如石雕、木竹雕、皮雕編織、服飾、古農機具及家居用具等。
3. 民俗活動	如祭祀廟會、王船祭典、迎王祭典、宋江陣、製作天燈、童玩技藝等。
4. 各種文化設施與活動	如有特色的農漁牧博物館、歷史遺跡等。

資料來源：段兆麟（2002）。

四、依農業三生分

農農業資源作爲休閒遊憩使用之分類，若依三生（生產、生活及生態）來劃分，則可分爲農業生產、農民生活及農村生態等三類資源：

（一）農業生產資源

1. 農作物

(1) 糧食作物：如穀類、豆類與薯芋類作物（圖5-7）。

(2) 特用作物：如纖維、油料、糖料作物。

(3) 園藝作物：如果樹、蔬菜、花卉等作物。

(4) 飼料、綠肥作物：如禾本科、豆科作物。

(5) 藥用作物：如利用全株或根莖葉花之作物。

圖5-7　水田景觀

2. 農耕活動

(1) 水田耕種： 如水稻、 蓮花、筊白筍之耕作方式。

(2) 旱田耕種：如玉米，包括整地、播種、管理及採收。

(3) 果園耕作： 如木本或蔓藤，包括修剪、蔬疏果等。

(4) 蔬菜、花卉耕種：如各種蔬菜製畦、耕作、採收（圖5-8）。

(5) 茶園等特殊作物耕種：如修剪、採茶、製茶。

圖5-8　花卉

3. 農具

(1) 耕作工具：如水耕作工具、坡地耕作工具。

(2) 運輸工具：如人力車、畜力車、吊籠。

(3) 貯存工具：如貯穀類、貯果實、貯蔬菜。

(4) 裝盛工具：如麻袋、籮筐、畚箕、桶具。

(5) 防雨防曬工具：如斗笠、蓑衣、龜殼。

4. 家禽家畜

(1) 家禽：如雞、鴨、鵝、火雞。

(2) 家畜：如牛、羊、豬、兔（圖5-9）。

圖5-9　乳牛

（二）農民生活資源

1. 農民本身特質

(1) 當地語言：如閩南語、客家語及原住民語言。

(2) 宗教信仰：如信奉佛教、道教、天主教、基督教。

(3) 農民特色：如個性、群體性。

(4) 歷史：如地名由來、開發史、神話故事。

2. 日常生活特色

(1) 飲食：如種類、烹調、加工、飲食習慣、用具。

(2) 衣物：如布、衣服、帽子、飾品。

(3) 建物：如農宅、廟宇、具紀念性之建物。

(4) 開放空間：如村莊、養殖場、市場、廣場。

(5) 交通方式：如道路、交通工具及運輸方式。

3. 農村文化慶典活動

(1) 工藝：如雕刻、泥塑、繪畫、編織、童玩。

(2) 表演藝術：如雜技、樂器、戲劇、民謠、舞蹈。

(3) 小吃：如海鮮類之蚵仔煎、醬料類之豆瓣醬。

(4) 慶典活動：如各種宗教活動、野台戲、年節活動。

（三）農村生態資源

1. 農村氣象

(1) 氣候與農業關係：如二十四節氣、七十二候。

(2) 氣象預測方法：如觀測天象法、觀察動植物法。

(3) 特殊的天、氣象：如日、月、星及雲、霧、雨景。

2. 農村地理

(1) 地形與農業之關係：如坡地、沼澤、旱地。

(2) 土壤與農業之關係：如肥沃與貧瘠之不同農作。

(3) 水文與農業之關係：如灌溉、飲用、家用、漁撈。

3. 農村生物

(1) 鄉間植物：如長在田、水邊或田野間之草木。

(2) 鄉間動物：如鳥、兩棲類、水族、小型哺乳動物。

(3) 鄉間昆蟲：如蝴蝶、蜻蜓、螢火蟲、農業益害蟲。

4. 農村景觀

(1) 全景景觀：如山地中之村落、平原之集、散村。

(2) 特色景觀：如稻田、果園、傳統聚落景觀。

(3) 圍閉景觀：如村中之巷道、大樹蔭蔽之林間。

(4) 焦點景觀： 如特別的作物、大樹、著名建物。

(5) 次級景觀：如框景、細部及瞬間景觀。

第3節 休閒農業資源開發與應用

一、休閒農業資源與休閒遊憩之關係

休閒農業資源主要來自農業資源，是將農業產業資源妥善規劃做爲休閒使用。而農業資源係指農村環境中具有可滿足人類從事各種活動需求之環境特質，在遊憩上具有利用之潛能及經營意願之農業環境。休閒農業資源與休閒遊憩活動具有密切之關聯性，故應妥善開發與運用農業資源在休閒活動上。

1. 農業擁有自然的環境與開闊的空間是人們紓解身心、生活體驗與滿足心理需求的基本必要條件。
2. 農業具有實用性、生態性及生動性等特質，可滿足人們體驗享受成長與豐收之喜悅。
3. 農業資源之生活性、鄉土性及親切性等特質，可滿足人們回歸自然與追尋純樸生活的企求。
4. 農業資源之技術性、特殊性及神秘性等特質，可滿足人們求取知識的需求。
5. 農業資源之豐富性、多樣性、變化性及趣味性等特質，可滿足人們求新求變與感官體驗之需求。

二、休閒農業資源之開發

(一) 資源調查

將休閒農場、觀光農園、市民農園、教育農園、休閒農業區、休閒農漁園區以及社區範圍內各項資源，包括生產、生活、生態之自然或人文資源全部做普查工作，以瞭解場區內外相關資源存在與應用情形。

（二）資源分類

普查所得之各項資源再依據資源之特性與可資利用情形，區分爲主題、特色、基礎及一般資源四大類。茲分述如下：

1. 主題資源：依四季區分之各季主要資源。
2. 特色資源：增強主題資源之特色爲主。
3. 基礎資源：四季均有之資源，全年可用。
4. 一般資源：如童玩、民俗活動、技藝、鄉間動物、餐飲等。

（三）資源分析

根據春、夏、秋、冬不同季節，以及1月到12月不同月份，將場區各項可資利用之資源分析臚列出來，以做爲規劃設計體驗活動和導覽解說之依據。同時依照資源特質與遊客五種感官需求，分別規劃設計不同體驗活動（圖5-10）。

圖5-10　秋季楓情體驗

三、休閒農業資源之應用

（一）規劃應用之原則

1. 注重休閒農業發展的四大方向
   (1) 以農業經營爲主
   (2) 以自然環境保育爲重
   (3) 以農民利益爲依歸
   (4) 以滿足消費者需求爲導向
2. 發揮地方特色與風貌：休閒農業有別於一般觀光旅遊業，它必須運用特有鄉土文化、鄉土生活方式和風土民情去發展，在經營上注重農業經營、解說服務、體驗活動、民俗文化活動，在整個觀光遊憩的空間系統中顯現它獨特的風貌與特色（圖5-11）。

圖5-11　新埔柿餅

3. 符合人力專長與財力資源：休閒農業經營者在開發或應用農業資源時應配合本身的人力資源專長，以降低經營成本。同時也要考量財力資源，採取分年分期，依優先次序投資開發，以免財力負擔過重。
4. 符合現有法規、合法經營

   休閒農場的開發建設應遵照法令規章行事，以免違法遭受懲罰。
5. 配合四季之主題資源與特色強調資源之規劃設計

（二）活動導入原則

1. 提供健康、有機的旅遊方式。
2. 發揮五官的體驗功能。
3. 自然地融入各種知識與觀念。
4. 注重環境教育培養環境倫理。
5. 配合四季的運轉安排不同的活動。
6. 配合地方節慶活動，結合有關機構辦理各項活動。

(三)活動導入方式

將各項可利用之資源分別以解說、展示、參觀或觀賞、參與操作或製作、比賽、攝影、紀念品、採摘與品嚐等方式導入休閒活動中。茲簡略圖示，如表 5-2：

表5-2 農業資源導入活動的方式

	解說	展示	參觀、觀賞	參與(操作、製作)	比賽	攝影	紀念品	採摘品嚐
農作物	●	●	●	●	●	●	●	●
農耕活動	●	◎	●	◎	◎	●	–	–
農具	●	◎	◎	●	◎	●	●	–
家禽家畜	●	◎	●	–	–	●	○	●
農民特質	●	◎	–	–	–	●	○	–
日常生活	●	●	●	–	–	●	◎	–
農村文化	●	●	○	●	●	●	●	◎
農村氣象	●	○	●	–	–	●	–	–
農村地理	●	◎	●	◎	–	●	–	–
農村生物	●	●	●	●	◎	●	○	○
農村景觀	●	●	●	◎	–	●	–	–

圖例：●主要活動方式 ◎輔助活動方式 ○次輔助活動方式

第4節
茶鄉桂花農園資源開發與應用實例

一、園內資源調查

（一）農業生產資源

1. 農產品
   (1) 經濟作物：包種茶、桂花、桂竹筍（圖5-12）、綠竹筍。
   (2) 園藝作物：桂花。
2. 農耕活動特殊作物耕種：包種茶、桂花、桂竹筍、綠竹筍。

圖5-12　桂竹林

3. 農具
   (1) 耕作工具：鐮刀、鋤頭、鋸釜。
   (2) 運輸工具：人力。
   (3) 裝盛工具：籮筐。
   (4) 防雨防曬工具：斗笠、簑衣、雨遮。
   (5) 製茶工具：炒茶機、揉捻機、浪菁機、乾燥機、烘培機、風鼓、眞空機、竹籃架、篩盤。
4. 家禽家畜飼養家畜：豬。

（二）農民生活特色

1. 農民本身特質
   (1) 當地語言：以閩南語、國語爲主，且當地居民以陳氏家族居多。
   (2) 宗教信仰：以民間神祇信仰爲主。
   (3) 歷史文化：早期漢人（安溪人）移入石碇，將茶產業帶入北臺灣。

2. 日常生活特色

(1) 飲食：食物多以桂花入菜，知名菜色爲桂花油飯、桂花蓮藕、桂花豬腳、桂花豆腐捲、桂花饅頭等。桂花加工產品則有桂花釀蜜、桂花茶凍、桂花餅乾等。

(2) 衣物：採茶所使用之特殊裝備，例如斗笠、袖套、竹蔞、鞋具等。

3. 農村文化慶典活動

(1) 工藝展示：桂花蜜釀造和製茶過程所需工具和方法的具體呈現。

(2) 表演藝術：當地小學社團演奏國樂。

(3) 慶典活動：因當地種植桂花聞名，故八月中秋桂花季，是桂花村一年一度的大盛事。

（三）農園生態資源

1. 農園生物

(1) 農園植物：包括桂花、風鈴花、杜鵑花、姑婆芋、桫欏、桂竹等。

(2) 農園昆蟲：包括螢火蟲、蜻蜓、小灰蝶等。

(3) 農園脊椎動物：包括黃頭鷺、牛蛙和大冠鷲等。

2. 農園地理：屬於山坡地，依主要植物生長聚集地可區分爲：桂花林、茶園，菜園、竹林以及原始林區。

3. 農園景觀：夕陽、四季星星、臺北市都會夜景、夜間螢火蟲飛舞。

4. 特色景觀：桂花林、古厝。

二、資源分析

茶鄉桂花農園周邊有很多天然的資源，以下的資源分析是針對全年 12 個月較有特色的資源提出整理。

表5-3　茶鄉桂花農園全年可利用之資源

季節	春			夏			秋			冬		
月份	1	2	3	4	5	6	7	8	9	10	11	12
螢火蟲				v	v	v						
青蛙	v	v	v	v	v	v	v	v	v	v	v	v
桂花	v	v	v	v								
東方美人茶	v	v	v	v	v	v	v	v				
桂竹筍				v	v	v	v					
綠竹筍				v	v	v	v	v	v			

三、資源運用

隨著 1 年 12 個月每個月每個季節都有其特定特殊的可利用資源，我們將其規劃成四大主題，解釋如表 5-4：

表5-4　茶鄉桂花農園四季資源之應用

主題名稱	活動時間	主題資源
東方美人	1～3月	東方美人茶
富貴逐螢	4～6月	桂竹、螢火蟲
七巧戲竹	7～9月	綠竹、觀星
花好月圓	10～12月	桂花、賞月

四、活動導入

參考下列表 5-5 ～ 5-8

表5-5　春季：東方美人

活動導入			
體驗項目	農園生產方面	農民生活方面	農村生態方面
食	以桂花、茶入菜	以桂花、茶入菜	無
衣	農耕用雨具： 簑衣、雨遮	採茶服	無
住	以桂花和竹子作為裝飾品	主題展示館、視聽教育館	無
行	步行、巡茶園	採茶車	步道巡禮
育	茶的功能、製造過程、種茶的原因、農具的使用方法	講解當地人文歷史竹藝品介紹	生態解說
樂	使用農具	桂花故事歷史解說、採花、製蠟燭、餅乾、音樂欣賞	體驗活動
視	茶園	古厝	觀星、步道巡禮
聽	農事操作進行之敲擊聲	樂器聲、製茶聲	自然之音，如：落葉聲、鳥叫
嗅	茶香	古厝的味道、竹子的香味	茶香
味	品茗、桂花餐	桂花美食品嘗	品茗、桂花餐
觸	茶葉的觸感、操作農具的觸感	古厝	採茶

表 5-6　夏季：富貴逐螢

活動導入			
體驗項目	農園生產方面	農民生活方面	農村生態方面
食	以桂花、茶入菜	以桂花、茶入菜	無
衣	農耕用雨具：簑衣、雨遮	採茶服	無
住	以桂花和竹子作為裝飾品	主題展示館、視聽教育館	無
行	步行、走竹林	採茶車	步道巡禮
育	竹的功能、農具的使用方法	講解當地人文歷史竹藝品介紹	生態解說（螢火蟲、竹林）
樂	使用農具	桂花故事歷史解說、採花、製蠟燭、餅乾、音樂欣賞	體驗活動
視	竹林	古厝	觀星、螢火蟲、步道巡禮
聽	農事操作進行之敲擊聲	樂器聲、製茶聲	蛙與螢火蟲聲
嗅	茶香	古厝的味道、竹子的香味	茶香
味	桂花餐、筍	桂花美食品嘗	桂花餐、筍
觸	竹子的觸感、農具的使用	古厝	接觸螢火蟲的生長環境

表 5-7　秋季：七巧戲竹

活動導入			
體驗項目	農園生產方面	農民生活方面	農村生態方面
食	以桂花、茶入菜	以桂花、茶入菜	無
衣	農耕用雨具： 簑衣、雨遮	採茶服	無
住	以桂花和竹子作為裝飾品	主題展示館、視聽教育館	無
行	步行、走竹林	採茶車	步道巡禮
育	綠竹的功能、農具的使用方法	講解當地人文歷史竹藝品介紹	生態解說（螢火蟲、竹林）
樂	使用農具	桂花故事歷史解說、採花、製蠟燭、餅乾、音樂欣賞	體驗活動
視	茶園	古厝	觀星、步道巡禮
聽	農事操作進行之敲擊聲	樂器聲、製茶聲	自然之音，如：落葉聲、鳥叫
嗅	筍香	古厝的味道、竹子的香味	
味	桂花餐、筍	桂花美食品嘗	桂花餐、竹筍
觸	竹子的觸感、農具的使用	古厝	摸竹

表5-8　冬季：花好月圓

活動導入			
體驗項目	農園生產方面	農民生活方面	農村生態方面
食	以桂花、茶入菜	以桂花、茶入菜	無
衣	農耕用雨具：簑衣、雨遮	採茶服	無
住	以桂花和竹子作為裝飾品	主題展示館、視聽教育館	無
行	步行、走竹林	採茶車	步道巡禮
育	桂花的功能、農具的使用方法	講解當地人文歷史竹藝品介紹	生態解說（螢火蟲、竹林）
樂	農具操作之聲音	桂花故事歷史解說、採花、製蠟燭、餅乾、音樂欣賞	體驗活動
視	桂竹林	古厝	觀星、步道巡禮
聽	農事操作間發出的聲音	樂器聲、製茶聲	自然之音
嗅	桂花香	古厝的味道、竹子的香味	桂花香
味	桂花餐	桂花美食品嘗	桂花餐、品茗
觸	折桂	古厝	採桂花

第二篇
休閒農業實務與現況

《案例學習》苗栗縣休閒農業區發展

苗栗縣休閒農業區共擁有 10 個休閒農業區，近幾年許多青農返鄉參與經營休閒農場、田媽媽餐廳、民宿，讓浪漫臺三線增添了活力與創意，也創造出可觀的旅遊產值。在 2016 年全國休閒農業區評鑑中，苗栗縣以「薑麻園休閒農業區」及「舊山線休閒農業區」獲得二個優等評等（全國僅有 5 個優等）以及 6 個甲等休區佳績（公館黃金小鎮、南庄南江、西湖湖東、通霄福興南和、大湖馬那邦、三義雙潭，全國共 25 個甲等）。

一、苗栗縣休閒農業區

休閒農業區	劃定年度	主要農產
湖東休閒農業區	92	文旦柚
雙潭休閒農業區	93	桃李
薑麻園休閒農業區	93	薑、桃李
南江休閒農業區	93	鱒魚、竹筍
福興南和休閒農業區	95	柑橘、稻米
舊山線休閒農業區	97	小麥、稻米
黃金小鎮休閒農業區	97	紅棗
壢西坪休閒農業區	97	各種水果
馬那邦休閒農業區	99	草莓
三灣梨鄉休閒農業區	103	水梨

（一）優等 舊山線休閒農業區

以慢城、小農為特色，發展特色農業體驗活動，打造「慢城、小農、晒幸福」之舊山線。

圖片來源：參考苗栗縣政府農業處

從產地到餐桌，推廣食農教育，落實民眾生活，鼓勵青年返鄉，體現田野生活，讓更多人能認識在地食材，了解這些珍貴的食材是如何從產地到餐桌，如認識在地食材、窯烤麵包體驗活動；小麥種植體驗活動 - 蕎麥麵烏龍麵製作和品嘗分享會，青年用自己的創意將故鄉開闢出新氣象。

（二）優等 薑麻園休閒農業區

落實薑文化六級產業升級，以薑和桃李為產業特色，經過薑麻園的創意營造，發展出一系列以薑為主題美食料理及相關加工品，在業者的巧手下，生薑既可成為 DIY 的原料、也可作為客家風味餐；推動外語導覽解說，生薑、桃李、草莓休閒產業融入國小教課書課文；黑糖老薑更換新包裝，田媽媽創意料理青年獲獎，青年經營、擔任協會要職，第三代小小薑出生，團結合作，組織運作效率佳，全區營業產值飆升上億元，創造出 10 多個在地就業機會，奠定良好基礎幫助青年返鄉。

二、苗栗休閒農業區的經營作法

（一）概念

探究苗栗縣休閒農業區能經營如此亮眼，可歸納出下列幾個概念：

1. 六級化產業升級-強化休閒農業核心特色、創新運用農業產業六級化資源。
2. 組織運作發揮功能一（新的成員接棒）一團結合作，組織運作效率佳，青年經營、擔任協會要職。
3. 持續整合區內的各項資源（農業與人才）一農業旅遊帶資源擴大整合。

4. 新市場開發與共同行銷－水果主題四季農產業旅遊，苗栗線10個休閒農業區主要優質農產品升級至優質旅遊產地，推動水果主題旅遊。

（二）實際做法

作法1. 社區共同品牌－友善小農

成立友善小農，將返鄉青農有效整合後，利用蔬果不同產季之特性，分工合作讓薑麻園一年四季都有水果或蔬菜可體驗或產出，並定期請專家來開班授課，提升薑麻園農業水準，取得『有機』認證協助區內農戶邁向精緻農產新的里程碑，區內有 27 家吉園圃認證。友善小農也是三心一體的服務空間和產業共同服務機制。

作法2. 安全農業之推動

由薑麻園地區 (農業服務區) 之觀光果園開始，逐步推廣至四份、八份及水流東等 (農業生產區)

作法3. 地產地銷之機制

大農帶小農，由農業生產區主事生產機能透過協會以友善小農直銷遊客及採購之客戶。

薑麻園安全農業推展示意圖
（參考薑麻園休閒農業區）

作法4. 行程多樣化

針對最具特色之住宿及在地農家，結合本區內之民宿 / 餐廳 / 果園業者，聯合規劃出包含 DIY 體驗的旅遊套裝商品，讓來客沉浸於兼具人文關懷與健康無毒的環境中。例如：桐花二日遊、星空一日遊、黃金旅遊路線、食農教育、農業體驗等。

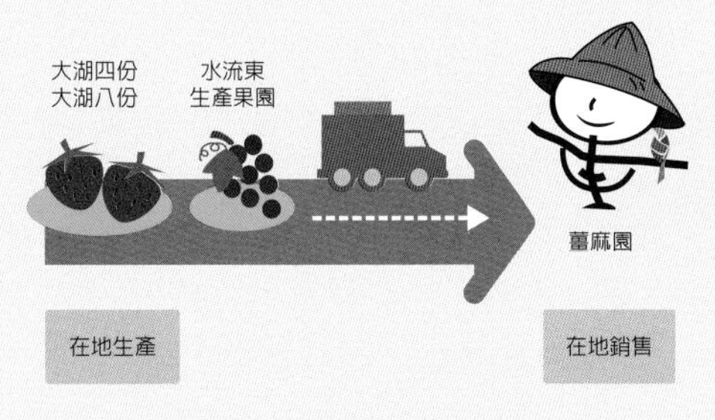

薑麻園地產地銷機制示意圖
（參考薑麻園休閒農業區）

作法5. 深度農業文化傳承

導入主題式概念，串聯路線中各式農業體驗活動，引領出各休閒農業區之特色，回味純樸農業生活，體驗美好農村樂活生活態度。如福興南和休區：採用在地風味食材、活用地產地消及食農教育的食材旅行、低碳樂活綠生活；將全台紅棗產地的黃金小鎮休閒農業區及有機農業的湖東休閒農業區串連，打造農業食物、實物、師傅的食療旅行；結合三灣梨鄉休閒農業區及慢城南江休閒農業區結合，進入慢遊的農村體驗樂活的旅行方式。

作法6. 行銷策略（分享故事與理想）

透過網路串聯、大眾媒體、社群網站、踩線體驗、宣傳文宣、活動口碑、影片行銷的網路分享，深入生活、展開通路。

作法7. 通路（E化）登上雲端交易平台

與網路商城（PChome、Yahoo）、電信業者（Myfone）及團購網（17-LIFE、GOMAJI 購麻吉）之代售通路密切合作。

作法8. 休閒農業推動國際化

爲拓展穆斯林旅遊市場，苗栗縣政府積極打造穆斯林友善環境，已獲得穆斯林友善餐廳（MFR）、友善餐旅（MFT）認證的業者爲卓也小屋。

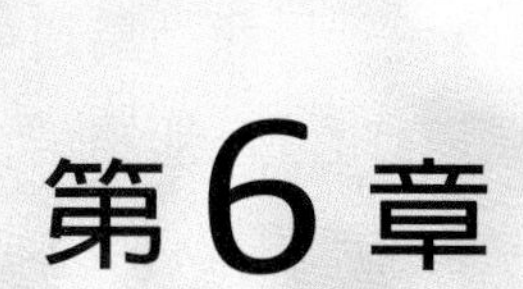

第6章

休閒農業體驗活動

第1節 體驗經濟之意義與發展

一、體驗之意義

所謂體驗，在休閒農業的詮釋，就是農場以服務爲舞台，以商品爲道具，環繞著遊客，創造出值得遊客回憶的活動。其中商品是有形的，服務是無形的，而創造出的體驗是令人難忘的。體驗是內在的，存在於個人心中，是個人在形體、情緒、知識上參與的所得。因爲體驗來自個人的心境與事件的互動，所以每人的體驗不會跟別人完全一樣。

體驗因遊客的參與程度是主動參與或被動參與，以及消費者的關聯或環境關係是屬於融入情境或只是吸收訊息，而分爲娛樂的體驗、教育的體驗、跳脫現實的體驗及美學的體驗（圖6-1）。

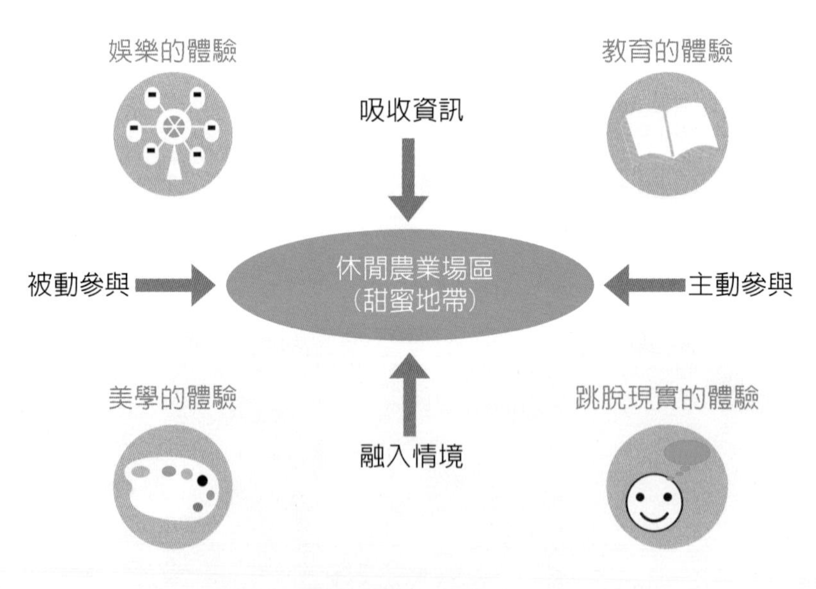

圖6-1　體驗的性質區分

資料來源：吳碩儀譯，1998；王國洲，2004。

四類的體驗釋義如下：

1. 娛樂的（Entertainment）體驗：消費者較被動，以吸收訊息為體驗的主要方式。如欣賞表演、聽歌、看畫展、閱讀、看電視等。
2. 教育的（Educational）體驗：消費者主動參與，吸收資訊。如訪問參觀、戶外教學、知性旅行等，以獲取知識技術為目的體驗方式。
3. 跳脫現實的（Escapist）體驗：消費者更主動參與，更融入情境。如主題公園、虛擬太空遊戲、扮演童話故事人物、虛擬時空變幻的活動等。
4. 美學的（Esthetic）體驗：消費者雖主動參與最少，但深度融入情境，個別性的感受最多。如面對美國大峽谷、大陸黃山、長城、臺灣阿里山，產生心嚮往之感覺。

以上四種體驗有明顯的差別，以一個遊客參與的性質而言，如果是想「學」（Learn）的，就是教育的體驗；想去「做」（Do）的，就是跳脫現實的體驗；想去「感受」（Sense）的，就是娛樂的體驗；而「心嚮往之」（To be There）的，就是美學的體驗。一項活動設計應不讓遊客只產生一種體驗，而要包含多種的體驗。一般而言，讓人感受最豐富的體驗，是同時涵蓋四個面向，也就是處於四個面向交會的「甜蜜地帶」（Sweet Spot）休閒農業場區的體驗。

二、體驗經濟的理論

1998 年 4 月美國哈佛管理學院出版了一本由派恩（B. Joseph Pine H）與蓋而摩（James H Gilmore）合寫的《The Experience Economy》書中提出「體驗經濟」觀念，獲得極大的矚目，廣受產、官、學、研界的鑽研。

隨著科技、資訊及產業發展日新月異，經濟發展與社會型態的變遷息息相關，也影響人們的需求與慾望，亦會改變消費者之消費型態。以目前繽紛之工商業發展現況來看，經濟發展已從過去之農業經濟、工業經濟、服務經濟走向現階段之體驗經濟（Experience Economy），而各經濟發展階段在生產行為及消費行為上呈現不同之型態（圖 6-2）：

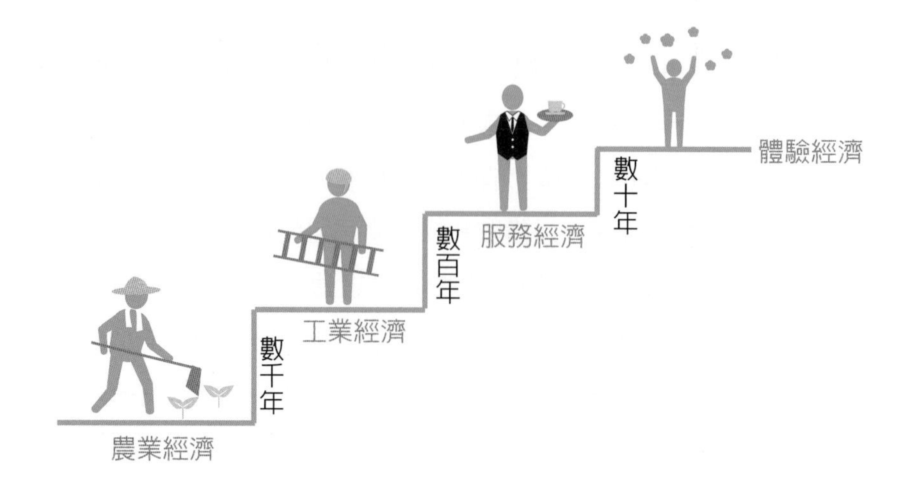

圖6-2　經濟活動的演進

資料來源：吳蘊儀譯，1998；王國洲，2004。

1. 農業經濟時代：在生產行爲上是以原料生產爲主；消費行爲則僅以自給自足爲原則。以農作生鮮產品的提供消費，因初級農產原料彼此差異不大，附加價值有限。
2. 工業經濟時代：在生產行爲上是以商品製作爲主；消費行爲則強調功能性與效率。以經過加工的產品提供消費，經由分級、包裝建立商標品牌後附加價值升高。
3. 服務經濟時代：在生產行爲上強調分工及產品功能；消費行爲則以服務爲導向。產品以品質的服務方式提供消費，附加價值更高。
4. 體驗經濟時代：在生產行爲上以提升服務爲首，並以商品爲道具； 消費行爲則追求感性與情境之塑造，創造値得消費者回憶之活動， 並注重與商品之互動。布置一個舒坦安適、氣氛高雅的環境，提供消費者享受產品與體驗產品，則附加價值最高。

Pine & Gilmore將經濟價值演進的過程分爲下列四個階段（圖 6-3）：如果從競爭基礎及價格機能來看，在農業與工業經濟時代係以產品生產爲首要，產品單一化，故並無明顯之市場競爭區隔，且價格完全取決於成本及市場定價；於服務及體驗經濟時代，則除了產品生產外，更強調提供服務與體驗之設計，因產品呈現多樣化且各具特色，故市場競爭區隔顯著，而由於精心設計之體驗已被當作商品來銷售，且消費者願意爲體驗付費，因此商品在價格尚可具備優勢價格。在體驗經濟中設計的體驗活動具有市場的區隔作用，附加價值極大並居於優勢價格。易言之，單是提供好的產品或服務，在現代的競爭環境已經不夠了。要提供更大的價值，就是給顧客個人化、難忘的經驗。在產品和服務之外，「經驗」是消費者越來越重視的要素。

圖6-3　經濟價值演進的四個階段

資料來源：吳蘊儀譯，1998；王國洲，2004。

三、體驗經濟發展趨勢

隨著體驗經濟之來臨，生產消費行爲已有如下之現象：

1. 以體驗爲考量，開發新產品、新活動。
2. 強調與消費者之溝通，並觸動其內在之情感和情緒。
3. 以創造體驗吸引消費者，並增加產品之附加價值。
4. 以建立品牌、商標、標語及整體意象塑造等方式，取得消費者認同感。

而伴隨著生產消費行爲之改變，帶動了新經濟潮流趨勢，藉由不同之體驗型式所創造及隱含之經濟意義可歸納有以下幾點：

1. 提高附加價值，賦予產品多目標意義。
2. 提升知名度，創造難忘之經驗並加強記憶。
3. 創造需求及商機，製造多次消費經驗並開發新產品。
4. 擴大客源，針對不同客群創造不同體驗環境。

在體驗經濟時代，不論是從農業轉型爲體驗經濟、製造加工業轉型爲體驗經濟，或是服務業轉型爲體驗經濟，與異業結合轉型成體驗經濟的過程必須是一體的、有效的引導轉型（圖 6-4）：

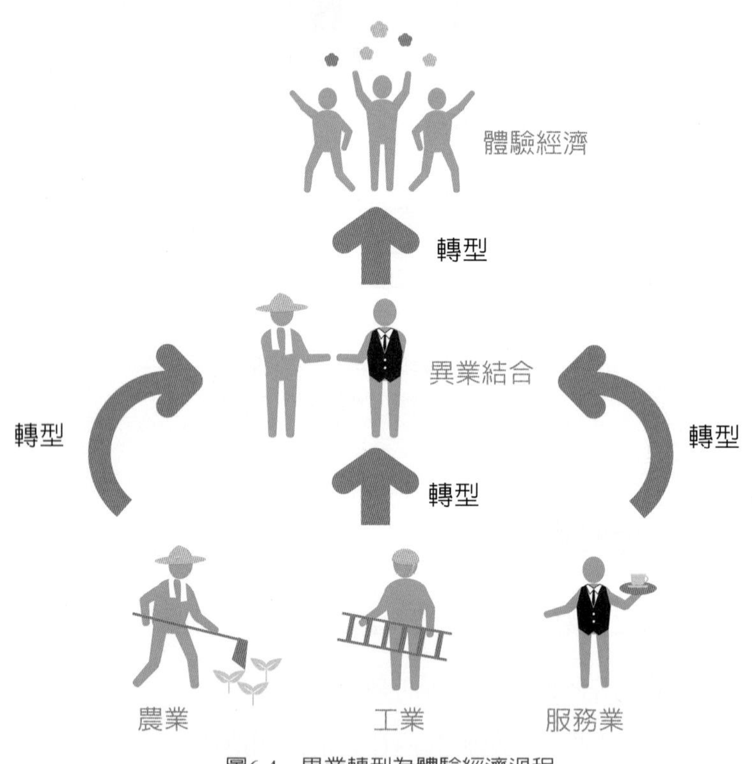

圖6-4　異業轉型為體驗經濟過程

資料來源：吳綺儀 譯，1998；王國洲，2004。

第2節 休閒農業體驗活動意涵

一、體驗活動之意義與功能

休閒農業兼具經濟、社會、教育、文化、環保、遊憩、醫療等多元特色與功能，這些效用之達成乃透過體驗活動而來。藉由農業體驗活動，提供社會大眾深入認識國內農業產銷結構與過程、農業經營狀況、農民生活方式、農村文化特質等，以吸引社會大眾進入農村，體驗農村淳樸的環境與生活方式，並從農村優質與健康的休閒活動中，提升國人生活品質，降低工作與生活壓力，以達抒解身心疲勞之效益。

就在教育上之意義而言，無論室內或戶外的體驗活動，只要是直接使用感官（視、聽、嗅、觸、味）進行觀察和知覺者都是一種體驗活動（圖6-5）。使我們能夠直接接觸自然或文化的活動。因此人們必須從自然觀察或經驗所學習到感覺和印象，轉化爲自己的觀念而能表現出來。換言之，即應用感官，直接與實際事物接觸而獲得直接經驗，所以教育的基礎不在於書本的學習，而是實際的生活。從實際參與過程中，獲得經驗的累積，所謂經驗則是指人和自然、文化交互作用的過程，基本上是對於人的所有實踐，也就是對自然和對自己具有改變作用。

圖6-5　剝花生體驗

陳美芬教授更進一步主張，以農業爲主題資源的教學，其體驗活動對學習者的重要性有下列：

（一）促進學生生活經驗的擴展

隨著社會變化，對於生物的直接接觸或物體與人的體驗，逐漸從人們日常生活和學習之中減少或消失；相反的，從事於文字、符號與映象等間接的體驗不斷增加，這樣的事實對於個人心理成長有莫大影響。尤其是對兒童而言，兒童的健全發展，應積極在每一學習領域中納入「體驗性活動」，排除「座中學」而重視「做中學」是非常重要的。

（二）透過農業體驗活動養成自我繼續學習的能力

期待從現實生活中主動發現問題、培養解決問題的自我學習能力。在農業體驗過程中，所接觸雖是我們日常生活的一部分，但常發現學生知其然而不知其所以然的窘境，因此在活動過程中難免會遇到挫折或有待解決的問題，如何從活動過程中促進人際關係與培養思考解決問題的能力，將是促成個人持續不斷成長的機會。

（三）養成動心和全身學習的能力

「體驗性活動」不只是動腦和動心的學習活動，而是經由身體的參與、動動腦「認知性活動」、喚起關心「情緒性活動」，是全人格有關的活動。所謂身體的參與，不只是看、聽、還包括筋肉作用、皮膚觸摸、嗅覺、味覺等充分利用五官的活動，由認知和情意面交互作用，形成一股相當強的學習動力。尤其對兒童而言，能將農業體驗活動與學術科目的結合，提供學生充分享受和利用戶外環境，並可免除教室中的人為限制，可使兒童吸收更多的知識並學習更多的實用技能。

二、體驗行銷策略

依據哥倫比亞大學教授Bernd H. Schmitt在其所著「體驗行銷」（Experiential Marketing）一書中指出，愈來愈多的行銷人員從傳統的性能與效益（Features and Benefits）行銷，變成為顧客創造體驗，今天的消費者要的不只是產品的功能，他們更注重體驗。他們希望受到激勵、娛樂、教育、與挑戰性的感受。他們尋找提供他們的體驗的品牌，並讓該體驗成爲他們生活的一部分。於是，一種以「體驗」爲主要訴求的行銷策略自然興起。

體驗行銷係透過感官（Sense）、情感（Feel）、思考（Think）、行動（Act）及關聯（Relate）等五項要件之塑造，爲顧客創造不同之體驗型式。因此，體驗行銷可分成五種策略性體驗模組（Strategic Experiential Modules），共同創造出有價值的品牌資產。這五種策略體驗模組包括知覺體驗（感官）、情感體驗（情感）、創造性認識體驗（思考）、身體與整體生活形態體驗（行動），以及與特定一群人或文化相關的社會識別體驗（關聯）。綜合學者研究茲將五種體驗行銷說明如下：

1. 感官行銷：創造感官衝擊，打動消費者，爲產品增添附加價值。以消費者感官經驗爲主，創造品牌差異，刺激消費者的感官，以引發購買動機。由消費者所感知的快樂或滿足心理來提高價值感。
2. 情感行銷：觸動消費者內在的情感和情緒。讓消費者在購買的環境與過程中， 體驗到好的感覺，便連帶對商品及品牌產生好感。
3. 思考行銷：利用創意，引發消費者思考，涉入參與，企圖造成「典範的移轉」，改變習慣與觀念，突破價值觀。提出新的思考方向，讓消費者重新評估和思考新商品和服務所帶來的利益。創造驚奇是創意思考的成功關鍵。
4. 行動行銷：訴諸身體的行動經驗，與生活型態的關聯。強調改變消費者的身體、習慣、生活型態後，讓消費者體驗到改變後的結果。
5. 關聯行銷：透過某種社群的觀點、宣示、昭告，對潛在的社群成員產生影響。利用消費者心理與社會、文化互動的關係進行行銷，創造團體認同感， 以激發對品牌忠誠度。

典範轉移（Paradigm shift）為1962年由美國社會學家湯瑪斯•孔恩（Thomas Samuel Kuhn）提出的概念。不只是把一個舊典範修改引伸就可完成的過程，而是在信念或價值或方法上以全新的創意和思考邏輯，在一個新基礎上重新創建的轉變過程。

體驗行銷將傳統強調產品性能與效益的行銷觀念，轉變成爲顧客創造體驗，重視消費者內心的渴望，滿足其心理需求，塑造屬於消費者個人美好的消費經驗。因此，體驗行銷是新時代最有效率的策略。

三、休閒農業體驗活動項目

休閒農業的體驗活動項目，常因各休閒農業場家資源條件，經營業務類型及整體遊憩活動規劃的差異而有所不同，因此可將目前休閒農業體驗活動項目概略歸納如下：

1. 體驗活動：農耕作業（鬆土、播種、育苗、施肥、除草）、親自駕馭農耕機具（收割機、牛車、耕耘機、中耕機、插秧機等）、採茶、挖竹筍、拔花生、剝玉米、採水果、放牧、擠牛奶、捕魚蝦、農產品加工、農產品分類包裝等。
2. 自然景觀眺望：日出、夜景、浮雲、雨霧、彩虹、山川、河流、瀑布、池塘、水田倒影、梯田、茶園、油菜田、草原、竹林、煙樓、農莊聚落、海浪、湖泊、磯岩、海灣、鹽田、漁船、舢板等。
3. 野味品嘗活動：築土窯烤地瓜、烤土雞、野味烹調、藥用植物炒食、品茶、鮮乳試飲、地方特產品嚐、鮮果採食等。
4. 農莊民宿活動：鄉土歷史探索、人文古蹟查訪、自然生態認識、農村生活體驗、田野健行、手工藝品製作、森林浴等。
5. 民俗文化活動：寺廟迎神賽會、豐年祭、捕魚祭、車鼓陣、牛犁陣、賞花燈、舞龍舞獅、皮影戲、歌仔戲、布袋戲、南管北調、划龍舟、山歌對唱、說古書、雕刻、繪畫、泥塑等。
6. 童玩活動：玩陀螺、竹蜻蜓、捏麵人、玩大車輪、打水槍、打水井、推石磨、踩水車、坐牛車、灌蟋蟀、捉泥鰍、垂釣、釣青蛙、撈魚蝦、踢鐵罐、伴家家酒、騎馬打仗、跳房子、放風箏、踩高蹺、玩泥巴等。
7. 森林遊樂：提供遊客體驗森林浴、體能訓練、生態環境教育、賞鳥、知性之旅及住宿等活動。

8. 產業文化活動：提供遊客體驗農業之產、製、貯、銷，及利用之全部或部分過程，例如白河的蓮花節、玉井的芒果節、新埔的柿餅節、三星的蔥蒜節，以及水里和信義的賞梅之旅等系列活動都是產業文化活動之代表。

休閒農業體驗活動種類繁多而複雜，不同體驗活動類型，滿足不同遊客之需求，亦適用不同的教學方法或體驗方式。將體驗活動加以分類，可簡化環境複雜性，讓欲探討之主題具順序、層次與組織性。體驗活動類型的分類方式不同的學者有不同的分類方法，其主要目的在促進經營者管理使用之方便，亦提供遊客在消費時做正確選擇。本章將介紹幾種與休閒農業較相關之分類，提供需要者參考。

第 3 節 休閒農業體驗活動類型

一、遊憩活動性質與體驗活動之類型

（一）依資源性質分

依據陳昭明教授的研究將體驗活動型態分為資源型及設施型兩種，並發展出分類表，分述如下：

1. 資源型（Resource-Oriented）：以資源導向為主的資源型遊憩活動，其活動定位與規劃開發主要依靠山脈、湖泊等某種或某些自然資源組合，而經營者對這些資源賦有重要看護管理責任。由於資源型活動大都發生在原野、山區、海岸等較偏遠之處，故傳統上稱它為「戶外遊憩」（表6-1）。
2. 設施型（Facility-Oriented）：常被稱為使用型（User-Oriented），是以提供活動者所需遊憩服務及設施為主要導向，其活動規劃較不受實質自然環境之限制，大都發生在都市、鄉郊等人口密集之處（表6-2）。

表6-1 體驗活動分類法（資源型）

導向／水準／活動種類	以自然資源為導向					
	以陸地為導向			以水體為導向		
	獨特性	特殊價值地區	一般性	獨特性	特殊價值地區	一般性
1. 消極性活動	欣賞古老火車頭、歷史石碑		散步、靜坐沈思、看書、看報、鬆弛、日光浴、駕車兜風、駕車瀏覽景緻			日光浴、泛舟
2. 消極鑑賞性活動	欣賞古老火車頭、歷史石碑	觀賞野生動物、賞鳥	瀏覽、欣賞植物、照相、野外散步、觀賞遊樂活動、渡假修養、荒野露營	獨特性水景（天然湖、瀑布、湧泉等）欣賞	水棲動、植物欣賞	觀賞遊樂活動、渡假休養
3. 積極鑑賞性活動			健行、爬山、越野、滑雪			
4. 社交性活動	團體活動、解說	同左	談天、唱歌、談情、遊戲、蜜月旅行	團體活動、解說	同左	同左
5. 獲取性活動			狩獵、岩石、礦物之收集、動植物之採集			釣魚（包括天然水面、河湖、海洋）水性植物之採集
6. 積極表現性活動			溜冰、滑雪	潛水		游泳、划船（無馬力）、划水、衝浪、競舟、及獨木舟
7. 創造性活動	觀察、記錄、攝影、研究、繪畫	同左	同左	同左	同左	同左

資料來源：陳昭明，1981。

表6-2　體驗活動分類法(設施型)

活動種類 \ 水準 \ 導向	以人為設施為導向			
	以陸地為導向		以水體為導向	
	低密度	高密度	低密度	高密度
消極性活動	參觀林業陳列館	溜滑梯、打太極拳、健身操		
消極鑑賞性活動	在森林內露營、在路邊營地露營、在供長期露營之營地露營、路邊野餐、供家庭或小團體野餐地之野餐、觀賞園景	欣賞噴泉、於中心營地露營、於供尖峰時使用之營地露營、供大團體野餐地之野餐、觀賞園景		乘坐遊艇、玻璃船參觀海洋世界
積極鑑賞性活動	於跑馬道上騎馬	於腳踏車道騎馬		
社交性活動		觀賞、展覽、動植物園		
獲取性活動		採果實（草莓、柑桔）		釣魚（養魚池）
積極表現性活動	打高爾夫球	各種田徑、球類		各種冰上活動競賽
創造性活動		研究各種展覽或動植物園		

資料來源：陳昭明，1981。

（二）依休閒時間分

經建會住都處（1983）依據人們通常在休閒時間內基於精神愉快與滿足之追求而自由選擇戶外活動時，在活動處所停留的時間長短分爲流動型、目的型與停留型三類體驗活動。如表 6-3 所示：

（三）依活動性質分

巴黎大學（University of Paris）依據體驗活動性質對遊憩活動加以分類，將活動性質區分爲體能性活動（Physical）、智識性活動（Intellectual）、藝術性活動（Artistic）、社交性活動（Sociable）、實質性活動（Practical）等活動，如表 6-4：

表6-3　戶外體驗活動分類表

型態	資源特性	活動內容	停留時間
流動型	1.優美、獨特、稀少 2.具歷史價值之觀賞型，自然或人文景觀	健行、自行車、登山、乘車兜風、遊艇自然研習、參觀宗教文化活動	每處停留1/4～2小時
目的型	1.需具有提供特殊目的的遊憩之特定資源為主 2.舒適之遊憩設施為輔	游泳（河川、海濱）釣魚（河川、海濱）、船釣、衝浪、潛水、滑水、操入帆船、泛舟、空中飛行、高爾夫球、野餐、登山、遊艇	每處停留半日以上
停留型	1.多樣化遊憩資源 2.良好舒適之住宿休憩設施	露營、休閒度假	每處停留1日以上

資料來源：經建會住都處，1983。

表6-4　巴黎大學遊憩活動分類表

性質	類型	活動項目
體能性活動	體能遊戲型（Physical Play）	參加運動、遊戲、觀賞運動比賽
	體能旅行型（Physical Travel）	觀光旅行
智識性活動	智識瞭解型（Intellectual Understanding）	上課、讀書、田間訪問／調查、看電視、練音樂會、看戲劇、聽演講
	智識生產型（Intellectual Production）	業餘寫作、業餘研究、業餘思考
藝術性活動	藝術欣賞型（Artistic Enjoyment）	聽音樂會、聽演奏會、聽歌劇、看話劇、參觀畫廊、參觀博物館、讀藝術性書籍
	藝術創作型（Artistic Creation）	上藝術課程、唱歌、玩樂器、繪畫、寫散文、跳舞、演戲、業餘手工藝、參加藝術社團或活動
社交性活動	社交溝通型（Sociable Communication）	二人以上之談天、寒暄（經由電話、口頭、書信、日記等）
	社交娛樂型（Sociable Entertainment）	單向交通（由表演者→消費者／顧客），如經由電視、電影、報紙、雜誌、書等
實質性活動	實質品收集型（Practical Collection）	個人嗜好或收藏物，常可見於博物館、動物園、畫廊、古蹟陳列處
	實質轉換型（Practical Transformation）	追求改變之活動，如動手做（DIY），業餘心理輔導者、社會義工等

資料來源：曹正、李瑞瓊，1989。

二、農業資源特性與體驗活動類型

(一) 依農業資源利用分

綜合學者意見，不同的農業資源可提供不同類型之戶外活動類型，並將其分爲以下十三種類型：

1. 農產品採摘活動：主要利用生長在農業環境之產物資源，如坡度小於30％之果園、菜園、花園、茶園、香菇園、竹筍園等作物園，以提供遊客採摘、品嚐、購買、觀賞等活動（圖6-6）。
2. 參觀農業生產過程之活動：利用農林漁牧業資源之生產、培育、養成、採收、加工、食用、研究、管理、教育推廣及市場拍賣等，作爲一系列之參觀活動。

圖6-6　採果樂

3. 休憩觀景活動：指特殊自然景觀或特殊古蹟文化資源， 提供遊客視覺感官上的享受，而且具有休憩教學之功能，如觀賞自然風光、特殊古蹟遺址等，甚至包括夜間觀景活動， 如賞月、觀星象。
4. 鄉土民俗文化活動：只來自鄉土之民俗藝術活動，其特質具有群眾性、實用性與生活性；包括國民生活之食衣住行、敬祖、信仰、年節、遊樂及其他風俗習慣等，而有關鄉土民俗活動有三部分：
   (1) 拜訪寺廟及宗教活動：民俗文化活動中，宗教占相當大的比重，例如寺廟拜拜、迎神賽會、禪七、佛七、朝山活動等，皆具有祭拜神靈之宗教意味。
   (2) 民間技藝活動：只流傳於民間之技術與藝能，或者在固定慶典節令常表演之民俗技藝項目，而技術即爲手工藝，指雕刻、繪畫、編織、其他製造物等，藝能即爲表演藝術如地地方戲劇、雜技等。

(3) 民間童玩遊戲：指流傳民間之童玩藝術或遊戲，如打陀螺、踢毽子、放風箏、釣青蛙等。

5. 參觀展示活動：以鄉土農村文物爲展覽主題，包括參觀農村文物館、鄉土文化攝影展、盆栽展覽。
6. 體驗農園活動：包括鄉土農園、親子農園、出租農園、自助農園、農業耕作如插秧、割稻等活動。
7. 遊憩體驗活動：以農業環境資源提供遊客戶外遊憩體驗之機會，如騎馬、垂釣、坐牛車、健行等。
8. 比賽、研習活動：以切磋研習爲主之活動，包括攝影比賽、花卉研習、歌唱比賽等。
9. 野外環境教育：包括自然生態保育教室、水土保持教室、自然教室。
10. 渡假住宿：在風景良好的自然環境中，提供較舒適之住宿設施包括渡假、小木屋、民宿，或者利用營帳、睡袋、炊具，前往戶外過夜，享受野外渡假住宿的情趣。
11. 野炊焢窯之活動：指活動者需攜帶食物至野外，利用早期野炊方式或簡單炊具，以享受野炊焢窯之樂趣，達到遊憩、教學、社會互動的功能，如烤肉、烤地瓜、烤乳豬、烤香菇、焢土窯雞等。
12. 野餐活動：屬大衆化的戶外聯誼活動，活動者攜帶餐點至戶外，享受自然景緻及野外餐飲之樂趣，並且伴隨其他的遊憩活動。
13. 其他：可能屬於當地資源之特殊活動，得依其資源本身的條件，設計出與農業環境相容之活動，亦稱爲創意性活動。

（二）以資源爲基礎分

不同的休閒農場資源基礎不同，並考量遊客的旅遊目的，不同體驗類型休閒農場所處的區隔市場，將休閒農業的體驗活動類型歸納爲自然保育類型體驗型、農業知識與農業生產體驗型、農莊田園生活體驗型，豐富人文資源體驗型等四類，簡稱生態體驗型、農業體驗型、渡假農莊型及農村旅遊型（圖 6-7）。

圖6-7　不同體驗類型休閒農場所處的區隔市場

資料來源：鄭健雄，1998。

1. 生態體驗型：從圖6-7中顯示，在第一象限中，「生態體驗型」休閒農場， 將面對同樣是提供自然生態資源的同業競爭者，例如「海岸旅遊型」、「山岳旅遊型」、「湖泊旅遊型」等旅遊型態，包括國家公園、自然風景特定區、自然生態保護區，以及森林遊樂區等旅遊據點，它們大多吸引喜愛「大自然與生態知性之旅」的遊客族群，因此，在第一象限中之各種休閒旅遊據點所提供的核心產品可稱之爲「生態型」休閒產品。

2. 農業體驗型：在第二象限中，「農業體驗型」休閒農場所面對的是同樣提供農業體驗資源的同業競爭者，例如觀光農園、教育農園、市民農園、公路花園、花卉公園、觀光花市等休閒農業據點，它們主要是吸引對「農業體驗與農業知性之旅」有興趣的遊客族群，因此，在第二象限之中，同業競爭者所提供的核心產品可稱之爲「農業型」休閒產品。
3. 渡假體驗型：在第三象限之中，「渡假農莊型」休閒農場將面對衆多提供渡假生活資源之同業競爭者，例如一般遊樂區、民宿、休閒俱樂部、觀光飯店、休閒渡假中心等休閒旅遊據點，它們大都訴求嚮往「休閒渡假生活」的旅客族群，因此，此一策略群組所提供的核心產品可稱之爲「渡假型」休閒產品。
4. 文化體驗型：在第四象限中，「農村旅遊型」休閒農場將面對同樣是提供文化資源的同業競爭者，例如「古蹟文化型」休閒旅遊型態，包括文化博物館、民俗文化村、產業文化館、文化古蹟等休閒旅遊據點， 它們同樣都訴求愛好「深度文化之旅」的消費族群，因此，在第四象限中，相關業者所提供的核心產品可稱之爲「文化型」休閒產品。

（三）依遊憩活動的屬性與型態分

綜合學者研究，在農業相關性休閒活動方面，依遊憩活動的屬性區分成獲取性、體驗性、觀賞性、知識性與玩樂性五種體驗，分別舉例敘述如下：

1. 獲取性活動：採果、釣魚、狩獵、品嚐當地菜餚、收集當地手工藝品等。
2. 體驗性活動：參與農務操作、尋訪古蹟、欣賞民俗表演、農村渡假等。
3. 觀賞性活動：觀賞田園風景、野生動植物、昆蟲等。
4. 知識性活動：參觀自然博物館、農作物栽培操作技術等
5. 玩樂性活動：滑草、抓泥鰍、森林浴、烤地瓜、乘坐牛車等。

在農業相關性休閒活動方面，依遊憩型態類型分爲以下六種：

1. 鄉土文化體驗型：農村的節慶祭典、民俗技藝、地方藝術、廟寺建築、古厝牌坊、歷史古蹟等，皆引人發思古之幽情。
2. 產業體驗型：地方上已具知名度之農業特產，可作爲休閒農業發展的主題，規劃以產業體驗爲主的休閒農業園區。
3. 漁村文化體驗型：漁業資源、漁村文化及濱海地區景觀，構成漁村文化體驗型的內涵。
4. 山林景觀體驗型：山地的岡巒疊翠、山谷溪流、峭壁斷崖、野生動物植物， 都是遊憩活動的資源。
5. 田園景觀體驗型： 田園、菜園、果園、花圃、禽畜、鳥群、魚塘、蟲鳴鳥叫、蝶舞、螢火蟲等，將農莊染成多采多姿的畫布，既美妙又溫馨（圖6-8）。

圖6-8　摸蜆體驗

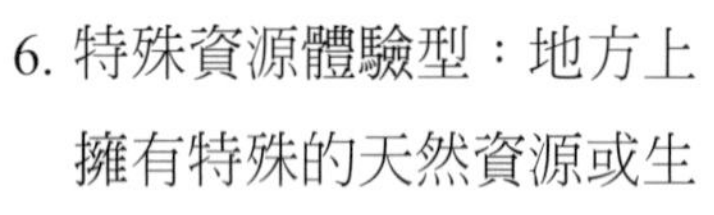

6. 特殊資源體驗型：地方上擁有特殊的天然資源或生態景觀，具有教育意義或遊憩功能，亦足以吸引遊客。

休閒農業體驗活動規劃

第1節　體驗活動規劃與設計

第2節　體驗活動規劃設計之實例

第 1 節 體驗活動規劃與設計

一、體驗活動規劃要素

在休閒農業體驗活動規劃過程中，必須整合經營者與消費者的需求，同時注意到活動本身即規劃活動的範疇。Edginton 等人指出對大多數的休閒服務機構而言，活動設計的要素大致相同，其規劃重點的考量不外乎：活動型式、方案設計類型、活動內容、時間因素、設備和器材、場地情境氣氛、員工、成本、宣傳、活動分析及風險管理等要素。

事實上，休閒農業體驗活動的規劃要素亦如上述項目，陳美芬教授（2004）就將這些活動規劃要素，應用在農業體驗活動上，茲列述如下：

（一）活動類型（Program Areas）

有關休閒農業體驗活動類型有很多，規劃者透過需求的認定、評估目的、目標的確定，選擇適當的體驗活動以作為規劃的重點，同時規劃者需針對不同的顧客群，在各種的範疇中，試圖提供較寬廣、有彈性的活動方案以供選擇。同時規劃者也必須考量多元性以滿足最大多數顧客需求。

（二）方案設計類型（Program Formats）

所謂方案設計類型是指顧客參與不同性質活動的方式，很明顯地活動的方式對吸引顧客具有很大的影響力。因此，規劃者必須運用創意，規劃適合的活動，應迎合多數人廣泛的需求與利益才能吸引顧客的參與（圖 7-1）。方案設計類型包括：競爭型的、自由參加、課程內

圖7-1　養蜂生態教學活動

容、研習班、工作坊、興趣小組等。遊憩體驗活動以動態設計的特徵爲佳，而且這種方式也可與靜態同時混合使用，以增加其趣味性。

（三）活動內容（Program Content）

計畫者所選擇的方案類型，對其活動能更確切地了解並獲得適當的相關資訊，活動時間的長短也是考量的因素。長時間的活動計畫包括活動目的和目標、活動的時間和活動的內容。另一方面，短時間的活動，重點在個別參加活動的期間的單一活動。同時提供顧客參與設計的機會，安排經營者與顧客間或顧客與顧客間有相互交流，產生互動體驗的效果。

（四）時間因素（Time Factors）

對於活動方案規劃而言，時間是一項不可忽略的因素，例如：活動開始的時間和排定活動時間表，都是很重要的，因此制定活動計畫時間表有其必要性。

至於其他的時間因素，指的是天、星期、年和活動期間等，這些時間因素的決定，不能單獨思考，因爲他們會受活動範圍、活動方式、設施的使用、顧客的參與等的影響，而這些因素交互影響的情形，也將會影響時間因素的確立。

不同社群之生活方式的時間區隔有所差異，活動規劃者不僅要先瞭解他們的活動需求，也要瞭解他們的可用時間與限制。

（五）設備（Facilities）

休閒農業體驗設施，包括建築物和土地範圍等。任何設施的地點、佈置、供給量和交通便利，會影響計畫中顧客對體驗活動的使用量，故設備的設計和維修對於設施使用的壽命有很大的幫助。在體驗活動的規劃上，設施的需求與使用是活動傳遞的兩個重要關鍵因素。

（六）場地情境布置（Setting）

休閒情境布置與活動範圍和設施有關；前者包括硬體及環境氣氛，而後者指的是任何設備之設計與維修，對其可用性和情境的創造是重要的。對戶外農業體驗教學而言，讓顧客感受不同於教室內或日常週遭生活的環境氣氛比實質設施更重要。休閒農業經營者和顧客之間之互動，有助於環境氣氛的營造。他們與顧客個別的良性互動（或忽視）都能影響顧客的休閒品質。

（七）器材設備與供應品（Equipment and Supplies）

休閒農業體驗活動除了場地設施外，也必須有器材用品。所指的器材設備是屬於永久性且可重複使用，而供應品是不可重複使用的消耗財。基於成本考量，盡量以最低的價格或免費的方式。

（八）人事制度（Staffing）

人事制度是休閒農場傳遞活動的人力資源運作，必須持續進行。同時員工任用必須考量其知識水準、技術、能力等，能否擔任帶領或導覽解說相關農業體驗活動的職務。同時必須建立一套健全的人事管理制度。

（九）成本（Cost）

活動成本的決定是基於其支出與潛在收益。所指的支出包括員工薪資、器材設備和供應、設施或硬體維護、宣傳和其他經常性的開支，如郵資、設備租金等。所指的收益，是指活動所得，包括農場的一般預算、顧客的付費、販賣相關材料給顧客等。活動影響支出和收益的因素包含活動的範圍、活動形式、場所、設施、設備與用品，活動領導者所需的專長、顧客的年齡和顧客付費的能力等。

（十）行銷（Promotion）

行銷是休閒農業場家與顧客間溝通的方式。溝通涉及溝通者（農場）、訊息「活動與服務資訊」、溝通管道（廣告、宣傳、個人銷售、公共關係和促銷）及觀眾（服務對象）。活動規劃者必須決定什麼樣的觀眾？提供何種促銷的活動？所以事先必須審慎選擇行銷管道和策略。

（十一）活動分析（Activity Analysis）

農業體驗活動的終點行爲可從三方面來看：即是技能（身體的／行動）、認知（智力的／思考）和情意（感性的／感覺）。換句話說，活動需要顧客使用肢體或技能去完成一項動作或表現、展示理解、回憶和對完成預期活動問題之解決和反映感覺的特性。

活動分析的功能，是提供必要的訊息以檢視顧客的需求與活動類型是否配合？可否成功達成活動的目的與目標？休閒農業體驗活動分析的目的是在計畫時，即可確保提供適當的體驗活動給顧客。

（十二）風險管理（Risk Management）

所謂風險管理屬於預防性，而非問題之處理。事先表現合理關切和處理的方式，以減少或消除災害和危險。休閒農場的風險管理不只限於個別活動的計畫，而是全面性活動的管理策略。

風險管理規劃的基本目的是去確認和評估風險，以減少或免除農場的財務虧損。休閒農場的風險來源包括有：合約、方案、設施、參與者、員工和設備，雖然財務上沒有先列出風險來源，但任何的損失，最後都會列入某些財務虧損。

體驗活動風險管理的目的是要保護休閒農業經營者、員工和其顧客。

二、體驗活動設計的步驟

依據 Pine & Gilmore 的理論認爲企業應經常思考能對顧客提供特殊的體驗，他們歸納設計體驗活動的五項步驟，如圖 7-2 所示：

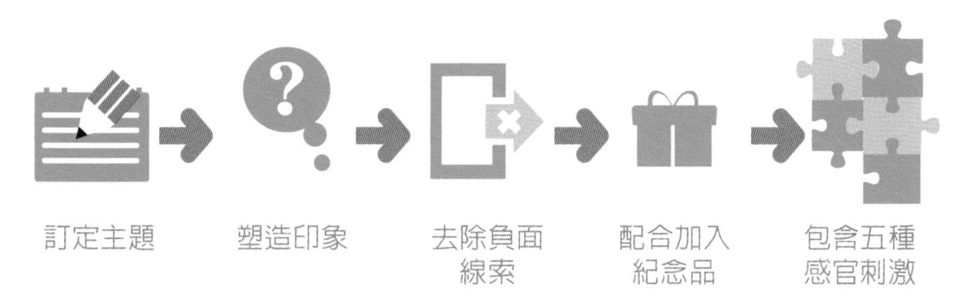

圖7-2　設計體驗步驟

資料來源：Pine & Gilmore，1998；王國洲，2004。

（一）訂定主題

體驗如果沒有主題，消費者就抓不到主軸，如此便很難整合體驗感受，也就無法留下長久的記憶。主題要非常簡單、吸引人，要能夠帶動所有設計與活動的概念。

（二）塑造印象

主題只是基礎，活動要塑造印象，才能創造體驗。塑造印象要靠正面線索，每個線索都須經過調和，而與主題一致，遊客不同的印象會形成不同的體驗。

（三）去除負面線索

由於所有線索都應該設計得與主題一致，所以其他與主題相抵觸或是造成干擾的資源都要去除，以免減損消費者的體驗。

（四）配合加入紀念品

紀念品的價值與它具有回憶體驗的價值相關，其價格超過實物的價值。紀念品讓回憶跟著消費者走，能喚醒消費者的體驗。

（五）包含五種感官刺激

感官刺激（視覺、聽覺、味覺、嗅覺及觸覺）應該支持並增強主題，所涉及的感官刺激愈多，設計的體驗就愈容易成功。

依據 Pine & Gilmore 的理論及歸納設計的五項步驟的體驗活動，不僅要不斷的推陳出新且要反覆運用，以五項步驟檢視休閒農業體驗活動為例：

1. 訂定主題
   (1) 強調自然生態，如台一生態教育農園、大安生態教育農園。
   (2) 強調產業文化與生活文化，如竹耕教育農園的波羅蜜與石頭彩繪。
2. 塑造印象
   (1) 如台一生態教育農園以大規模的花卉種苗，塑造鮮活的印象。
   (2) 新化教育農園營造「新甘薯文化」的印象。
3. 去除負面線索
   (1) 飛牛牧場不賣牛肉，以免損害其「飛躍的牛」的印象。
   (2) 恆春生態農場不做蝴蝶標本，以免違背其生生不息的精神。
4. 配合加入紀念品
   (1) 飛牛牧場以乳牛、恆春生態農場以羊、台一生態教育農園以花及鍬形蟲為圖案的造形，製作出 T-shirt、帽子、鑰匙圈、茶杯等紀念品（圖7-3）。
   (2) 北關農場螃蟹博物館以螃蟹造形做拓印、蠟燭花盆等。

圖7-3　牛系列創意紀念品

5. 包含五種感官刺激

久大教育羊場提供乳羊的賞玩、聽聲、聞體味、喝奶、擠奶、觸摸等活動，以豐富體驗。

段教授更進一步發現臺灣教育農園依據其資源特性、遊客需求，以及學校教育需要，設計多樣性的體驗教育活動項目，歸納如表 7-1 所示：

表7-1　臺灣教育農園體驗活動類型與項目表

類別	活動項目
1. 園藝型活動	蔬香果樂、採果之樂、花卉物語
2. 昆蟲型活動	昆蟲大戰、螢火蟲之戀
3. 可愛動物型活動	與鴿有約、餵羊、投飼之樂
4. 文化型活動	古蹟解說、薪火相傳、奶奶的私房菜
5. 養生型活動	香草傳奇、藥膳料理
6. 生活型活動	露營、焢窯、銀河物語、大地尋寶、與水共舞、生態教學、野炊
7. DIY 型活動	手拉坯、彩繪葫蘆、童玩製作、創意稻草人、捻花惹草、葉拓、擠羊奶

資料來源：段兆麟，2002，P.217。

三、體驗活動的執行

一項計畫無論規劃多麼詳盡，考慮多麼周到，資源投入多麼充足，經費預算多麼充裕，可行性多麼高，仍須依賴有效的執行，才能達成預期的目標，完成工作任務。計畫案的執行就是使用一定的程序、工具和方法，致使規劃構想付諸實現。

休閒農業體驗活動規劃方案的執行，除了要注重遊客需求、掌握主題、善用多元的活動資源，以及選擇適當教育方法外，執行成效決定於體驗活動帶領人的技巧及其對活動執行過程的控制。體驗活動帶領者需要有親和力、表達能力、熱忱、耐心、責任感等人格特質，還必須具備專業知識與訓練，不斷吸取新知識，以及實務經驗的累積都是不可或缺的能力與特質（圖 7-4）。

圖7-4　傳統米食加工體驗

體驗活動帶領的方法種類繁多，例如講述法（解說）、練習法（技能的學習與操作）、欣賞法（環境氛圍的感受與情意的陶冶）等，依前述的體驗活動類型，體驗活動的目標與帶領方法，分析如表 7-2：

表7-2 休閒農業體驗活動方法

體驗活動類型	活動內容	帶領方式	進行程序
採摘型體驗	主要利用生長在農業環境的產業資源，提供採摘、品嚐、購買、觀賞等活動	解說示範操作	1. 引起活動者注意（透過圖像、實物、口語等） 2. 呈現活動主題 3. 喚起相關的舊經驗 4. 介紹活動內容 5. 實際參與
觀賞型體驗	參觀農業生產過程之活動，利用農業資源的生產、培育、採收、加工、食用、研究、管理、拍賣販售等過程，作為一系列的參觀活動	解說參觀	1. 引起體驗者共鳴 2. 解說觀賞內容 3. 發表感想或意見（與參與者討論）
環境資源體驗	以自然景觀的觀察活動為主，利用鄉村特殊的自然景觀，包括當地的氣候、地質、地形、水文、生態等資源，由實地觀察瞭解其成因與特質	觀察解說討論	1. 確定觀察的目標 2. 現場的引導觀察 3. 知識經驗分享
懷舊體驗	與農村的生活、鄉土民俗活動有關的活動，包括鄉村地方的習慣、傳統慣例、禮貌、風俗及民德	解說示範操作	1. 現場觀察體會 2. 表演引發舊經驗 3. 分享感受、意象營造
遊憩體驗	農業環境資源提供戶外遊憩體驗的機會，如坐牛車、踩水車、騎腳踏車、推石墨等	解說示範操作	1. 親自參與體會 2. 從做中學感受
農耕體驗	將部分農耕過程提供作為體驗的活動內容	解說示範操作	1. 親自參與體會 2. 從做中學感受

資料來源：增修自陳美芬，2004，P.27。

第 2 節 體驗活動規劃設計之實例

休閒農業活動之規劃設計是吸引遊客前來消費的誘因，所以休閒活動的安排是否滿足消費者的需求，成爲休閒農業經營的成敗關鍵。茲舉數類休閒農業活動規劃設計案例，以供參考（表 7-3、7-4）：

一、觀光茶園經營活動規劃設計

表7-3 觀光茶園經營活動規劃設計

環境特性	活動區位	活動名稱	活動內容
具有相當廣的栽植面積，階梯式的茶樹種植區、製茶解說中心、品茗區、茶製品推廣中心等。	茶園區	茶園風光	觀賞茶園景色，遠眺高山群峰。
		茶樹生態教學	藉由解說員或解說設施瞭解茶樹生長及栽培管理情形。
		採茶體驗	藉由專業人士之指導，親身體驗採茶之樂趣。
	製茶區	製茶體驗	參觀製茶過程、機具及製作方法之介紹。
	品茗區	品茗香	使遊客瞭解泡茶藝術與方法並品嚐茶香。
	茶製品推廣中心	茶製品解說及推廣	透過展示及解說活動使遊客瞭解茶之文化與歷史、茶製品種類、功效及使用方法，使民衆對茶有更深入瞭解。

二、休閒牧場經營活動規劃設計

表7-4 休閒牧場經營活動規劃設計

環境特性	活動區位	活動名稱	活動內容
具有廣大的草原、多變的坡面地形、牛舍、可愛動物飼育區、鄉土餐廳、露營區、環場登山步道、畜產品展售中心等。	農業經營體驗區	牧野風情	欣賞牧場草原風光，並可在餵食平台上與可愛動物作親密接觸。
		乳牛生態教學	牛隻飼養觀察，並透過專業解說人員解說乳牛生態及飼養管理情形。
	休閒活動區	親子同樂	在草原上奔跑嬉戲、放風箏、打捧球及舉行大型團康活動。
		環場健行	沿著環場步道欣賞農場風光， 並藉由解說牌或專員解說認識場內植物、昆蟲及鳥類等自然生態。
		戶外野營	在草原上搭起營帳，生火或炊飯體驗戶外生活，夜晚可圍爐歡唱並細數星光點點。
	畜產品展售中心	鮮乳品嚐	提供新鮮的牛乳供品嚐。
		畜產品解說及推廣	透過展示及解說活動， 使遊客瞭解畜產加工品的種類、食（使）用方法功效，使遊客對產品有更深入的認知。

三、休閒農場戶外教學的體驗活動設計範例

以鳳梨採摘體驗教學爲例（圖7-5）

1. 活動目標

    (1) 瞭解鳳梨產業史。

    (2) 認識鳳梨的生長環境。

    (3) 認識鳳梨的品種與特性。

    (4) 學習採摘與種植鳳梨的相關技能。

    (5) 體驗農民的辛勞與採摘的樂趣。

    (6) 學習有關鳳梨附加產品的製作。

圖7-5　鳳梨採摘體驗教學設計架構圖

2. 準備活動

(1) 準備各式鳳梨品種實物或圖片，以及鳳梨剖面圖（圖7-6）。

(2) 展示各種鳳梨附加產品。

(3) DIY所需配備，例如採摘的基本配備（手套、籃子等）。

圖7-6　鳳梨剖面圖

3. 進行方式

(1) 活動內容

①產業發展史：在活動進行前，先介紹鳳梨原產地與傳入臺灣的發展過程。

②自我介紹：包括鳳梨名字及其由來。

③鳳梨的家鄉、故鄉、原鄉。

(2) 生長環境

①地理環境與氣候。

②產期。

③ 產期調節方法。

④ 主要產區。

(3) 植物特性

① 我的長相：是多年生草本水果，果實頂端的「冠芽」似鳳的羽毛，果肉色如梨，屬鳳梨科，是多年生常綠草本植物。包含：果實、葉、莖、根。

② 品種分類。

(4) 採收（我長大了）：包括如何判斷鳳梨的判斷成熟度。

(5) 營養成分

(6) 經濟價值

① 全身是寶：包含果實、果皮、葉的運用與價值。

② 附加產品

③ 醫藥功用

(7) 採摘體驗

① 活動進行前可透過實物（各種品種）或圖片等，讓遊客瞭解鳳梨的品種與植物特性等，並導入正確的管理維護之相關知識。

② 小試身手：以實作方式讓學生體驗採摘的樂趣，以及親身體會農民的辛勞（圖 7-7）。

圖7-7　採摘鳳梨體驗

③ 大師現藝：將採摘的鳳梨進行製作的加工品，例如鳳梨餐、DIY 豆豉鳳梨醬等。

活動成效

1. 對象如為兒童，可事先設計「學習單」供其填寫。
2. 透過現場觀察了解學生的反應情形。
3. 檢討該體驗活動設計實施後的成效，作為下次改進的依據。

第 8 章

臺灣休閒農業經營類型

第 1 節
休閒農業經營分類

休閒農業範圍相當廣泛，使用資源類型繁多，在規劃時若能適當加以分類，不但有利於管理，亦可將資源善加利用，國內多位學者對休閒農業採取不同的分類方法，有依經營方式分類者，有依活動目的分類者，有依利用型態分類者，有依產業結構分類者，亦有依面積大小與經營主體分類者，摘述如下：

一、依經營方式與活動目的分類

臺灣休閒農業依經營方式可分爲四種：

1. 生產手段利用型：讓遊客直接參與作物的栽培、收成後的加工等過程，可收「寓教於樂」之效，如觀光茶園可以讓遊客親自參與採茶、製茶的過程就是此一型式，不過遊客所需花費的時間較多（圖8-1）。

圖8-1　市民農園

2. 農產物採取型：在農作物收成期開放讓遊客自己採擷，臺灣的觀光農園與休閒農場，在果樹、草莓、蔬菜、花卉採收期，多採取此種經營方式，對遊客來說，可享受收成的愉悅，體驗豐收的樂趣，同時也可當場品嚐農產品的美味，是最主要的經營方式。
3. 場地提供型：在日本和歐美國家較爲常見的經營型態，讓農園或農場充分發揮遊憩的功能，提供遊客休閒住宿的環境，享受田野生活的樂趣，或者成立觀光植物園、昆蟲園、生態園及觀光牧場等，提供遊客認識動植物生態的教育機會，這種經營方式是未來發展趨勢。
4. 綜合利用型：性質兼具前面三種型式之二種或多種性質，目前大型或綜合型休閒農場、部分小型或簡易型休閒農場都有經營農業體驗與餐飲或住宿發揮休閒遊憩功能。近幾年來觀光農園經營也有此種性質之轉型。

二、依經營主體與面積大小分類

1. 獨資經營：由農場個人獨資經營，屬於較小規模的休閒農場、觀光農園等，這些大多數是家庭農場的性質。
2. 公司經營：依據公司法組成經營主體來經營休閒農業者，如新光兆豐休閒農場、臺南南元農場、頭城休閒農場等。
3. 農民團體經營：由農民團體來經營的休閒農場，如走馬瀨休閒農場、東勢林場等，分別由臺南縣農會與彰化縣農會經營均屬之。
4. 共同經營（合夥經營）：由多數土地所有權人或農民，依其議定方式共同組成產銷班或合夥方式一齊經營休閒農業，目前爲數極少。
5. 合作經營：依據合作社法，組成農業合作社或合作農場，經營休閒農業者屬之。
6. 公營經營（公家經營）：如森林遊樂區、退輔會所屬之農場、公立大學之林場，從事經營休閒農業者均屬之。

三、依利用型態分類

1. 農產品直接利用型：直接將農場產品提供遊客採摘、購買與消費均屬之。
2. 農作過程利用型：將農業生產過程提供遊客體驗活動，體驗型休閒農場均屬之。
3. 農業環境利用型：利用農業空間與環境， 提供遊客遊憩活動，滿足遊客遊憩休閒住宿需求者均屬之。
4. 農村社區利用型：利用農村社區空間與資源，提供遊客前來渡假休閒遊憩，如鄉村民宿經營屬之。

四、依區位性分類

1. 都市近郊型：如花園、果園、市民農園、草莓園、茶園等，提供都市遊客前來消費者。
2. 鄉村型：如花卉、果蔬或綜合型大規模渡假農場，亦可經營農莊民宿。
3. 山地型：如森林遊樂區、林間放牧、山地民宿等。
4. 海邊型：如海釣、划船、游泳、品嚐海鮮等。

五、依功能性分

1. 遊憩型：如提供遊客觀光遊憩、渡假、餐飲等休閒之場地等。
2. 教育型：如環保教育、親子活動、民俗文化、課外教學活動等。
3. 醫療型：如靜養村、復健村、長青村等。
4. 綜合型：包含各項食、衣、住、行、育、樂的活動。

第2節 國內休閒農業經營類型

以休閒主題而言，臺灣常見之休閒農業經營類型，大致可分為下列數項：

一、休閒農場

休閒農場可說是臺灣常見休閒農業類型中最具代表性者，農場原以生產蔬果、茶或其他農作物為主，且兼有作物複雜的特性，休閒農場一般均具有多種自然資源，如：山溪、遠山、水塘、多樣的植物景觀、特有動物及昆蟲等。因此休閒農場可發展的活動項目較其他類型休閒農業更具多樣性，常見的休閒農場活動項目包括農園體驗、童玩活動、自然教室、農莊民宿、鄉土民俗活動等。

二、休閒林場

休閒林場具有多變的地形、遼闊的林地、優美的林相、山谷、奇石、山泉小溪等景觀。在寧靜的森林環境裡，傾聽蟲鳴、鳥唱、流水潺潺的自然音響，看大自然調和的色彩與變換線條，能使人心平氣和、情緒祥和。一般休閒林場所提供的遊憩設施有森林步道、森林小木屋、體能訓練場等（圖 8-2）。

圖8-2 休閒林場

三、休閒漁場

休閒漁場是利用陸地水域或天然海域從事高經濟價值魚貝類水產品養殖，並應用水域資源發展相關遊憩活動。國內休閒漁場可分為養殖休閒漁場及沿岸休閒漁場二大類。

1. 養殖休閒漁場：養殖休閒漁場又可區分為淡水及鹹水兩類：

   (1) 淡水養殖類

   ① 設在山區的養殖場，可直接以溝渠引入山泉或溪流，由於水溫較低，若水量充沛，可養殖香魚、鮭魚、鱒魚等冷水性魚類。

   ② 設在平地的養殖場則可能需要引用河水、湖水或地下水等，一般以養殖鯉魚、鰻魚、吳郭魚、泥鰍、淡水蝦、蜆等。淡水養殖漁場依其資源條件，可發展親水活動、垂釣、捉泥鰍、摸蛤仔、溯溪、溪流生態解說、淡水魚類生態解說、田野餐飲、民宿等休閒遊憩活動。

   (2) 鹹水養殖類

   通常鹹水養殖場均位於沿岸地區，以管道引用海水或抽取鄰近海邊的地下，養殖虱目魚、鯛魚、石班、龍蝦、九孔、文蜆等貝類。鹹水養殖場依其地利及資源條件，可發展海水游泳池、觀海台、水上渡假村、漁鄉生活體驗、鹹水魚類生態解說、海洋生態解說、海鮮餐飲等休閒遊憩活動。

2. 沿岸休閒漁場：臺灣四面環海，發展沿岸海域的休閒遊憩事業極具潛力，可將民眾的休閒生活領域由陸地延伸到海洋。沿岸休閒漁場背山環海因此具有豐富的遊憩資源，可發展岸上及海上的休閒遊憩活動， 如：眺望台、奇岩區、露營烤肉、岸釣、親水活動、牽罟、照海、斬仔、定置網、定置漁場、石滬、潛水活動、帆船活動、漁村文化活動、漁業文物館、漁村生活體驗、海洋生態環境教育等活動。

四、休閒牧場

休閒牧場是以畜產飼養爲農場的主要經營業務，一般的休閒牧場依所飼養的畜產類別可區分爲家禽及家畜兩大類。牧場除了生產牧草、鮮乳、仔羊（牛）及禽畜肉外，尚可依其特有地形規劃出放牧區、可愛動物區、昆蟲保育區、烤肉露營區等活動類型。（圖 8-3 ）

圖8-3　休閒牧場

五、農村文化活動

農村文化系列的休閒農業型態，是結合農村地區的特有生活、風俗習慣、農村人文、歷史古蹟等所發展的休閒農業類型。目前臺灣的農村文化類形可歸類爲濱海、山地及平地地區的農村文化。濱海地區的農村文化是以漁村文化爲主，而山地文化則是以原住民的傳統文化爲主，至於平地農村文化則是以閩南或客家文化爲主。

六、觀光農園

1. 觀光果園：觀光果園一般來說主要是以開放水果採摘爲主，大部分的果園在收取清潔管理費後，便可在園內盡情採用新鮮味美的水果，不過亦有例外情況，若想把新鮮水果帶回家，則以市價計算。

   一般果園內較少有其它的遊憩設施，但腹地較開闊的果園，還設有烤肉區、露營區、步道區等設施。果園開放的時間因水果產季不同而異，常見的觀光果園有：柳橙、椪柑、桶柑、文旦柚、水梨、楊桃、草莓、芒果、蓮霧、葡萄等觀光果園。

2. 觀光茶園：觀光茶園的經營型態大致以種茶、做茶爲主。有些茶園則附帶經營茶坊，提供遊客品茗及買茶的去處，亦有些茶園提供開放民眾採茶與製茶的體驗活動，較具規模的茶園更提遊客民宿、餐飲的服務及茶藝文化活動。
3. 觀光花園（圃）：觀光花園是以花卉栽培爲主要營業活動，園內並未提供其他遊憩設施。觀光花園提供遊客前往參觀、購買花卉的地點， 觀光花園一般皆不收取清潔管理費，常見的有海芋、蘭花觀光花園及公路花園等。
4. 觀光菜園：觀光菜園一般以生產高冷蔬菜爲主，並提供遊客進入園區內購買所想要的蔬菜，一些設施較齊全的觀光菜園還提供現炒青菜供遊客品嚐的服務。觀光菜園一年四季都有開放，販售的蔬菜則依時令而有所不同， 農園並不收取門票，遊客自行採摘的蔬菜均論斤計價，價格與市價相等或略高。

七、市民農園

市民農園是將位居都市或其近郊之農地集中規劃爲若干小坵塊，分別出租予一般民眾栽種花草、蔬果或經營家庭農藝，其主要功能在於提供土地與耕種技術給予一般都市民眾，讓都市民眾也可享受耕作樂趣，體會農業生產經驗。因此市民農園具備以下特徵：

1. 使用農園的人非農地所有人。
2. 以休閒體驗爲主。
3. 多數租用者只能利用星期假日到農園作業，平時則由提供土地者代管。

市民農園一年四季皆開放，租用期間可自由入園活動，惟各地農園收費標準不盡相同。市民農園依不同使用對象，一般可分爲家庭農園、兒童農園、高齡農園、特殊農園、自有農園五種。

八、教育農園

教育農園（圖 8-4）是兼顧農業生產與教育功能的農業經營型態，農園中所生產或栽植的作物和所飼養的動物以及其設施的規劃配置都具有教育功能。一般常見的有特用作物、熱帶植物、水耕設施栽培、昆蟲園、生態園、家禽園、家畜園、及親子農園等型態。

教育農園是農場經營者以農業生產、自然生態、農村生活文化等資源爲內涵，對中小學生或一般遊客設計體驗活動，經由詳實的解說服務方式，滿足遊客知性的需求，完成自然生態教育，同時促進城鄉交流的一種休閒農業經營型態。由此可知，一般休閒農（林、漁、牧）場與觀光農園或市民農園，經由適當的規劃設計均可扮演教育農園的角色與功能。

圖8-4　觀光教育農園

九、鄉村民宿

民宿是指利用自用住宅空閒房間，結合當地人文、自然景觀、生態、環境資源及農、林、漁、牧、生產活動，以家庭副業方式經營，提供旅客鄉野生活之住宿處所。民宿之性質與普通飯店或旅館不同，除了能與旅客交流認識外，遊客即能享受經營者所提供之當地鄉土味猶如「在家」的感覺。所以民宿農莊是以農村的生態環境和生活文化的觀光資源，提供遊客住宿、餐飲和相關活動的設備與服務，並運用其特有的優美環境，脫俗的鄉土文化生活和溫馨的風土人情，發揮其獨特風貌，讓遊客前來旅遊、休閒、教育等活動而規劃設計的一種新興農業經營型態。

人情味濃厚且有家的溫馨感，是鄉村民宿最大特色。民宿經營成功的要素包括：

1. 融合農村社區資源，充分展現特色。
2. 動人的行銷計畫，抓住遊客的心。
3. 有效的經營管理，創造優質的服務品質。
4. 親切溫馨的服務態度，滿足遊客需求。

第3節
休閒農業園區

一、休閒農業園區發展過程

休閒農業發展首先始於1965年林業單位開發阿里山森林遊樂區，發展多目標功能的林業經營，提供國民大眾遊樂活動，歷經20多年發展，直到1990年，行政院農業委員會才將發展休閒農業列入農業政策中，有計畫輔導休閒農業之發展。修訂休閒農業相關法規、加強休閒農業教育訓練與宣導工作、編印休閒農業工作手冊及休閒農場籌設範例、劃定休閒農業區與審核休閒農場設置、成立休閒農業相關產業團體與組織、推動休閒農業旅遊活動，這些政策措施的目的無不是加速休閒農業發展以及永續經營。

農委會有鑑於過去休閒農業各自發展，造成資源分散、無法達成綜合效果或乘數效應，導致整體力量很難發揮作用，因此自2001年起改變政策，開始推動一鄉一休閒園區計畫，翌年改稱「休閒農業區計畫」。改變過去天女散花式的分配資源，集中力量發展農業區、增加園區內的軟、硬體建設、整合園區內農場、農園、民宿和所有景點，使其由點連成線，再擴大成面，最後以策略聯盟方式構成帶狀休閒農業園區，提供遊客前來園區旅遊消費，增加園區居民的收益，以及促進地方的繁榮與發展。

二、休閒農業園區推動理念

(一) 整合社區資源發揮整體力量

休閒農業園區的推動乃基於整合園區內整體之資源，帶動地方社區的投入，藉著地緣關係與生命共同體的社區意識，以社區總體營造的理念與作法，經由整體園區資源的組織與運作，發揮整體力量，達成資源的綜合效果或乘數效果，促進鄉村社區的發展。

(二) 營造園區特色維持永續經營與發展

休閒農業園區有別於一般遊樂區，它必須是運用特有鄉土文化、鄉土生活和風土民情去發展；在經營上，注重農業經營、解說教育、體驗活動、產業與民俗文化活動，在整個觀光遊憩的空間系統中顯現其獨特的風貌與特色。因此，休閒農業園區是建立在鄉村性、地方性、生態性與體驗性等產業特性與休閒價值基礎上。休閒農業園區特色營造是達成市場區隔的關鍵條件，亦是實現永續經營與發展的不二法門。

三、休閒農業區劃設

爲加速休閒農業的整體規劃建設，促進農村的多元發展，近年來政府不斷在制度與法令上進行檢討改善。在農業生產及農村文化資源豐富且自然景觀優美的地區，成立休閒農業區，並將區內的自然、人文條件與觀光農園、教育農園、民宿等相互結合，以發展休閒農業。政府對於休閒農業區的協助與輔導主要在於公共建設的加強，以興建安全防護設施、平面停車場、涼亭設施、眺望設施、標示解說設施、公廁設施、登山及健行步道、水土保持設施、環境保護設施及農路等項目爲限。

1994 年 4 月修正公布之休閒農業輔導辦法，賦於休閒農業區劃定由政府協助公共建設之法源依據，1999 年 10 月 26 日農委會公布「休閒農業區劃定審查作業要點」，由各鄉鎮積極規劃擬具休閒農業區規劃書，由該管縣市政府初審後彙報農委會審查，2001 年 12 月 15 日修正公布之要點規定「前項規劃書，得由直轄市、縣（市）政府委由鄉（鎮、市區）公所、農民團體代辦理，並經各該府審查通過後，由各該府向農委會申請劃定」。農委會聘請專家及各機關代表組成審查小組，審查通過後劃定休閒農業區。

有關休閒農業區之劃設，依據 2018 年 5 月 18 日最新修訂之「休閒農業輔導管理辦法」，具備下列要件得規劃爲休閒農業區，依次休閒農業區劃定審查作業要點進行審查：

（一）劃設原則

1. 特色

(1) 具在地農業特色。

(2) 具豐富景觀資源。

(3) 具特殊生態及保存價值之文化資產。

2. 面積限制

(1) 土地全部屬非都市土地者，面積應在50公頃以上，600公頃以下。

(2) 土地全部屬都市土地者，面積應在10公頃以上，200公頃以下。

(3) 部分屬都市土地者，部分屬非都市土地者，面積應在25公頃以上，300公頃以下。

（註：基於自然形勢或地方產業發展需要，前項各款土地面積上限得酌予放寬。在本辦法2002年1月11日修正施行前，經中央主管機關劃定之休閒農業區，其面積上限不受第二項限制。）

（二）休閒農業區之數量與區位分布

截至 2018 年 7 月已公告劃定 91 區休閒農業區名單，其空間分布如表 8-1 所列。91 處休閒農業區，就區域而言，北部共計 40 區最多，中部 28 區次之，南部 13 區第三位，東部地區為 10 區居第四，離島尚未有休閒農業區劃設如表 8-2。就縣市言，以宜蘭縣 16 區最多、其次為南投縣 13 區，台中市 11 區第三、苗栗縣 10 區第四，臺東縣 6 區第五，新竹縣及桃園市、高雄市各有 5 區再次之，如表 8-3。

表8-1 已劃定之休閒農業區名單（2018年7月）

休閒農業區名稱	劃定年度	輔導單位
	基隆市	
七堵區瑪陵休閒農業區	99	基隆市農會
	新北市	
淡水區滬尾休閒農業區	99	淡水區公所

續下頁

續上頁

休閒農業區名稱	劃定年度	輔導單位
臺北市 2 區		
內湖區白石湖休閒農業區	105	內湖區農會
文山區貓空休閒農業區	107	木柵區農會
桃園市 5 區		
觀音區蓮花園休閒農業區	105	觀音區公所、觀音區農會
大溪區月眉休閒農業區	107	大溪區公所
大園區溪海休閒農業區	107	大園區公所
蘆竹區大古山休閒農業區	107	蘆竹區公所
龍潭區大北坑休閒農業區	107	龍潭區公所
新竹縣 5 區		
峨眉鄉十二寮休閒農業區	89	峨眉鄉公所（硬體）、峨眉鄉農會（軟體）
尖石鄉那羅灣休閒農業區	89	橫山地區農會
新埔鎮照門休閒農業區	90	新埔鎮公所
橫山鄉大山背休閒農業區	90	橫山地區農會
五峰鄉和平部落休閒農業區	93	竹東地區農會
苗栗縣 10 區		
西湖鄉湖東休閒農業區	92	西湖鄉公所
南庄鄉南江休閒農業區	93	南庄鄉農會
大湖鄉薑麻園休閒農業區	93	大湖地區農會
三義鄉雙潭休閒農業區	93	三義鄉農會
通霄鎮福興南和休閒農業區	95	通霄鎮公所
卓蘭鎮壢西坪休閒農業區	97	卓蘭鎮農會
三義鄉舊山線休閒農業區	97	三義鄉農會
公館鄉黃金小鎮休閒農業區	97	公館鄉農會
大湖鄉馬那邦休閒農業區	99	大湖地區農會
三灣鄉三灣梨鄉休閒農業區	103	三灣鄉公所

續下頁

續上頁

休閒農業區名稱	劃定年度	輔導單位
	臺中市 11 區	
大甲區匠師的故鄉休閒農業區	93	大甲區農會
東勢區軟埤坑休閒農業區	93	東勢區農會
新社區馬力埔休閒農業區	93	新社區農會
食水嵙休閒農業區	96	石岡區農會
太平區頭汴坑休閒農業區	96	太平區農會
新社區抽藤坑休閒農業區	101	新社區農會
東勢區梨之鄉休閒農業區	103	東勢區農會
外埔區水流東休閒農業區	103	外埔區農會
后里區貓仔坑休閒農業區	107	后里區農會
和平區大雪山休閒農業區	107	和平區農會
和平區德芙蘭休閒農業區	107	和平區農會
	彰化縣 2 區	
二水鄉鼻仔頭休閒農業區	92	二水鄉公所、二水鄉農會
二林鎮斗苑休閒農業區	93	二林鎮農會
	南投縣 13 區	
水里鄉車埕休閒農業區	89	水里鄉農會
信義鄉自強愛國休閒農業區	89	信義鄉農會
魚池鄉大林休閒農業區	89	魚池鄉公所
水里鄉　休閒農業區	92	水里鄉農會
國姓鄉糯米橋休閒農業區	92	國姓鄉公所
國姓鄉福龜休閒農業區	93	國姓鄉公所
集集鎮　休閒農業區	93	集集鎮公所
鹿谷鄉小半天休閒農業區	95	鹿谷鄉公所
埔里鎮桃米休閒農業區	95	埔里鎮公所
魚池鄉大雁休閒農業區	95	魚池鄉公所

續下頁

續上頁

休閒農業區名稱	劃定年度	輔導單位
竹山鎮富州休閒農業區	95	竹山鎮公所
中寮鄉龍眼林休閒農業區	95	中寮鄉公所
魚池鄉日月潭頭社活盆地休閒農業區	97	魚池鄉公所
雲林縣 2 區		
口湖鄉金湖休閒農業區	95	口湖鄉公所
古坑鄉華山休閒農業區	95	古坑鄉公所
嘉義縣 3 區		
梅山鄉瑞峰太和休閒農業區	90	梅山鄉農會
阿里山鄉茶山休閒農業區	90	阿里山鄉農會
新港鄉南笨港休閒農業區	105	新港鄉公所
臺南市 3 區		
左鎮區光榮休閒農業區	90	左鎮區農會
楠西區梅嶺休閒農業區	90	楠西區農會
七股區溪南休閒農業區	96	七股區農會
高雄市 5 區		
內門區內門休閒農業區	89	內門區公所
那瑪夏區民生休閒農業區	89	那瑪夏區公所
六龜區竹林休閒農業區	90	六龜區公所
美濃區美濃休閒農業區	101	美濃區農會
大樹區大樹休閒農業區	102	大樹區公所
屏東縣 2 區		
高樹鄉新豐休閒農業區	96	高樹鄉農會
萬巒鄉沿山休閒農業區	96	萬巒地區農會
宜蘭縣 16 區		
員山鄉枕頭山休閒農業區	89	員山鄉農會
冬山鄉中山休閒農業區	90	冬山鄉農會

續下頁

續上頁

休閒農業區名稱	劃定年度	輔導單位
大同鄉玉蘭休閒農業區	90	三星地區農會
羅東鎮羅東溪休閒農業區	92	羅東鎮農會
冬山鄉珍珠休閒農業區	92	冬山鄉農會
員山鄉橫山頭休閒農業區	92	員山鄉農會
三星鄉天送埤休閒農業區	92	三星地區農會
五結鄉冬山河休閒農業區	92	五結鄉農會
礁溪鄉時潮休閒農業區	93	礁溪鄉農會
冬山鄉梅花湖休閒農業區	93	冬山鄉農會
壯圍鄉新南休閒農業區	93	壯圍鄉農會
冬山鄉大進休閒農業區	95	冬山鄉農會
員山鄉大湖底休閒農業區	96	員山鄉農會
頭城鎮新港澳休閒農業區	101	頭城鎮農會
大南澳休閒農業區	105	蘇澳地區農會
五結鄉蘭陽溪口休閒農業區	107	五結鄉公所
瑞穗鄉舞鶴休閒農業區	89	瑞穗鄉農會
玉里鎮東豐休閒農業區	89	玉溪地區農會
光復鄉馬太鞍休閒農業區	93	光豐地區農會
壽豐鄉壽豐休閒農業區	99	壽豐鄉農會
太麻里鄉金針山休閒農業區	90	太麻里地區農會
大武鄉山豬窟休閒農業區	90	太麻里地區農會
卑南鄉初鹿休閒農業區	93	臺東地區農會
池上鄉池上米鄉休閒農業區	93	池上鄉農會
卑南鄉高頂山休閒農業區	93	臺東地區農會
關山鎮親水休閒農業區	93	關山鎮農會

資料來源：農委會 作者彙整

表8-2　休閒農業區分布比例（2018年7月）

地區別	縣市	休閒農業區數	合計
北部	宜蘭縣	16	40
	基隆市	1	
	新北市	1	
	台北市	2	
	桃園市	5	
	新竹縣	5	
	苗栗縣	10	
中部	台中市	11	28
	彰化縣	2	
	南投縣	13	
	雲林縣	2	
東部	花蓮縣	4	10
	台東縣	6	
南部	嘉義縣	3	13
	台南市	3	
	高雄市	5	
	屏東縣	2	
離島	澎湖縣	0	0
	金門縣	0	
	馬祖縣	0	
合 計		91	91

資料來源：農委會 作者彙整

表8-3 休閒農業區縣市數量

排名	縣市	數量
1	宜蘭縣	16區
2	南投縣	13區
3	台中市	11區
4	苗栗縣	10區
5	臺東縣	6區
6	新竹縣、桃園市、高雄市	5區

資料來源：農委會 作者彙整

四、休閒農業區發展策略

（一）休閒農業區發展的方向與目標

1. 活用農漁村資源：善用農、漁村生態環境、景觀、文化與產業資源規劃休閒農業區，重塑農、漁村景觀新風貌，吸引國民到農、漁村旅遊休閒。
2. 整合資源構成帶狀園區：由各縣市政府整合轄內農漁產業、自然景觀、休閒設施、藝文活動、大型體育活動、古蹟景點等既有資源， 以策略聯盟方式構成帶狀休閒農業區，採自力發展及創造在地就業的模式，推動休閒農業工作。
3. 增加農漁業休閒產業人口：有系統規劃具地方特色之休閒農、漁業活動，結合周邊休閒產業與觀光活動，帶動民眾休閒風潮，設計具創意之農、漁產美食，以活潑的方式來表現教育性及知識性的農、漁業休閒活動，使各地之農、漁業休閒方式同中有異，吸引民眾好奇心踴躍參與，並就該地之農、漁業特色進行旅遊行程規劃，完成具有多項特色之套裝行程，俾利民眾安排假日旅遊行程，同時可結合觀光單位推廣之民宿，辦理國民旅遊，增加農、漁業休閒產業人口。
4. 提升農漁民服務能力：建立休閒農、漁業輔導體系，加強農漁民從事服務業之觀念，以顧客滿意爲導向，加強企業經營管理訓練，提高服務品質與安全，提供親切的服務。

5. 發展農漁村特色民宿：配合交通部發布實施之民宿管理辦法，積極輔導休閒農業區內之合法農舍，申請設置具有特色之鄉村型民宿，讓遊客享受農業體驗之住宿與農家生活，辦理農村民宿經營人才訓練，協助有意轉型經營「服務型」農業之農漁民，能明確地掌握經營農漁村民宿應有的服務品質與魅力，及培育能實際投入農漁村民宿經營之種子人員。
6. 推動休閒農業策略聯盟：推動休閒農業策略聯盟工作，積極發展全方位的農林漁牧業休閒體系，創造複合式營運及規劃整體性宣傳計畫，提升我國休閒農業服務品質。整合全國休閒農業旅遊資訊建置「農業易遊網站」，以作為全國休閒農業資訊之入口網站，除供全國大眾查詢用之外，並發行「臺灣農業認同卡」及建立協助休閒農業套裝商品銷售機制等重點，以協助全國休閒農業商品之銷售及拉近消費者與農業之距離。

（二）休閒農業區的推動策略

1. 由點到線並擴展到面的發展：過去休閒農業的發展大多數以輔導休閒農場、觀光農園、教育農園、市民農園、或鄉村民宿為主，這些景點創設均僅限於點的開發，或少數由點串聯成線的經營方式。休閒農業區的開創係由點連成線，再擴展成面，結合社區的園區經營型態，以促進社區的整體發展。
2. 軟、硬體兼顧並互相配合：休閒農業區發展不但兼顧軟、硬體建設，而且也注重兩者互相配合，以發揮建設成果。硬體方面包括閒置空間的改造再利用、環境綠美化、遊憩服務設施設置、標示導覽系統設立、交通系統改良、舊有設施改善等，旨在改善旅遊環境， 提升旅遊服務品質。軟體方面強調園區的經營管理、行銷策略、導覽解說、組織的運作、教育訓練、以及遊憩資源的開發與應用，以滿足遊客需求，並增進旅客的滿意度。
3. 園區居民的積極參與：透過在地產業行動委員會或相關組織，由社區居民分工合作，從園區的規劃建設到經營管理全由居民來主導， 以達社區自立自助、自動自發、自我管理的境地。

4. 注重產品開發與創意：輔導園區開發新的農特產品，提高農特產品的加工層次，創造農特產品的附加價值，增加收益。希望農特產品經由加工或分級包裝建立品牌後便成較高價值的商品；再由商品變為禮品，其附加價值再提升； 再從禮品提升為藝術品，則附加價值更高；所有農特產品都可規劃設計為體驗品，使其更具競爭優勢，則其附加價值提高。藉著每年的創意大賽，鼓勵每個園區加強產品的研發與創意，提升競爭力（圖8-5）。

圖8-5　創意產品—南瓜鼠

比賽項目分為園區紀念品、農漁特產品及園區設施改善等創意大賽三項，期望建立地方特色、創造媒體曝光機會，創造消費市場。並於國際旅展場所進行頒獎及展示得獎作品。

5. 加強策略聯盟與整合行銷：過去休閒農業經營無論是休閒農場、觀光農園、鄉村民宿，絕大多數都是個別經營、單打獨鬥、各自發展，彼此間少有聯繫合作，因此，很難突破經營困境。而休閒農漁園區則改變單打獨鬥的經營方式，以策略聯盟方式結合為共同經營體。同時進行園區各景點共同行銷，並結合媒體辦理大型活動，建立消費者與園區通路。
6. 辦理園區評鑑引導正確發展方向：為引導休閒農業區朝向健康與永續經營的方向發展，並建立休閒農業區後續輔導機制，每年定期對過去執行計畫之園區進行評鑑。評鑑內容包括中心工作如核心特色、園區營運、創意運用、行銷推廣、動線規劃等，以及支援工作如人力與環境資源管理、綠色概念推廣、地方活動及擴大社區參與等。對評鑑結果績優之單位及人員予以適當的獎勵。
7. 推動生態旅遊落實資源保育：由於有些遊憩區過量投資開發，帶來大量的人潮，導致環境破壞。為免於環境與生態遭受浩劫破壞，降低遊客品質，應就各園區生態景觀、自然環境資源妥善規劃，以生態觀光帶動人潮，形成產業，教育遊客學習大自然，再由此進一步引領生態之愛護者進行深度的生態旅遊。生態旅遊是以自然環境資源爲基礎，建立在保育、管理與教育之上，並結合文化與產業，使地區得以永續發展的旅遊方式。

（三）休閒農業區的推展成效

1. 經濟面

(1) 促進農村產業經濟活絡與轉型

(2) 增加農村就業機會

(3) 活用農漁業資源

(4) 建構農村休閒旅遊網絡

由傳統農業轉型至服務性產業農家：

2000年（計畫推展前一年）：26％

2001年（計畫當年）：48％

2002年（計畫推展後一年）：64％

2003年（計畫推展後二年）：67％

休閒農業區效益評估

(1) 根據吳宗瓊教授推估：

① 每年遊客總花費 3,687,283,555 元，三年共計 11,061,850,665 元。

② 創造產出效果：5,130,460,000 元。

③ 創造所得效果：2,987,950,000 元。

④ 創造就業：5,457 人次。

(2) 根據農委會資料推估

① 三年（2001 ～ 2003）遊客數 18,800,000 人次 ×626 元（平均每 人消費額）＝ 11,768,800,000 元

② 創造商機：3,500,028,000 元。

③ 創造就業：21,700 人次（含兼職人員）。

表8-4 2001-2003休閒農業區執行成果

項目年度	90年度	91年度	92年度	合計
增加就業人數（人次）（含兼職人員）	6,800	7,000	7,900	21,700
吸引遊客數（千人次）	5,300	5,800	7,700	18,800
創造商機（千元）	926,379	1,252,514	1,321,135	3,500,028
設施景點	550	370	379	1,240
補助鄉鎮數	46	98	82	226

資料來源：農委會休閒農業區計畫整理統計。

(3) 臺灣休閒農業學會（2006）推估

依據臺灣休閒農業學會「95 年度休閒農業區產值調查計畫」報告推估：

① 以經營者所估計之遊客人數計，全國休閒農業區之總產值介於 193.4 億元～ 250.7 億元。

② 以休閒農業區管理委員會主委所估計之遊客人數計，其總產值介於 269.6 億元～ 349.5 億元。

③ 全國休閒農業區就業人數：10,560 人，所創造之就業產值爲 15.8 億元。

④ 全國休閒農業就業人數：56,140 人，創造之就業產值爲 83.9 億元。

2. 環境面

(1) 改善園區公共及公用服務設施。

(2) 增進社區環境綠美化與生態景觀。

(3) 有效利用社區閒置空間。

(4) 維護社區環境整潔。

3. 社會面

(1) 促進城鄉交流，縮小城鄉差距。

(2) 活化農村社區自主的能量。

(3) 提升居民社區意識。

(4) 增進居民生活素質。

第 9 章

國際常見之休閒農業

第 1 節
日本休閒農業

一、日本休閒農業之演進

日本休閒農業之發展可大略劃分成四個時期：

日本休閒農業之發展可大略劃分成四個時期：

第一期：1970~1979 年：以增加所得爲目標的時期

第二期：1980~1989 年：從體力勞動中獲得解放的時期

第三期：1990~1999 年：挫折與轉型的時期

第四期：2000~ 迄今：發現新價值的時期

從第一期至第三期屬經濟至上的時期，第四期則爲追求生存意義的時期，前後兩階段分屬兩個性質具有重大差異的時代。

（一）休閒農業演進的背景因素

日本休閒農業之演進，每一期均受到不同因素影響。

第一期：迎接高度經濟成長期，都市化逐漸發展，農村勞力開始不足。

當時爲觀光休閒農業的發端時期，所以觀光休閒農業具有因應農家勞力不足及活用剩餘農地的強烈色彩。

第二期：擴大所得、提倡充實休閒活動的時期。

休閒風潮興起，觀光休閒農業趁此機會謀求補充農家所得，並依賴都市居民等外力活化農業的功能。

第三期：以跳脫工業、振興軟體產業爲目標，投機取向的泡沫經濟幻滅的時代。

觀光休閒農業開始跳脫依賴外力，逐漸轉化爲重新發現農村資源，開始謀求活用自己的力量與資源進行活化與轉型。

第四期：重新檢討眞正的富裕爲何物？不再以追求所得擴大爲中心，在農業與農村的新定位之下，將重點置於農業相結合的生存意義與文化教育。

農家方面不再以賺取都市農村交流的利益爲經營核心，開始轉型爲共助共存、維持地區永續發展爲著眼點。

第一期至第三期農業振興對策以追求利益，而附屬於都市、依賴都市居民；第四期則以自己所居住的農村及自己所從事的農業引以爲傲，不過度推動傾向追求利益的都市與農村交流相關活動。

表 9-1　日本觀光休閒農業的演進

時代特性	期間	時代背景	農家意識	目標
經濟至上時代 附屬於都市、依賴都市	第一期 1970~1979 年	高度經濟成長 農村勞力不足 觀光休閒農業開端	農業勞動省力化	增加所得
	第二期 1980~1989 年	擴大所得 休閒風潮興起 活化農業	補充農業所得	從勞動中解放
	第三期 1990~1999 年	跳脫工業 振興軟體產業 泡沫經濟幻滅	農村資源再開發	挫折、轉型
生存意義時代 以農業及農村自豪	第四期 2000~ 迄今	農業，農村重新定位轉型生存價値與文化教育，永續發展	從追求利益轉為共助共存	發現新價値

資料來源：東正則，胡忠一譯(2003) 本書整理

（二）內容多樣性與深化程度變化

在演進過程中，其內容之多樣性與內容之深化程度各期均有差異

表 9-2　內容多樣性與深化程度

內容／期間	吃喝	採購	觀賞	體驗	學習
第一期	採摘	直接向採摘農家購買	農家民宿	市民農園	
第二期	稜壟出售、果樹認養	在農家的貨架購買	民宿旅館、農村傳統藝能、文化再認識	老人生活意義農園、學童農園」	民宅村、廢校鄉土館
第三期	在地食材加工、手工食品	生產農家宅配直銷	休耕田轉作花園、傳統農村聚落或寄宿民宅	居住型市民農園、農業迷俱樂部	故鄉村里
第四期	傳統食材、食品、有機無農藥蔬菜、無添加物食品	大規模直銷店	農村傳統文化復原、梯田景觀、營造美麗農村、農家民宿	稻作體驗、林業體驗、燒炭體驗、支援農業活動、鄉居生活	梯田及深山保全、環境教育、食農教育

1. 「吃喝」內容方面：從現場直接採摘所獲得的收穫喜樂，發展到「稜壟出售、果樹認養」等決定自己持分的喜樂。從一般果樹、蔬菜的品嚐，演變到地方性特有傳統食品與安全食品的品嚐。
2. 「採購」內容方面：從採摘農產品或向農家購買農產品的階段，演變至在田間或農家庭院前的無人貨架購買一般生產農家不運銷到市場的農產品，進而發展到使用電子郵件或以宅配方式，直接銷售農產品給都市消費者的階段。

   最近，已演變到不再由農家個人銷售，而改由農協或鄉鎮公所等機關團體設置凌駕民間超市的大型直銷店。這種作法是由農家自己定價出售，農協等團體則依照農家希望出售的價格，製作條碼並傳真給農家，農家貼上自己的肖像後，再將條碼黏貼到塑膠袋上，因此資訊均能迅速、正確掌握。最後，商品的銷售金額會自動轉入該農家的帳戶。農家的醃製

品、蔬菜、水果及其他任何產品均以自負責任的方式販售。由於許多新鮮、多樣化的商品一起陳列銷售，所以能獲得消費者的高度支持，並願意從遠地開車前來購買。當然，這種情形也受惠於電子資訊系統的普及與發達。

3. 「觀賞」內容方面：從過去至農村觀賞傳統藝能等活動，轉爲復原已遭廢棄的傳統藝能或文化的地區活絡化活動，例如茅笈屋頂民宅的保全等。休耕田轉作波斯菊、向日葵、菖蒲、建造花園型態的休憩所，並販賣傳統食品，以增加收益。在住宿設施方面，最近又回歸到傳統農家投宿，並與該農家話家常式的傳統民宿。
4. 「體驗」內容方面：從一般的市民農園發展到激發老人生存意義的農園、學童農園，但在山地及偏遠地區則發展出居住型市民農園。在農業體驗方面，則從原來不請自來的農業迷俱樂部轉變成農家從事支援農業活動，並發展爲參加有組織的援農支援體制。年輕人到交通不方便的地區，追求鄉間小居的情形已蔚成風潮；退休後，回歸農家領域，開啓第二人生的人數也逐年增加。
5. 「學習」內容方面：從最早利用古老的民宅或廢棄學校進行鄉土歷史與農業教育的情形，發展到在地區附設大規模住宿設施、體驗學習設施、體育場等都市與農村交流設施，在大自然環境中學習。

二、綠色休閒旅遊之推展

長期以來日本的經濟重心均集中於都市地區，而農村地區則有人口外流，資金及物力不足等現象，爲了振興農村日本政府想盡了各種方法，由於受歐美最近流行之農村旅遊（Green Tourism）的影響，日本也重新檢討如何妥善利用農村資源，於是利用農村資源發展遊憩事業就成爲振興農村的重要方案。

片桐光雄在其「日本農村休閒產業之現狀與未來」一文中指出，日本的農村休閒旅遊肇始於 1960 年代，其起始點比都市化大約晚 5 年左右。

農協觀光股份公司的前身 ---- 社團法人全國農協觀光協會，早在 1971 年就已經開始辦理都市小孩參訪農村、體驗農業、與農村小孩在自然環境中交流的「暑假兒童村」，截至目前已辦理超過 30 萬人次。

1992 年，日本農林水產省以綠色休閒旅遊做為山地及偏遠地區活性化對策之一，創設綠色休閒旅遊研究會，JA（農協）團體也於 1994 年的 JA 全國大會決議通過推展邁向 21 世紀「營造舒適的吾鄉吾村運動」。再者，1997 年日本教育部於「教育改革計畫」中，重視自然體驗活動，並著眼於可以當作學習場所的綠色休閒旅遊。

1997 年日本農協團體由於全國中央會推動「三個共生運動」：

1. 與消費者共生：透過供應安全、安心的糧食，營造信賴關係，開設農民市場，透過綠色休閒旅遊讓國民理解農業。
2. 與下一代共生：開設學童農園並支援體驗學習、提供地區產品給學校作爲營養午餐食材。
3. 與亞洲共生：與亞洲地區的農家交流，推動體制之建構與環境營造之指導等。

此外，2002 年，首相辦公室及 7 個中央相關部會組成「都市與農山漁村共生及對流」計畫推動小組，與 JA 團體聯合推動全民運動，並開設「支援回歸故鄉中心」。

在這種情況下，都市居民利用休閒時間參訪農村，並在當地停留，實際體驗農村生活及農事作業，從事以停留型的交流爲目的的綠色休閒旅遊，若以農家民宿的住宿數爲指標，根據農林水產省的推測，在 2000 年，總人數達 900 萬人～ 1,000 萬人之多。

近年來更推動綠色休閒相關業者組成網絡，並以合適的型態展開有效率並能永續發展的事業。同時建立地區經營型的綠色休閒旅遊推動制度，期將由「政府主導、居民參加型」，轉變爲建立以積極進取的居民爲主體，行政機關予以支援的「居民主體、政府支援型」的推動體制（片桐光雄、胡忠一譯，2004）。

2003 年 4 月日本政府爲加強綠色休閒旅遊推動，更進一步將農林漁家體驗民宿相關法令鬆綁與明確化，落實積極開放，有效管理的政策。

三、日本休閒農業的經營型態

在日本休閒農業之經營，以地區聚落集團爲主並由農民自營者占多數，有一部分是政府工商界、農協與農民業者合資設立之經營體爲輔。另外在日本休閒農業常以各種不同的概念與名稱出現，因時因地又有不同，若按照休閒農業的經營型態則可分爲：

（一）農產品直接利用型

利用當地栽培之蘋果、葡萄、李、櫻桃、岩莓等規劃爲觀光果園。

（二）畜產利用型

以飼育家禽及可愛動物如：小羊、迷你豬、兔子等爲主，並有飼養牛供作擠牛奶表演等。

（三）林產利用型

如森林公園、野營場等。

（四）水產利用型

以水上活動爲主；如海釣、潛水、海上旅遊、水族館參觀等。

（五）農作過程利用型

讓市民參與農業生產過程，如市民農園等。

圖9-1　日本農宅民宿

（六）文化資源利用型

以傳統的鄉土文化爲主。如鄉土文化保存館、文化傳習所、民藝加工處等。

（七）農村環境利用型

提供農村民莊給遊客住宿，體會農村生活，較著名的有故鄉之家，農家別墅等。（圖 9-1）

四、日本的市民農園

在日本市民農園（圖 9-2）是重要的休閒農業發展類型，日本的市民農園以其使用之主要對象不同可區分成以下幾種：

圖9-2 日本市民農園

（一）家庭農園

這是由家族大小一起到農園享受田園耕種之樂趣爲主要目的，其名稱有很多種，如休閒農園、家庭農園、健康農園、娛樂農園等。

（二）學童農園

這是以讓學童體驗農耕之甘苦，認識農業爲主要目的而設立者。

（三）高齡農園

這是供高齡之市民調劑生活、舒暢筋骨、結識老伴，享受田園樂趣爲目的而設立者，有所謂生趣農園、老人俱樂部農園等。

（四）特殊農園

這是供身心障礙者、療養者使用之農園，也有專供盲人使用之盲人農園。

（五）小區農場主農園

這是比較特別的農園，是將觀光農園中的果樹出租給市民，或是將竹筍園、草莓園等區分成小坵塊出租給市民，任由其採收，即觀光農園與市民農園結合之混合型態之農園。

如依市民農園開設的主體來分類，則市民農園大體上有三種體制

表 9-3　市民農園體制

體制	內容	占比%
市町村開設型	農家與市町村之間訂定農地租賃契約，然後再由市町村與利用者之間訂定入園契約	43%
農會開設型	農家委託農會，農會與利用者之間訂定入園契約。也有農會向農民租地來開設者	30%
農家開設型	農家與利用者之間直接約定，市町村或農會居於獎勵輔導之地位	27%

資料來源：林英彥(2001)　本書整理

1. 市町村開設型：這是由市町村居於農家與利用者之間的型式，即農家與市町村之間訂定農地租賃契約，然後再由市町村與利用者之間訂定入園契約。這種型式的市民農園占43%。
2. 農會開設型：這是由農家將開設市民農園的業務委託農會辦理，而農會則將此事當成自己的事業而與利用者之間訂定入園契約。也有農會向農民租地來開設者。這種型式的市民農園約占30%。
3. 農家開設型：這是由農家與利用者之間直接約定的，而市町村或農會則居於獎勵輔導之地位。這種型式的市民農園約占27%。

第2節 歐洲休閒農業

一、歐洲休閒農業之發展

休閒農業在歐洲的起源甚早，在十八世紀法國貴族已流行休閒渡假、德國也有100年以上的歷史，但這種農村休閒僅限於高官或貴族，尚未平民化或全面化。直到第二次世界大戰後，觀光休閒風氣盛行，但這種主流觀光費用高、距離遠、時間長、並不一定人人消費得起。而在另一方面，國民在有錢又有閒之後，對田園景觀、地方風味、農業、歷史、遺跡或生態等方面興起「綠色旅遊」（Green Tour）的新流行、新喜好，它是一種迴異於商業性大規模開發的新型觀光方式。此期間之休閒農業亦稱之爲「農業旅遊」（表9-4）。

表9-4 農業旅遊各國名稱

國家	中文	英文
日本	綠色旅遊	Green Tourism 簡稱 G.T.
英國	鄉村旅遊	Rural Tourism
義大利	農業旅遊	Agri-Tourism
紐西蘭 / 澳洲	農遊	Agtour 或 Agtrip 簡稱 A.T.

綜觀世界各國休閒農業之發展，以歐洲之奧地利、瑞士、德國、法國、英國、芬蘭（圖9-3）、挪威、瑞典等先進國家所發展的「觀光農場」（FarmTourism），特別是所謂的「民宿農莊」（Farm Tourism Accommodation）或是「渡假農莊」（Farm Holidays）的型態最爲普遍，每年均吸引無數遊客前往休閒渡假。一般而言，這些「觀光農場」除透過農場的教育解說服務提供農業知性之旅外，大部分亦提供民宿服務。

歐洲等國休閒農業發展型態，具有下列幾個特色：

圖9-3　北歐芬蘭Sami族民宿

（一）基於替代性觀光業（Alternative Tourism）的發展理念

歐洲或紐、澳等國「觀光農場」的發展理念，有別於一般走馬看花式的觀光旅遊活動，它強調市場區隔的觀念吸引遊客前往觀光農場休閒渡假，並與農場主人一起生活，住在農家，使遊客在觀光渡假之餘，亦能盡情徜徉田園風光，體驗農莊生活，親身參與農場生產活動，以享受高品質的農莊渡假生活；因此，「渡假農莊」的推出，與一般觀光旅遊地區的觀光飯店、旅館具有部分的替代性，可吸引一部分喜愛農莊田園生活的遊客前來農場休閒渡假。

這種與一般觀光飯店、旅館具有一定替代性的「民宿型」觀光農場，在歐洲的奧地利、英國、芬蘭、挪威、瑞典以及大洋洲的紐西蘭均已呈現高度發展十分普及。

（二）遊客以國外觀光客及自助旅行者居多

遊客至觀光農場參觀渡假，可住在農家兼營的民宿，並親身體驗農莊或牧場生活，尤其與農場主人聊天，享受其親切的待客風格和友誼，最能體驗田園生活的點點滴滴。因此，不論是歐洲的「民宿農莊」、「渡假農場」，每年吸引無數國際觀光客前往休閒渡假。例如以歐洲國家之中「渡假農場」最爲普遍的奧地利爲例，前往奧地利「渡假農場」休閒渡假的遊客之中，有76%是外國觀光客，這其中有90%是來自鄰近的德國觀光客。

（三）採取「副業」型態經營民宿，以增加觀光農場額外收入

當一般農場轉向觀光農場經營時，除維持原有的農業生產活動外，並以「副業」型態提供民宿服務，一方面可直接增加農場額外的收入，另一方面亦間接地促進當地社區的發展。一般歐洲國家之「民宿農莊」，透過民宿的提供，皆可增加農場額外收入，例如英國平均增加農場總收入的13～19%；芬蘭平均增加額外收入5～15%，西德約占農業總銷售額的0.8%，而奧地利則占總收入的4%。

歐洲民宿農莊主要型態：

1. 住宿在農家之中與農家成員共同生活，或是住在農舍改建而成之房舍，此種民宿型態在西歐國家，例如英國、奧地利、德國、法國非常普遍。
2. 此種觀光農場最普遍的住宿型態僅提供遊客最簡單的B&B（Bed and Breakfast）服務，以英國為例，這種僅提供B&B住宿服務的觀光農場即高達60%左右。
3. 住在緊鄰農家出租小平房，或是農場提供露營住宿、炊事自理。如法國鄉村度假屋是位於法國山區、海邊或鄉野，有客廳、餐廳、廚房、衛浴設備，西歐地區也有專供出外打獵或釣魚人士住宿過夜的休憩小木屋。

一般而言，歐洲觀光農場提供的民宿，大都是農場利用空出來的房間或農舍稍加改建整理而開放經營，設備沒有旅館或觀光大飯店的豪華，價格亦便宜許多。

圖9-4　歐洲民宿

由於歐洲國家觀光農場之民宿經營係以副業型態呈現，且民宿房舍大多利用農家空出來的房間或農舍稍加改建整理而開放經營，因此，大部分農場能夠提出來作爲民宿的房間不多，每一農場所能提供的住宿單位介於 2 ～ 6 個房間，約可提供 4 ～ 15 個床位；而在奧地利、德國、愛爾蘭與英國等國觀光農場之民宿床位，最常見是每一農場提供 6 ～ 8 個床位；但各國政府爲防止部分農場走上商業化經營，亦訂定每一農場之民宿床位上限，例如法國的民宿床位上限爲 5 個床位，愛爾蘭爲 6 個床位，奧地利爲 10 個床位，德國爲 15 個床位，農場提供之民宿床位若低於政府規定的上限，將享有免稅優惠（圖 9-4）。

（四）強調教育解說服務，以提供豐盛的農業知性之旅

歐洲的休閒農業經營，無論是觀光農場或渡假農莊，都是農業經營爲主，休閒渡假爲副，所以有別於一般的旅館及遊樂區。遊客到農場渡假旅

遊，主要是想獲得對農村生態、農場經營或農家生活的認識與瞭解，享受農業的體驗活動。因此，提供教育解說服務，滿足遊客知性之旅的需求，便成爲每個觀光農場或渡假農場的重要課題。

二、德國的休閒農業

德國休閒農業著重於輔導與支援制度，整合相關部門共同輔導，辦理具公信力考核並重視培育人才，例如德國農部（BMEL）即著重於輔導工作，並提供各項諮詢服務。而歐洲共同體（EC）、聯邦政府及州政府，對休閒農業經營均有各項資助補助等。

（一）德國休閒農業之意義

德國人具有尊重與眷戀傳統文化的情懷，且崇尚質樸自然的生活，講究環境美化；街道整潔，古老的教堂、古堡、百年以上的房屋以及百年大樹等古蹟處處可見。德國休閒農業主要有三項涵義：

1. 維持原景觀：須是能呈現自然而原有景象的觀光事業。
2. 以農爲服務之主體：負責推動農遊服務的主體係居住於當地的農家、住民。
3. 資源活化：經由都市居民的長期停留（一週）以上，其與農村住民交流的結果，能有效利用農村原本持有的資源、生活文化、進而對當地社會活力之維持有所貢獻。

德國的民宿大都利用自家倉庫、荒廢的房舍、馬廄的上空或是空出來的房間整理而成、因此探究德國休閒農業的發展目標，爲落實農村的活性化、達成農村環境的保全，以及提供優質的都市住民餘暇活動。因此，德國休閒農業在農業及農村加入「地方經營」的觀點，發揮多面向機能，亦即在經濟效益外，加入文化及社會的意義，使農村旅遊發展擴大爲環境保全、景觀維護、傳統文化繼承及地方農業再生之綜合體。

（二）德國休閒農業之類型

德國發展休閒農業已有很長的歷史，依性質主要可分為渡假農場、鄉村民俗博物館、市民農園及森林休閒遊憩公園等四種類型：

1. 渡假農場：德國渡假農場是由農民與旅遊業者自已發展出來的農業觀光事業。而且，在德國渡假農場中，農家利用剩餘的房間整理得潔淨衛生做為民宿，提供遊客住宿。有些農場也供應食物，滿足遊客需求， 同時也在農場展售生鮮農產品。因此， 德國度假農場係自發性發展（Self-developed）而成， 其促成力量來自農民與社會大眾。目前境內約有20,000個渡假農場大部分係提供家庭遊憩渡假，享受綠色與清靜環境及健康食物為主要目的。

渡假農場特色

1. 由德國農民社（DLG, Deutscher Landwirtschafts Gesell-schaft）著手訓練推廣人員，針對農民所需提供諮詢服務，例如農場內之休閒服務收支帳、客房之安排與整理技巧、觀光收入之稅務等。
2. 農民社（DLG）最主要工作是推行渡假農場之評鑑，研擬出一套評估標準，讓農民提供渡假服務時有遵循的準則；DLG也實施標章認證制度，以提升民宿品質確保。
3. 德國休閒農業著重於輔導與支援制度，例如德國農部（BMEL）即著重於輔導工作，並提供各項諮詢服務。而歐洲共同體（EC）、聯邦政府及州政府等，對休閒農業經營均有各項資助補助等。

2. 鄉村民俗博物館：兼具區域性、文化性，具有開放空間特質的民俗展示園地。德國首座類似的民俗村，將百年前之德國鄉村風貌，包括屋宇、公共場所、商站等，完全仿照原樣復建，陳列從過去到現代的各種農宅建築、農耕作業方式及農家生活寫景，讓遊客體驗農業生產與農家生活的變遷過程。

目前全德國有80處民俗村，散布於各邦，民俗村除了展示歷史性建築、聚落形式外，還有實際的生活或工作方式，例如有些民俗村中有麵包製作、紡紗、鐵器製作、磨坊等現場示範活動。所有的展示活動均以古代形式進行，令人彷彿置身於百年前的時間中。

德國民俗村

源於1873在奧地利展示之「民俗村」，至1934年德國始有首座類似的民俗村出現。民俗村占地約25公頃，係將百年前之德國鄉村風貌，包括屋宇、公共場所、商站等，完全仿照原樣復建，所使用之建築及架構乃拆除原有房舍再於民俗村之座落地，全部模仿百年前的方式重新建造起來，各建築之位置及相互關係均依照歷史文獻記載而規劃。

3. 市民農園：德國之市民農園原是「小庭園」的意思，有餘暇又富裕的社會象徵。市民農園係利用都會地區或都市近郊之農地，規劃成小坵塊出租給市民收取租金，承租者可在農地上種植花、草、樹木、蔬菜、果樹或庭園式經營，讓市民享受耕種與體驗田園生活以及接近自然的樂趣。市民農園強調環境保育及休閒功能凌駕於糧食生產，提供綠野陽光的空間爲全體市民所共享，以符均衡身心發展之需，在都市水泥叢林中，休閒農地是具有稀少性的經濟財（Economic Goods），亦是公共財（Pubic Goods），故政府應給予積極的輔導（圖9-5）。

圖9-5　德國市民農場

德國是市民農園發展最早的國家，已普及並深入德國各個角落，目前已成爲德國人民最喜愛的休閒方式之一。其發展的背景與過程，以及其作法均深值我們借鏡與參考（圖9-6）。

圖9-6 德國市民農園標誌

德國市民農園起源

早在中世紀，當時德國的貴族們為享受親手栽培農作物的樂趣，在他們自家廣大的庭院中，劃出一小部分土地做為園藝用地，種植花、果、蔬菜等作物，以體驗農耕情趣。

到了19世紀初，德國政府便提供小塊田坵，供市民做小菜園，讓居民生產農產品自給自足，這是政府有計畫推動市民農園之起源。為了促進市民農園加速發展，並導引正確發展方向，德國政府在1919年制定市民農園法，成為全世界最早法制化的國家。

4. 森林休閒遊憩公園：德國中南部擁有大片平地森林，每個林業管理單位均有設置森林休閒遊憩公園，提供遊客體驗森林浴，遊憩體能設施，但不像台灣各地的森林遊樂區，除休閒遊憩設施所，還提供食宿。

第3節 紐西蘭、澳洲休閒農業

一、紐西蘭、澳洲休閒農業之狀況

澳洲與紐西蘭位於南半球，四季與臺灣剛好相反。夏季平均溫度在澳洲約為攝氏25～26度左右，紐西蘭則約為22～23度，故每年夏季均為觀光旅遊的旺季。

澳洲面積廣闊，約為臺灣的214倍，紐西蘭也有臺灣的7.5倍。人口方面，截至2018年澳洲有2,500多萬人，紐西蘭則只有469萬人，兩國均可稱為地廣人稀，人口大部分都集中在都市。都市人口前者占86%，後者占84%。雖然兩國的都市化現象非常顯著，但其初級產業卻相當發達。尤其是紐西蘭，絕大部分收入來自農牧產品。

兩個國家的觀光旅遊業非常發達，其共同的特徵就是偏重自然，以農、林、漁、牧為主的觀光。也就是以農業生產資源、農村自然景觀資源、農村文化及生活資源等結合服務業而成的所謂休閒農業。這兩個國家觀光旅遊的發達，也可表示其休閒農業之發展。所謂他山之石可以攻錯，了解休閒農業發展情形，可以提供我們學習與參考，記取他人的長處，彌補自己的不足，可加速我們推動此項工作之功效（圖9-7）。

圖9-7　紐西蘭民宿

二、規劃設計

(一)自然又有特色

澳、紐兩國休閒農業規劃設計的最大特點在於主題單純且具特色，使旅客在遊玩後留下深刻印象，不但可達到休閒遊憩之目的，並可學得新知之教育意義，令人有不虛此行的感覺。

休閒農業的規劃設計首要掌握鄉土自然優美特質及保持當地特有文化之特色，呈現主題應力求明顯單純，避免庸俗與雜亂。

庫巒濱野生動物園(CurrumbinSanctuary)

艾力士葛利飛(Alex Griffths)於1946年創立，原來是個蜜蜂園，因鸚鵡常來吃花粉，啄食大片劍蘭，造成相當大的困擾。於是他想到乾脆一次餵飽這些鳥，選擇固定時間讓這些鸚鵡集體吃一次，結果真的發現這些鸚鵡在固定時間便成群結隊一齊來吃食物，激起他建立鸚鵡園讓人觀賞的構想。

葛利飛氏對土生土長的野生動物關照備至，他的農場逐漸變成動物保護區之一。於是他在1976年將他的農場捐給「昆士蘭國家信託局」(National Trust of Queensland)，使澳洲國人與海外訪客能永久觀賞鸚鵡爭食奇景。

這個野生動物園的規劃採用自然為主，除了必要的人行步道及服務設施外，只有提供遊客乘坐的露天小火車，以便觀賞園內景觀。最主要吸引遊客的鸚鵡餵食區，也都是自然的砂質地，沒有柏油或水泥地面。園內雖因動物生態不同而區分數個區，但每一區均甚少人為設施。

庫巒濱動物園雖有多種動物(鸚鵡、無尾熊、袋熊、袋鼠、無色斑紋小袋鼠、丁哥狗、水鳥及其他動物)之餵食供遊客觀賞，但最主要吸引遊客前來的是每天兩次的鸚鵡餵食時間，工作人員會先講解鸚鵡特徵及其習性，並介紹動物園的歷史與設置過程，使遊客對野生動物園的認識和對鸚鵡的了解。同時並分發給訪客盤子和食物，餵食時數千隻的鳥兒在遊客之間飛來飛去發出吱叫聲甚為壯觀，勾畫出美麗有趣的畫面，令人難於忘懷。一旦餵食結束，鳥兒又飛離遠去，園區又恢復平靜。

例如澳洲昆士蘭州黃金海岸附近的庫轡濱野生動物園（CurrumbinSanctuary）即以自然餵食鸚鵡爲主題，吸引大批旅客前來遊園欣賞鸚鵡爭食情形。這個野生動物園之所以吸引國內外無數遊客前來欣賞，主要是主題突出具有特色，園區規劃一切都順乎自然，使遊客如同處在自然原野之中，身歷其境感受自然深刻，此乃庫轡濱野生動物園成功之處。

（二）農業資源的充分利用

澳洲、紐西蘭之許多觀光農場也是經常使觀光客流連忘返的地方，這些農場所展示的主題顯明、規劃單純，均以農場生態及主要飼養的牲畜生產過程爲主，呈現給遊客的是當地的特殊景觀、特色及牧場的生活文化，完全以農業生產資源和農場景觀資源以及農場的文化資源爲主的規劃設計，充分表現休閒農業之特色，這也是能持久吸引遊客的重要因素。

紐西蘭之初級產業甚爲發達，畜牧業是紐國重要經濟命脈。7,000多萬頭的羊和3,000多萬頭的牛是畜牧王國的重要構成分子。因此，觀光農場便成爲紐西蘭主要的觀光資源。

以彩虹農場與彩虹泉爲例，均無從事於農業生產，似乎與休閒農業定義不甚相符，但他們對農業資源的規劃利用，以及對當地特色和文化的發揮，可謂淋漓盡致，深值參考。

澳洲莫利農場（Morll Farm）

主要觀光休閒項目包括農場區位介紹、牧羊犬之靈性及訓練說明、牧羊犬趕羊群的表演，綿羊生長習性介紹、剪羊毛的工具及方法演進及現場表演、羊毛的包裝、綿羊油的製造及功用解說以及綿羊油的試用等，中間也穿插了迴旋鏢表演以吸引小孩。在設置於餐廳旁邊出售綿羊製品的小店及飼養食火雞和袋鼠的小小動物園，可供遊客打發等候用餐時間。

紐西蘭彩虹牧場（RainbowFarm）及彩虹泉（Rainbow Spring）

這兩個休閒遊樂區同屬一個經營體，而且為一路之隔，並有一條地下隧道相連接，形成獨樹一格的觀光休閒區。每天吸引大批觀光客，早已成為國內外觀光客的最愛。彩虹農場展示的僅為獨具風彩的紐西蘭農場表演，這具有濃郁紐西蘭格調的農場表演精彩紛呈，充滿樂趣。遊客不僅作旁觀者，在演出各階段中，觀衆都可能被邀上台助興，身臨其境，樂趣無窮令人難以忘懷。

農場的規劃設計甚為簡單，在面積15公頃上，甚少有人為的設施或建築，農場最大的建築就是表演館，館內設有紀念品商店，專營各種牛皮製品、羊毛製品及農牧產品。其餘的設施僅有停車場、牛欄、步道等。大片土地是青翠的樹木、鮮豔的花卉及綠油油的草坪。農場表演館除了在台上表演外，牧羊犬在台後草坪精彩表演。演出的節目包括控制羊群、牧羊犬示範、剪羊毛示範、公牛亮相、擠牛奶、攪動牛油製造機分出奶油、餵小羔羊喝奶等。表演結束後可到館附近參觀古老農場用具及奇異果園。

彩虹農場對面的彩虹泉，係因彩虹泉（Rainbow Spring）與仙境泉（Fairy Spring）而得名，也因此冷泉養著大批各式各樣的鱒魚而馳名。彩虹泉擁有的土地面積比彩虹農場更為廣闊，整個園區遍布茂密叢林與青青草原，叢林小道和人行小路蜿蜒於美麗又清涼的樹叢中，晶瑩的山泉匯成了一個個清澈見底的泉水池和涓涓細流，鱒魚、奇異鳥等紐西蘭野生動物活躍其間，於是彩虹泉亦成為野生動物的樂園。由於園區內種植的樹木高大繁多，草原廣闊，漫步在林間步道上，儼然身處叢林之中，此種規劃一方面有森林浴功能，另一方面又有認識野生動物之作用，兼具教育、休閒、遊憩與環保等功能。園區內除必要之服務設施、步道、停車場外，完全沒有其他休閒設施或硬體建物，一切保持自然風格特色。

三、組織體制與教育宣導

澳洲與紐西蘭的農業觀光組織非常健全，其發揮之功能也甚爲顯著。

（一）組織健全充分發揮功能

兩國均有農業或農場觀光公司的組織。例如在澳洲的昆士蘭省（Queensland）的澳洲農業旅遊公司（Agtouraustralia）以及在維多利亞省（Victoria）的農場旅遊公司（Farm Tour Victoria）都是爲旅客安排與嚮導農業和鄉村觀光旅遊的組織。其設立宗旨在展露澳洲鄉村面貌，參與農業、訪問農村，爲個人、團體或會議前後安排觀光及參觀的旅程。這些農業旅遊公司組織與各地區旅遊單位（Travel Agent）密切配合，他們的服務項目包括提供食、宿、交通工具、嚮導，並安排受訪的農園、牧場、農產品產銷及加工場、農業研究單位、學校，同時也安排風景名勝的觀光，以及野餐、釣魚、狩獵、騎馬等活動。

農業或農場旅遊公司和許多農場、牧場場主都有合約，農家、牧場提供餐飲、住宿；旅客和農家共同進餐、閒話家常，並伴同參觀其農場、牧場，或從事簡易的農場作業，如擠牛奶、餵小羔羊等，有如家人團聚。如此，一方面可了解農家生活，另一方面可親身體驗農家之活動，兼具娛樂與教育功能。

在紐西蘭也有農場渡假公司（Newzealand Farm Hilodays）等組織，在這組織下之農場遍布紐西蘭的南北兩島，透過該公司或旅行社的安排，提供旅客體驗農場情趣，享受鄉居生活，並可與農家同住，參與農家活動，獲致休閒娛樂與享受田園美景之樂趣。

澳洲與紐西蘭兩個農場觀光旅遊之組織非常發達，在紐西蘭超出1,000個農場，約占全國農場3%，一直都在接待遊客前來休閒渡假。農場渡假可享受許多的樂趣。在美好的鄉野田園間，留宿於牧場或農家，可接觸廣大的自然氣息。在投宿的家庭中他們會給予熱情的款待，彷彿把自己當成家中的成員一般，深受遊客喜愛。

（二）觀光旅遊單位的聯繫及配合

澳洲與紐西蘭兩國的觀光農場除了組織健全外，他們與觀光旅遊單位的聯繫及配合也相當密切。兩國的觀光機構在機場，車站、旅館、百貨公司、公路旁到處都設有旅遊資訊站，提供免費的地圖、單張、折頁、手冊等等旅遊資訊。在這些資訊站的架子上，分門別類陳列各種印刷資訊，休閒農場的資訊也包括在內，旅客可以自由取閱，選擇自己喜愛的旅遊地點。

在全國各地的旅行社也同樣可以獲得這種資訊，同時還可以代替安排行程，提供交通工具，並可進一步得知更詳細的訊息。幾乎每一個休閒農業區，包含渡假農家之精美印刷宣傳品，可在旅遊資訊中心或旅館車站之資訊架上獲取，其內容包括簡單地圖、達到農場的路線、與鄰近都市之距離與時間、提供的休閒娛樂項目、農場規模、設備、景觀、連絡的地址與電話，以及開放表演時間，不同時節所能觀賞或服務之內容，均能一目了然。

有些農場甚至把收費標準及農場主夫婦姓名、照片均刊印在宣傳品上，使人留下深刻印象。這些令人愛不釋手的精美印刷品，都是農場自己出資設計印刷，然後交給觀光旅遊單位，拿到資訊站去放置，提供給旅客作旅遊資訊參考。

四、經營管理

不論休閒農業區或觀光農場資源多麼豐富，休閒活動多麼引人，經營管理之不善，仍無法獲致成功，有效的經營管理是發展休閒農業成功之關鍵。

澳洲與紐西蘭兩國休閒農業經營相當成功，根據筆者之觀察其經營管理之特色有幾點：

1. 把握特色與重點並能爲旅客詳細解說，提供遊客娛樂與教育機會，滿足旅客之需求。
2. 服務人員通才訓練，每個人均能了解農場各項設施與內容，且能擔當不同角色工作。
3. 工作流程規劃妥善，使每位工作人員人力均能充分利用不致浪費人力資源。
4. 許多活動或服務事項採自動式或半自助方式，節省人力成本。
5. 販售之物品如飲料、食物、農產品等價格合理，遊客不必自帶食物進場，促進產品之銷售增加收益。

澳洲莫利牧場數百公頃農地，飼養4,000隻錦羊，並擁有200人用餐的餐廳，一共才雇用7個人，在牧場方面，遊客之招待及表演工作，由老闆及一位伙計負責，老闆負責解說工作，伙計則負責表演工作，兩人分工合作。在餐廳方面，有6個人作準備餐點及販賣農產品工作。當遊客團體一到，兩位女士在涼亭服務免費冷飲，兩位在禮品店服務，其餘的人在餐廳內準備食物，打鐘進餐時，所有工作人員均到餐廳服務餐飲，一位主廚一方面烤牛排或豬排或羊排，一方面分發每人一份主菜，其他青菜、麵包等食物採自助式，人力精簡，調配恰當，充分運用人力，也顯示有效節省人力。休閒農業之投資經營，很多是固定成本，而變動成本中，人事費用是占大部分，如能在人事費用上成本降低，相對地效益即可提高。

第 4 節
中國大陸休閒農業（觀光農業）

臺灣所稱的休閒農業，中國大陸慣稱之為「觀光農業」或「旅遊農業」；其他相關的名詞，如：觀光休閒農業、飯店農業、觀賞農業、體驗農業、農村旅遊、農家樂等十餘種。

一、中國大陸休閒農業之發展與政策

近 10 年中國大陸在休閒農業的發展已從規範經營進展到國家經濟佈局，截至 2017 年已經連續 14 年聚焦「三農」（農業、農村、農民）議題，尤其在第十三個五年計畫「十三五」（2016 ～ 2020）中，更明確了國家經濟布局，推進農業與旅遊休閒、教育文化、健康養生等深度融合，明示未來農業將發展觀光農業、體驗農業、創意農業等新業態。

早在第十一個五年計畫「十一五」（2006 ～ 2010），在全國發展計畫中就第一次提出「發展休閒觀光農業」，2007 年指出「建設現代農業，必須注重開發農業的多種功能，向農業的廣度和深度進軍，促進農業結構不斷優化升級」為拓展農業功能，發展休閒農業指出發展方向。接著在 2011 年 8 月將休閒農業的發展正式納入「十二五」（2011 ～ 2015 年）的方針中，在「十二五」規劃綱要第六章拓寬農民增收渠道第一節鞏固提高家庭經營收入「因地制宜發展特色高效農業，利用農業景觀資源發展觀光、休閒、旅遊等農村服務業，使農民在農業功能拓展中獲得更多收益。」顯見大陸官方也意識到，隨著傳統農業發展遇瓶頸，國民經濟收入的提高，城鄉居民對休閒消費需求高漲，休閒農業已是必走之路。

（一）觀光農業之意義

綜合國內學者專家的詮釋，大陸觀光農業的意義可歸結為以農業為基礎，利用農業景觀和農村空間，吸引遊客前來觀賞、遊覽、品嚐、休閒、勞作、體驗、參與、購物，將農業和旅遊業相結合而成的一項新興產業，集農業和旅遊業的特性，是農業發展的新途徑，亦是旅遊業發展的新領域。

在中國大陸產、官、學界也普遍認爲，觀光農業是農業結合旅遊業的新興產業，所以大陸休閒農業發展模式是採取地方整合模式，由大陸各省市主導研擬地方性觀光休閒農業整體發展計畫，再進一步透過省市政府整合機制，推動地方觀光農業的總體規劃與發展。

（二）觀光農業之興起

1. 大陸觀光農業的起源（1980～1990年）：要溯及80年代後期。改革開放較早的深圳首先開辦了「荔枝節」，當初主要目的是爲了招商引資，隨後又開辦採摘節，也獲得較好效益。於是各地紛紛起而仿效，陸續開辦各具特色的觀光農業活動。例如浙江金華石門農場的花木公園、廣東番禺市的綠色旅遊、福建廈門的華夏神農大觀園、雲南西雙版納的熱帶雨林、安徽黃山市休寧縣的鳳凰山森林公園、上海浦東的「孫橋現代化農業開發區」等。

   北京郊區觀光農業也始於80年代後期，首先昌平縣十三陵旅遊區開始出現向遊客開放的觀光桃園，遊客購票入園後可自行採摘、品嚐鮮桃，遊覽結束時農場贈送一袋桃子，深受遊客歡迎。1988年北京大興縣舉辦了第一屆「西瓜節」，開展了「瓜鄉一日遊」，透過選瓜、品瓜、評瓜活動，增加遊客的參與性，瓜農也因此獲得可觀的經濟收入。由於有利可圖，帶動京郊各區縣觀光農業快速發展，在京郊14個區縣，相繼出現了觀光果園、垂釣樂園、森林旅遊、少兒農莊、民俗旅遊村、農業高科技園區，或所謂的市民農園與教育農園等多元化的觀光農業類型，自此觀光農業又有了新的發展。

2. 大陸觀光農業的發展（1990～2000年）：由計畫經濟走向市場經濟轉變的時期，隨著大陸城市化發展和居民經濟收入的提高，消費結構開始改變，在解決溫飽之後，有了觀光、休閒、旅遊的新要求。1990年後，從北京、上海、珠江三角洲等特大型城市周邊近郊開始出現觀光採果園，

1997年7月假房山長陽召開「北京市觀光農業發展研討會」，取得產、官、學共識，以「觀光農業」作爲重要的市政施政計畫，因而由北京市計委、農業資源區劃會同農林辦公室聯合制訂「北京市觀光農業發展總體規劃」，於1998年5月20日頒布，並轉發北京市各郊區（縣）人民政府和北京市有關委、辦、局（總公司）執行。該年8月市政府召開第一次「北京市觀光農業工作會議」，成立北京市觀光農業領導小組及其辦公室，還制定相應的政策措施。自此，發展觀光農業成爲大陸政府的重要政策，並帶動其他地區觀光農業的發展。

2000年更興起一股熱潮，以「住農家屋、吃農家飯、作農家活、享農家樂」 內容的民俗風情旅遊；以收穫各種農產品 主要內容的務農採摘旅遊，以民間傳統節慶活動 內容的鄉村節慶旅遊等。

3. 規範經營階段（2000～2010年）：大陸人民生活由溫飽轉變爲小康階段，人們的休閒旅遊需求開始強烈，而且呈現多樣化的趨勢：人們更加注意親身的體驗和參與，農業旅遊更融入「體驗旅遊」與「生態旅遊」；農業旅遊項目的開發也逐漸與綠色、環保、健康、科技等主題緊密結合；農耕文化和農業科技性的旅遊項目開始融入觀光休閒農業園區；政府積極關注和支持，組織編制發展規劃，制定評定標準和管理條例，使休閒農業園區開始走向規範化管理；休閒農業由單一的觀光功能擴大到觀光、休閒、娛樂、度假、體驗、學習、健康等綜合功能。

（三）觀光農業發展的社會背景

中國大陸觀光農業的興起，可歸納爲兩方面力量所致，即外部市場「拉」的力量及農業內部「推」的力量。（資料參考段兆麟，2004）外部市場力量包括：

1. 國民所得提高：北京市、上海市以及其他大都市人平均所得已超過3,000美元，消費水準提高，故觀光農業發展普及。
2. 城市居住環境變差：城市環境惡化，「城市病」增多，導致市民尋求減壓解勞，嚮往自然清靜的農村生活。

3. 民衆知識水準提升：隨著民衆知識教育水準的提高，使追求知識需求增加，自然生態旅遊人口增多。
4. 交通運輸的改進：鄉村道路改善，交通運輸比以前便利。
5. 旅遊趨勢改變：旅遊業急需擴張旅遊版圖到農業的範疇，擴展鄉村或農業旅遊的新產業。

至於農業內部的力量則包括：

1. 因社會環境改變，農業結構急需調整，由一級產業跨入三級產業。
2. 農民追求經濟利益，經營觀光農業收益較高。
3. 農業科技進步，提供遊客觀賞體驗的內容豐富。
4. 農村環境改善，能為遊客提供較優越的空間場所。
5. 政府政策支持，部分團體提供觀光農業的信息並辦理人力訓練。

比較兩岸觀光休閒農業發展模式，臺灣休閒農業發展背景源於「政策驅動模式」，而大陸休閒農業發展背景則源於「市場驅動模式」。歸納大陸觀光農業產生的社會背景有下列三點（資料參考鄭健雄，2004）：

1. 經濟的發展、環境的改善，為觀光農業的產生和發展提供了可能性。
   (1) 世界經濟的發展、復甦，也包括觀光農業在內的旅遊者提供了閒暇和旅遊消費兩大條件。
   (2) 城市環境的惡化，「城市病」的增多，導致人們強烈的產生「回歸自然」心態，到包括觀光農業活動在內的環境清新的郊區去郊遊。
   (3) 農業科技的進步、農村環境的改善，為觀光農業發展提供了比較優越的空間場所。
2. 城市人口的迅速擴張及農業人口進入城市的時間，是形成觀光農業客源流的兩大因素。
   (1) 觀光農業是以城鎮人口為主要客源市場的，城市人口越多及城市群空間分布密度越大，所提供的觀光農業客流量也越大。
   (2) 農村人口移入城市的時間越長，則越有利於形成觀光農業的客源市場。

3. 農業和旅遊業各自都有向相關產業延伸的內動力。

(1) 城市文化和鄉村文化是兩種截然不同的文化，由於城鄉的差異， 而產生鄉村向城市、城市向鄉村互動的文化交換特徵，而作爲與城市文化截然不同的鄉村農耕文化，則成爲吸引城市居民向鄉村流動的主要內動力。

(2) 觀光農業活動的多種特性是驅動城市客源和投資目標的第二個內動力。

(3) 比傳統農業更易發揮「1＋1」效應，是觀光農業的第三個內動力。

由以上大陸觀光休閒農業發展的背景因素分析，再回顧本書第三章臺灣休閒農業發展背景（P46），可知，兩岸觀光休閒農業發展的社會背景條件，有許多雷同之處。但兩岸觀光休閒農業發展模式主要差異在於：

二、中國大陸休閒農業發展特色

綜觀中國大陸各地區休閒農業的發展，整體特色整理（資料來源：段兆麟 2016）如下：

（一）大陸推動休閒農業已有明確政策支持

從「十一五規劃」、「十二五規劃」到「十三五規劃」將解決「三農」（農業、農村、農民）問題列爲首要政策。不論在城鎮地區推行 「都市農業」， 或在鄉村地區推行「新農村建設」、美麗鄉村建設」，配合「鄉村遊」的風潮，都將休閒農業列爲重要策略，而成爲必須堅持與加快發展的產業。

(二) 休閒農業經營型態多元化

觀光休閒農業經營主體多元化，但以企業家及農民爲主，另有合作社及村集體經營型態。企業家經營觀光農業，通常規模大、投資較多、設施設備現代化、遊憩活動多，但農業體驗非主要的經營項目，偏向渡假山莊的型態。農民經營的休閒農業則屬農家樂型態，利用自有土地、人力、資本，政府協助改善鄉村環境、建置公共設施，及補助農家改善生活環境，客源以城市居民爲主，提供農事體驗及食宿，較接近台灣的「民宿」，是鄉村的微形經濟類型。

(三) 觀光休閒農場規模大，農家樂推行的地區廣

企業化經營的觀光農場面積動輒數百畝、千畝，農家樂推行的地區範圍涵蓋全鄉或全村，類似台灣的休閒農業區或休閒農漁園區，但其面積更大，動輒萬畝，數百戶經營。

(四) 體驗設計手法漸趨成熟

若干觀光休閒農場對於地方資源運用的技巧、整合的方法、行銷造勢的技術等均甚高明。譬如北京蟹島設計男女老少咸宜的多樣體驗，成都紅砂村融入花卉的詩詞文學及節慶活動的開發、滬杭設計竹編、製茶匠師的演示、吐魯番葡萄溝民俗村的規劃等，都是成功的案例。

(五) 善用歷史文化資源

譬如長城、古城牆遺址、古護城河、古民居、名人 故居等古蹟，地方戲曲、剪紙等藝術文化，及少數民族產業及生活文化，都是觀光休閒農業普遍運用的寶貴資源。因此觀光農場或農家樂常與民俗渡假村、鄉村民俗 旅遊結合。

(六) 農家樂提供農家情趣體驗

農家體驗包括農事體驗及農家生活體驗，吃農家飯、住農家院、果品採摘、捕撈、製茶體驗或少數民族的風俗儀式等體驗活動。例如「苗家樂」、「彝家樂」，北京長城下的農家樂蘊含長城文化的氛圍，非常吸引外國遊客。農家樂也是促進農民增加收入的有利途徑，許多經營農家樂的農戶已成為「小康」家庭。

(七) 休閒農業結合民宿經營

民宿以小規模、親近自然、鄉土文化體驗、人情味為特色。對於嚮往反璞歸真的城市遊客極具吸引力。以浙江第一個全域部署推進村落景區創建的縣（市、區）為例，杭州臨安市實施“美麗鄉村提升三年行動計畫”。臨安市旅遊局對天目山下的民宿特別稱為「鄉宿」，很具有詩意。

三、中國大陸觀光休閒農業的問題

觀光休閒農業在大陸快速成長發展，但由於急速發展，缺乏相關配套措施，難免產生一些問題。

（一）觀光農業空間布局

大陸觀光農業源始於沿海經濟發展較快的地區以及中大型城市和著名旅遊景區的周邊地帶。東部沿海地區經濟發展比較快，居民經濟收入增加、生活水準提高、旅遊需求增加，這為當地發展觀光農業提供了廣闊的客源市場；同時，農村經濟的發展和農村條件的改善，也為發展觀光農業提供了契機。

因此，近十年來東部沿海省、市、區，是大陸觀光農業發展較早、較快的地區，例如廣東、福建、海南、浙江、江蘇、上海、山東、河北、天津、北京、遼寧等地；而大陸內地雲南、四川、河南、黑龍江、新疆等省區，由於旅遊業或特色農業（綠洲農業）發達，也間接帶動觀光農業的發展，例如用古代的交通工具驢車來巡園也增加許多農場特色。

隨著中國大陸工業化和城市化進程加速，城市居民的休閒生活型態被迫轉而到城郊、鄉村，尋求新的旅遊空間，而產生了回歸大自然、嚮往田園之樂的強烈願望，在這種情況之下，大陸中大型城市周邊旅遊產業快速發展，近年來環繞城市的觀光休閒農業因而興起，一般來說，大城市郊區和經濟發達地區，人們對休閒旅遊的需求較爲強烈，社會經濟條件優越，交通比較便利，發展觀光休閒農業的市場潛力大，應列爲優先規劃布局之地；像北京、上海、珠江三角洲等大城市和經濟發達地區，不僅本地居民多，收入水平高，潛在客源市場大，而且具有吸引全國乃至國際觀光客進入的優勢，也應列入大陸優先開發布局的旅遊地。

根據學者郭煥成的研究，將大陸主要城市地區觀光農業和鄉村旅遊發展現況分爲五個模式，茲分述如下：

1. 深圳模式：在80年代後期深圳市首先開辦了荔枝園採果的觀光農園， 主要是吸引城市人前往觀光、採果、娛樂、休閒，並利用這個機會進行商貿洽談，招商引資，取得良好效果。隨後又開創了多種類型觀光農園，對大陸城市郊區觀光旅遊發展起了帶頭作用。
2. 北京模式：北京市觀光休閒農業發展以觀光農園及農村文化旅遊爲主，1994年北京市朝陽區即把具有旅遊、觀賞、無公害等特點的都市農業列爲該區經濟發展的六大工程之首。1996年北京市把觀光農業列爲全市六大農業產業之一。到2001年全北京觀光農業專案計畫達到1,589項，全年接待遊客2,856萬人次，觀光農業總收入17億人民幣。
3. 上海模式：上海市近年來鄉村旅遊有了新發展，體驗現代化農業生產設施，採摘、品嚐新鮮無公害蔬果、花卉，觀賞田園風光已成爲上海市人的一種新時尚（圖9-8）。
4. 廣州模式：廣州市周圍地區鄉村旅遊也在迅速發展，到目前爲止，珠江三角地帶有各類觀光農業景點50多個，平均每745平方公里擁有一個觀光農業園，規模較大的觀光農園接待遊客多達30多萬人次，小的也有上萬人次，每逢節慶假日有10萬人次參加農業觀光遊。

圖9-8　上海模式觀光果園的水果綠廊

5. 成都模式：四川省成都市農業旅遊起步於90年代初，逐步展開了農業觀光、遊覽、休閒等專案，形成了農家樂旅遊的雛形。目前，成都市參與「農家樂」旅遊經營的農戶已達5,000 餘家，成爲成都市旅遊業的特色旅遊產品，利於促進成都市旅遊業的發展。

（二）觀光農業發展存在的問題

中國大陸自從 80 年代後期發展觀光農業，90 年代開始地方整合農業與旅遊業兩項產業之後，觀光休閒農業便在各省市普遍興趣。加上外部市場的「拉力」，以及農業內部的「推力」，這兩股「推 拉」力量的作用，促使觀光休閒農業在大陸快速成長發展。但由於急速發展，缺乏相關配套措施，總是避免不了發生了一些困難問題。

綜觀學者專家的意見，目前大陸觀光休閒農業存在的問題可歸納爲下列三個層面：

1. 法規政策面問題
   (1) 缺少政策和法規
   大陸政府對發展鄉村旅遊或觀光休閒農業尚未制定優惠政策，也沒有制定觀光休閒農業相關法規。
   (2) 經營不規範、管理體制不健全
   旅遊專案開辦審批不規範，旅遊專案尚未納入旅遊部門的正式管理範圍內，價格不合理，任意定價；沒有追蹤管理，缺乏評估和淘汰制。
2. 規劃建設面問題
   (1) 缺乏整體規劃
   缺乏資源優勢和客源市場分析；同地區內農場雷同性高，缺乏特色無法市場區隔；缺乏市場調查與投資分析；開發層次低，產品附加價值低，配套設施和環境差。
   (2) 基礎設施不完善
   基礎建設不足，無法適應遊客需求。

(3) 缺乏正確認識

缺少農業產業基礎，單純旅遊規劃內容不豐富；人工化設施或硬體建設過多，變成遊樂場。

(4) 缺乏科學規劃和合理布局

3. 經營管理面問題

(1) 缺乏市場分析，競爭力無法提升。

(2) 旅遊產品單一，園區缺乏特色，缺乏吸引力。

(3) 農業季節性強，非生產季節遊客人數少無法開拓客源。

(4) 投入資金不足，園區建設和市場行銷經費無法配合所需。

(5) 農園數量眾多，效益低下，絕大部分（90%以上）觀光農園區都屬於慘淡經營困境，或虧損狀況。

(6) 環境超載，有些園區在旺季或假日遊客人數過多，沒作有效承載量控制，造成環境超載，破壞自然生態環境與景觀。

中國大陸發展觀光休閒農業的條件，比台灣更具優勢，爲融合農業與旅遊業兩種產業的激盪，再由地方整合而形成實施，觀光休閒農業的用地限制較爲寬鬆，只要經營者提出觀光休閒農業的開發項目，主管機關認爲對解決「三農」問題有益，有助於建設「新農村」，即很容易通過審批而容許營建與經營。甚至政府鼓勵民間承包「四荒」地以開發經營觀光休閒農業。同時大陸的農村數量非常多，只要大都市周邊的農村發展起休閒農業，帶動的效益就是非常驚人的數字。不過大陸的休閒農業，總是缺少台灣的那份精緻感、文化底蘊與人情味。

第10 章

臺灣休閒農業經營現況

第 1 節
休閒農業場家數及概況

休閒農業是農業結合觀光休閒服務業的新產業，有別於一般觀光旅遊，主要是利用田園景觀、自然生態及環境資源，結合農林漁牧生產、農業經營活動、農村文化及農家生活，提供國民休閒，增進國民對農業及農村之體驗爲目的之農業經營，具有三農、三產及四生的特性，也是傳統農業提升附加價值的新亮點產業。臺灣休閒農業起源於自然發展而來，某些有識之士與農民團體領導人，鑑於歐美及日本農業與觀光休閒結合的成功實例，於是在二十多年前便倡導在農村地區，利用農業資源發展觀光休閒產業，逐漸蔚爲風氣。

行政院農委會自 1991 年起，訂定相關法規，制度性輔導農產業逐步發展休閒農業，2012 年推展「黃金十年 - 樂活農業」政策，由於受到農政機關積極的輔導，各界有力的支助，以及產業界熱心的參與投入，近幾年休閒農業產業蓬勃發展，快速成長。爲瞭解休閒農業在臺灣經營現況，農委會曾於 2004 及 2007 年委託臺灣休閒農業學會做全面性普查工作，用以確實掌握休閒農場家的數量及經營狀況，做爲政策研定與輔導方向的重要參考。而自 2013 年 8 月起爲滿足遊客食、住、遊、育、購之需求，推動農業加值政策，讓一級農產品提升附加價值，並透過旅遊加值，提升休閒農業旅遊品質。歷年來相關的推動與成果摘述如下：

一、全台休閒農業場家數與分佈情形

「休閒農業區」依各地農業特色、景觀資源、生態及文化資產，規劃休閒農業區。輔導休閒農業產業聚落化，並強化主題特色及區域整合服務功能，發展農村區域經濟。由直轄市、縣 (市) 主管機關依報農委會劃定。截至 2018 年 7 月已劃定 91 區休閒農業區，其中北區 40 區最多，以縣市別來看以宜蘭縣 16 區爲最多。

「休閒農場」因應國內觀光休閒需求，全台有不少農場或牧場已陸續改爲休閒農場。休閒農場是休閒農業經營的基本單位，是依法申請設置的經營主體，也是追求利潤的中小企業體，於期限內籌設完畢取得許可登記證。

根據行政院農委會2018年7月底統計，臺灣休閒農場家數爲521場家，休閒農場發展北區仍爲休閒農業場家數較高的區域，共有250場家占48%；中區以143場家居次，占26.5%。全台休閒農場中，以苗栗縣最多，包括山板樵休閒農場、花露花卉休閒農場、飛牛牧場休閒農場等75家；其次爲宜蘭縣56家，當地知名業者包括北關休閒農場、頭城休閒農場、三富休閒農場、香格里拉休閒農場（表10-1、表10-2、圖10-1）。

表10-1　休閒農業場家數與分佈情形

區域別	縣市別	休閒農業區劃設	休閒農場家數
北區	宜蘭縣	16	56
	基隆市	1	14
	新北市	1	30
	台北市	2	11
	桃園市	5	41
	新竹縣	5	23
	新竹市	0	0
	苗栗縣	10	75
	北區	40	250
中區	台中市	11	50
	彰化縣	2	27
	南投縣	13	43
	雲林縣	2	18
	中區	28	138

續下頁

續上頁

地區別	縣市	休閒農業區數	合計
南區	嘉義縣	3	24
	嘉義市	0	1
	台南市	3	11
	高雄市	5	17
	屏東縣	2	54
	南區	13	107
東區	花蓮縣	4	17
	台東縣	6	6
	東區	10	23
離島	澎湖縣	0	1
	金門縣	0	2
	馬祖縣	0	0
	離島	0	3
合 計		91	521

資料來源：農委會107年調查資料 作者彙整

表10-2　休閒農業場家數區域分佈

區域別	北區	中區	南區	東區	離島	合計
休閒農業區劃設	40	28	13	10	0	91
休閒農場許可證家數	250	138	107	23	3	521

資料來源：農委會107年調查資料 作者彙整

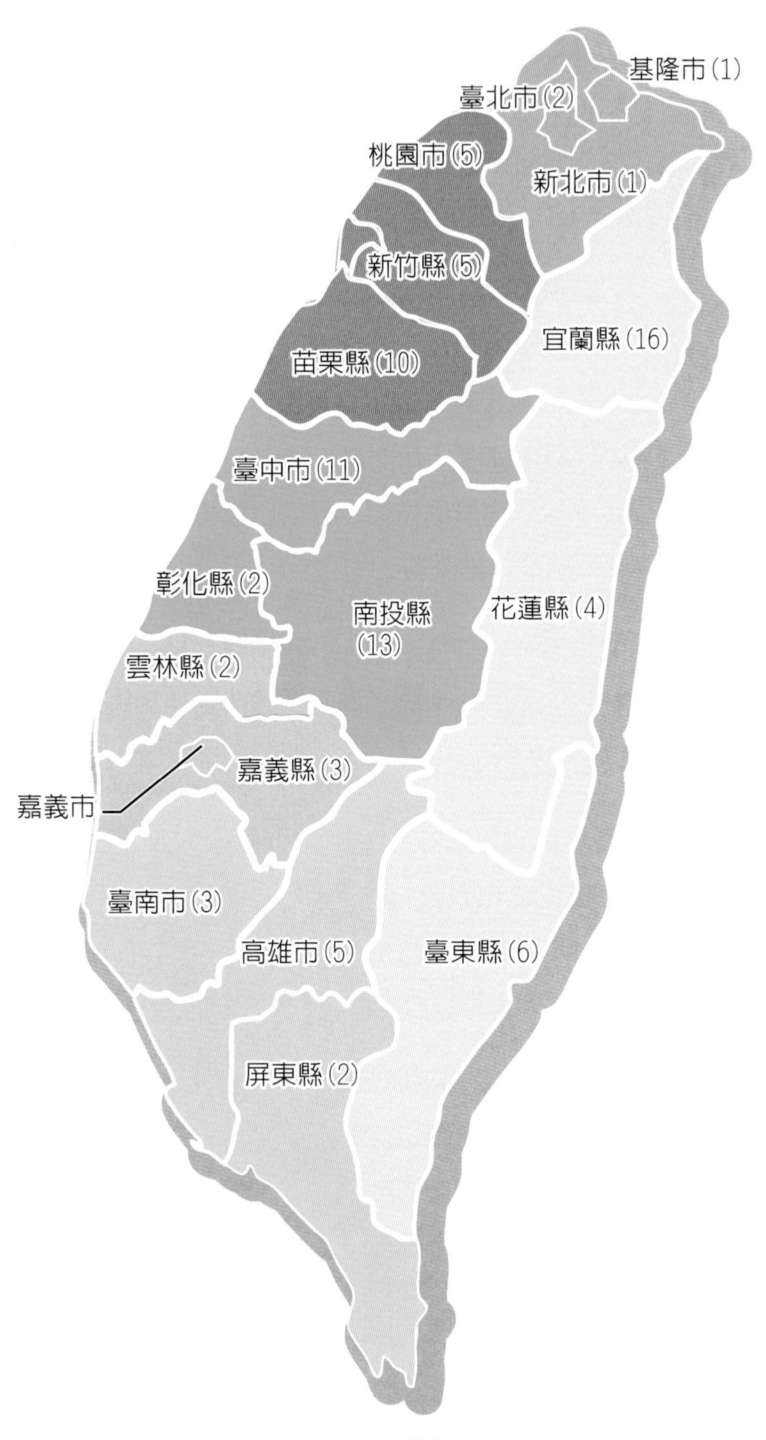

圖10-1　休閒農業區分佈情形

二、休閒農場許可登記證核發情形

休閒農場是否合法登記，常是遊客考慮選擇的重要條件，未來合法化是休閒農場經營必走的路。爲利產業永續經營，同時兼顧遊客安全，農委會以強化查核管理取代換發許可證之制度，刪除休閒農場許可證效期五年之規定，爲顧及遊客安全，也明定休閒農場應投保公共意外責任險。

根據行政院農委會統計，截至 2018 年 7 月臺灣休閒農場家數爲 521 家，但取得核發許可證的休閒農場僅有 405 家，其中綜合型（大型）農場僅 43 家；體驗型（小型）休閒農場核發許可證者也只有 362 家。行政院農業委員會於 2018 年 4 月 26 日發佈建置「休閒農場登入及檢核系統」及「農業易遊網」網站，便利民衆申請休閒農場作業。提供已取得休閒農場許可登記證之休閒農場及休閒農業區免費行銷服務。

領有登記證之休閒農場一般分爲兩類，一爲體驗型另一爲綜合型。體驗型以提供農業體驗活動爲主，綜合型除了農業體驗活動外，因爲申請的面積較廣大因此包含餐廳與住宿的設施。

綜合型（大型）農場面積大，如位於新竹五峰鄉的雪霸休閒農場，鄰近觀霧森林遊樂區，海拔 1,923 公尺，是前往清泉溫泉與雪霸國家公園最舒適、優雅的住宿選擇。引用最新農業技術，成功培育招牌奇異果與小藍莓，新鮮蔬果佐獨特菜色，餐飲美食結合農場特色。

位於花蓮兆豐休閒農場（圖 10-2），可說是花東縱谷璀璨耀眼的一顆綠寶石，在 726 公頃的土地上，已開闢出荷蘭村及玫瑰園住宿區、歐式花園、青青大草原、東南亞最豐富的鳥園、蜥蜴王國、可愛動物區、乳牛區、四秀湖、放牧區、水生植物區、名人植樹區、溫泉 SPA 會館等。

體驗型（小型）休閒農場以各種體驗爲主，知名的有桃園好時節休閒農場善用農場的生產、生活、生態農業資源，努力營造農村食、農、遊、藝、景五大領域之主題特色體驗；台中沐心泉休閒農場，一年四季花開不斷，2到3月是櫻花季、4到5月是螢火蟲季及油桐花季、5到8月是金針花季、12月可賞白雪木，還有玉桂樹、野薑花、角莖野牡丹、槭樹等，讓人流連忘返；屏東銘泉生態休閒農場爲全面有機三生農場，聞名的鳳梨，源自半世紀前農場第二代掌門吳木泉的紮根，憑藉獨到的技術，奪下神農獎，也是臺灣首批外銷日本的鳳梨農。

圖10-2　兆豐休閒農場為綜合型農場（來源：兆豐官網）

第 2 節 休閒農業推展成效(2013~2017 年)

經濟愈發展，人們回歸田園的期待愈高，精緻農業中之樂活農業即以農業體驗、綠野山林、牽罟海遊，結合在地農產特色伴手禮開發等初級產業、農產加工與服務業為核心概念，推動農業六級產業發展。傳統產業轉型為休閒農業，近年來吸引國內外遊客達 2 千多萬人，結合自產自銷與休閒觀光，不僅能夠提升農村就業機會，讓年輕人回流，更能達到農村再造的目標。

一、旅遊人數與產值

農委會從 2008 年開始輔導傳統農業轉型為休閒農業，並於 2012 年開始打造「黃金十年 - 樂活農業」，總遊客數從 2013 年 2,000 萬人次到 2017 年逾 2,670 萬人次，成長率為 33.5%，國際遊客也由 2013 年 26 萬人到 2017 年的 50 萬人次，成長超過 1.9 倍。

根據農委會統計，2013 年前往休閒農業旅遊的人數為 2,000 萬人次，2014 及 2015 年則分別為 2,300 萬及 2,450 萬人次，成長幅度分別達 15% 及 19.6%；2016 年總遊客人數達到 2,550 萬人，較 2015 年成長 22.4%，2017 年為 2,670 萬人，較前一年成長了 26.3%。國際遊客部分，亦從 2015 年之 38 萬人次，成長至 2016 年及 2017 年的 47 萬人次及 50 萬人次，成長率分別為 23.7% 及 6.4% 。

所創造的產值從2013年的100億元，逐年遞增到2017年爲新臺幣107億元產值（圖10-3）。

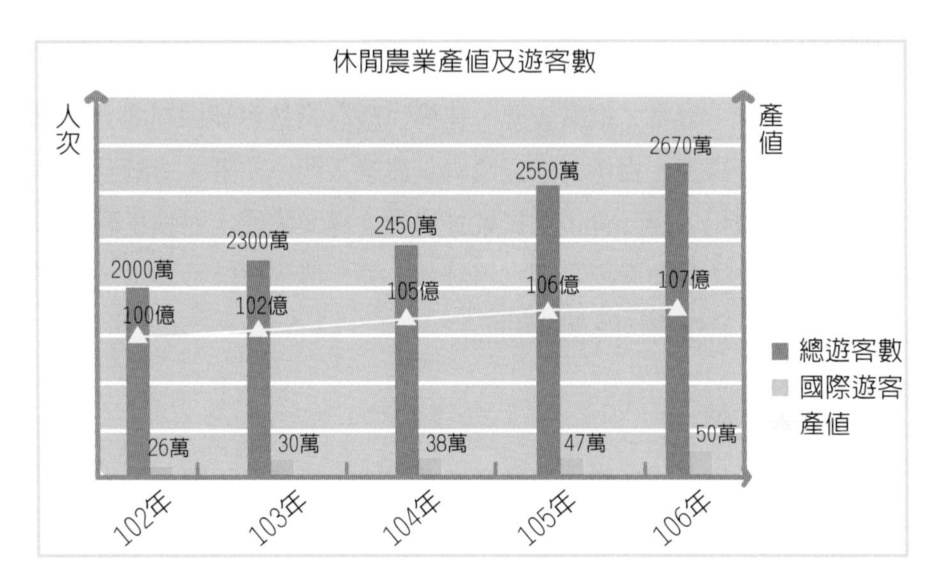

圖10-3　休閒農業產值及遊客數

資料來源：農委會、作者資料彙整

二、培育農業青年人力 就業人才媒合

調整農業結構，培育農業人才，整合資源加值發展，以實務操作方式，由農場及農業相關組織提供全國大專休閒相關系所在學學生產學合作，提供農場與學校的合作平台，作爲在學學生探索職場的轉銜機制，並鼓勵農場強化人才培訓，期達到產學接軌之目標。

（一）產學合作

1. 暑期產學合作：藉由暑假2個月時間（7月1日至8月31日）至農場實習，吸收實務經驗。
2. 三明治產學合作：融合理論與實務的課程，透過實務工作之體驗，至農場實習6個月至一年。
3. 契約制產學合作：依就業學程達成產學無縫接軌，協助學生完成就業學程，業者優先提供實習及就業機會。

4. 雙軌制產學合作：就學與就業並行方式，實務與授課兼顧，讓學生於求學中擁有豐富的產業實務經驗。

（二）推動農民學院

結合農業研究、教育、推廣資源，建構完整農業教育訓練制度，規劃系統性農業教育訓練課程，提供有意從農青年農業入門、初階、進階至高階系統性之農業訓練課程，提升青年農民經營農業之專業職能；並強化農民學院網絡服務平台功能。辦理農場見習實務訓練，強化農學校院畢業生、農家第二代及新進青年對於農業經營之實務能力。

（三）培訓農遊大使

行政院農業委員會、臺灣休閒農業發展協會、中華民國觀光導遊協會聯手推動農遊大使認證，透過核心訓練與實務訓練，打造導遊與青農成爲臺灣『農遊大使』（圖 10-4）。讓國內專業的導遊及青年農民更瞭解休閒農場及農遊場域，選定北、中、南、東具特色休閒農場、田媽媽、休閒農業區、農遊果園及具特色農場，從消費者的角度，透過農場達人的帶領讓導遊及青年農民認識休閒農業與農業旅遊，打造更多的農業旅遊達人，讓休閒產業永續、傳承下去。

圖10-4　第一批農遊大使獲頒認證青農與導遊攜手推農遊（圖片來源：農業易遊網）

（四）休閒農場聯合徵才

農委會 2013 年起與農民學院合作，建立「農業聯合徵才平臺」。這個平臺與 1111 人力銀行合作，整合全國農、林、漁、牧的人力需求及暑假農業打工機會，提供線上農業職缺查詢服務，包括工作內容、職缺類別等訊息都整合在平臺上，讓有意投身農業產業的求職者參考，提供農業人力的供需端媒合，可紓解一部分的農業勞力缺口（表 10-3）。

表10-3　產學與就業媒合情形

項目		2013	2014	2015	2016	2017
產學 / 實習	人數	70 人	342 人	276 人	101 人	134 人
	農場數	18 家	38 家	27 家	19 家	12 家
就業職缺	人數	152 人	317 人	239 人	165 人	128 人
	農場數	34 家	36 家	38 家	15 家	12 家
就業媒合	人數	73 人	75 人	58 人	60 人	84 人
換工度假	人數	---	----	147 人 國際青年	13 人 國際青年	1165 人

資料來源：農委會休閒農業加值發展報告（2013~2017）作者彙整

第3節 休閒農業區評鑑與輔導

農委會為輔導休閒農業區發展，自2010年開始委託「臺灣休閒農業學會」進行兩年一次「休閒農業區評鑑」，期透過評鑑診斷、定期查核，擬定差異化輔導措施分級輔導休閒農業區及休閒農場業者，提供優質休閒農業旅遊場域，增加產業發展量能，強化休閒旅遊消費安全。2012年起每2年辦理1次「休閒農業區績優評選」，以激勵競進方式，敦促各休閒農業區積極開拓休閒農業市場及農遊商品。

2012~2017年的評等分數分為：90分以上列優等；80分以上未滿90分列甲等，70分以上未滿80分列乙等，60分以上未滿70分列丙等，未滿60分列丁等，連續2次丁等，休區就必須「退場」。

2012~2017年的評等分數：

優等	甲等	乙等	丙等	丁等
90分以上	80分~90分	70分~80分	60分~70分	60分以下

一、2014年苗栗縣表現最優

2014（103年）年度完成休閒農業區全面實地評鑑74區（全國75區，有1區2013年劃定未評鑑），評鑑成績優等共有6區、甲等19區、乙等34區、丙等11區、丁等4區。其中苗栗縣獲得2優、6甲、1乙的佳績，綜合積分平均全國最高。且全國6處優等休閒農業區，苗栗即占有兩席，分別為大湖薑麻園及三義舊山線。以薑麻園為例，在地業者彼此串聯、分享各自產品，提高品質與價值，並透過新舊世代無縫交接，從「老薑」第一代開疆闢土深耕，交棒給「嫩薑」第二代，現在甚至已培養第三代傳承，老技藝與新創意不斷激盪、產生火花，在遊客前發光發熱。

二、2016年台東縣最進步獲輔導獎

2016年（105年）休閒農業區評鑑共有79區，評鑑結果「優等」有5區、「甲等」有25區，甲等區數達38%，整體評鑑成績相較2015年度結果進步區數達24%，顯見輔導成效，其中以苗栗縣全部10個農業休閒區中有8個休區獲獎，獲獎比率高居全國之冠。

2016年計有5區（苗栗縣大湖鄉薑麻園休閒農業區、苗栗縣三義鄉舊山線休閒農業區、宜蘭縣員山鄉枕頭山休閒農業區、宜蘭縣冬山鄉中山休閒農業區、南投縣埔里鎮桃米休閒農業區）獲得評鑑優等、25區獲得甲等，休閒農業區能夠運用其組織力量與執行經驗，善用各方資源，包括農委會相關單位補助計畫、農業改良場的改良技術、組織成員的創意激盪等，共同打造具有「品牌、品質、品味」三品兼具的休閒農業區。

獲得「優等」的休區中，薑麻園休閒農業區已經連續3次拿下全國評鑑最優成績；而苗栗三義的舊山線休閒農業區初期則是靠著秋收曬福菜的小小起源，創立「晒幸福」品牌，此後「晒幸福」在休區運作下，不僅變成一種生活方式，也變成一種信仰與追求，深刻地牽動人和土地之間的感情。透過村民公社及換工俱樂部，推出可以帶領遊客從田間認識食材的食農教育課程，讓消費者更了解食物的由來，學習尊重及珍惜食材外，也讓休耕農地活化，讓在地農夫有收入，提供在地工作機會。

獲得輔導獎的台東縣進步最明顯，台東縣2014年評鑑成績只獲得1甲2乙3丁的成績，如果連續2次丁等，休區就必須「退場」，經過2年努力，2016年的評鑑獲得3甲2乙1丙，成績明顯進步，台東縣農業處也獲得「輔導獎」。

三、桃米休閒農業區7國外語領航員拓展外國客源

南投縣埔里桃米休閒農業區連兩屆獲農委會評鑑優等，而爲拓展外國客源「讓世界走進桃米」，2017 年更推出創新遊程、文創新品等，更串連暨南大學資源，用超快速度培訓完成英、日、泰等 7 國外語領航員。「桃米好鄰居」暨南國際大學伸援手，協助將校內僑生、當地新住民培訓成「轉譯導覽員」（圖 10-5）。

圖10-5　暨大協助培訓桃米休閒農業區7國外語領航員（圖片來源：桃米休閒農業區臉書）

第4節 農業綠色旅遊及環境加值發展計畫（2016~2019年）

行政院農委會2016年委託「臺灣生態教育農園協會」辦理「農業綠色旅遊及環境加值發展四年期計畫」，推動「農業綠色旅遊」，以優化農業旅遊主題與特色，主要目的鼓勵休閒農業場域經營者重視建立綠色服務與綠色經濟，結合農業與綠色旅遊，開創綠色消費力，期望提高場域入園人數，引領產業創新升級，同時帶動農產品地產地消及在地小農經濟，實質提升農場旅遊收益，促進農村產業振興與農業環境永續發展。

一、計畫實施內容

（一）導入期：2016年

重點：建立及宣導綠色旅遊觀念

（二）資源輔導：2017年

1. 休閒農場與休閒農業區綠色旅遊資源盤點
2. 智慧導覽與應用，宣導及遊程徵集
3. 研擬農業綠色旅遊準則

（三）遊程輔導：2018年

1. 綠色主題與特色遊程建立（吃、住、行、育、樂、購）
2. 綠色遊程導入：遊程六大要素
3. 綠色遊程導覽解說輔導
4. 研擬標誌授權申請與規範（圖10-6）

圖10-6　2018年輔導重點

（四）推廣期：2019年

1. 打造「農業綠遊」品牌，提升農場能見度
2. 整合資源，凸顯旅遊亮點
3. 主題套裝遊程，融入綠色旅遊精神與品牌農場故事
4. 網站結合智慧導覽、綠遊APP等先進科技，在國內外網站推廣
5. 農業綠色遊程推廣
6. 農業綠色遊程踩線團辦理

二、輔導流程

（一）申請流程

申請加入農業綠色旅遊計畫場域，經由第一年資源盤點輔導，發掘各場綠色旅遊元素與資，資源盤點農場。2017年共計有28家休閒農場申請輔導，2018年起輔導農場建立綠遊主題遊程（含回饋機制）、與建立綠色作爲故事解說教材、及智慧導覽遊程，以進行遊程特色化與創新。同時輔導場域對於「農業綠遊標誌」自主申請程序與規範的了解，第三年將推出「綠色旅遊標誌

場域申請作業試點示範」，通過審核之農遊場域即可獲得「農業綠色旅遊標誌的授權與導入」，進行全國聯合宣導推廣，進而推向國內及國際旅遊市場。

（二）申請資格

全國各縣市休閒農場、休閒農業區、休閒林場及漁場、農場農園、農業合作社、綠色旅宿等農遊場域，且符合以下條件：

1. 具有餐食、體驗活動、導覽解說、住宿等服務（場域不一定需具備所有服務功能，可與週遭場域夥件合作）。
2. 具有農作物/農產品/農事體驗、生態、文化、手工藝、綠色作爲等資源，並已納入遊程服務（農作物/農產品可爲本場栽種或與當地有機友善農民合作）
3. 有接待團客及散客的能力，並願意提供優質服務與優美環境。

（三）輔導項目

1. 綠色農遊特色優化及創新輔導—主題與遊程、產品與回饋機制、綠色作爲與故事解說教材（本項以2017年完成環境與服務元素資源盤點輔導之28家農場）
2. 綠色旅遊環境與服務元素資源盤點輔導（本項以今年度新申請加入之各縣市休場、休區、農遊場域單位）
3. 辦理第二屆綠遊農場智慧遊程創意競賽（本項以有意願加入農業綠色旅遊之場域單位皆可申請）
4. 研擬「農業綠色旅遊標誌申請辦法與規範」

「綠色旅遊 Green Tourism」秉持尊重「在地」自然與人文、進行綠色消費、從而達到兼顧經濟發展、環境永續和社會公平的旅遊方式，綠色旅遊涵蓋生態旅遊也是永續旅遊的延伸，是二十世紀興起的旅遊型態。世界各地推廣綠色旅遊成功的案例，包括「全球百大綠色旅遊地」標誌、法國「葡萄園探索旅遊」標誌、日本「綠燈籠」標誌…等，全球百大綠色旅遊地選拔是2016年由總部設在荷蘭的綠色旅遊目的地基金會主辦，其目的是遴選出「正在努力邁向永續目標的旅遊目的地」，去年臺灣以「東北角暨宜蘭海岸線」與「澎湖縣南寮社區」入選全球綠色旅遊地。

第三篇 休閒農業經營管理

《案例學習》頭城休閒農場—從休閒農業到綠色旅遊的發展策略模式

頭城休閒農場在綠色旅遊新潮流下尋找自身的特色資源，轉化成綠色旅遊服務及商品，建構食衣住行育樂購等分項服務並且加強一個休閒農場的集客能力。

尋找自身的特色資源 → 依照綠色（農業）旅遊需求與原則 → 轉化成綠色旅遊服務及商品

【頭城農場的基本資訊】

頭城農場占地 120 公頃，自然資源豐富，有森林、步道、溪流，還有多樣化的自然生態。園區用心耕耘 2,000 坪的有機蔬菜園，除了提供遊客健康的食材也設計活動，讓訪客能體驗農業的知性之美。

離臺北才一小時並可結合的在地觀光資源：蘭陽博物館、外澳海灘、梗枋海鮮、頭城農場、外澳民宿群聚 、大溪漁港、東北角海岸風景特定區，爲北臺灣農村休閒觀光旅遊新亮點。

如何發展的思考點

思考1　旅遊地的經營或是遊程的規劃除了創意的多元行銷外，最重要的是產品力，旅遊產品力應包含多面向的元素，食衣住行育樂購，面面俱到，才構成強勢的集客能力。

思考2　公益活動能增加休閒農場的正面形象，並且藉著社會的參與能夠與更多的團體建立聯繫，拓展休閒農場可提供的服務面向。

頭城休閒農場小檔案

創 辦 人：卓陳明女士
成立時間：1979年一築夢的開始
地理位置：宜蘭縣頭城鎮
面　　積：120公頃
營業項目：農業經營、體驗學校、環境教育、餐飲住宿
主要提供：健康食材、戶外教學、休閒渡假、品味生活
經營理念：健康、快樂、體驗、學習

一、尋找自身的特色資源-綠色體驗資源-生產、生活與生態

（一）生產資源──在地與當令；稀有具環境特殊性

1. 六塊水稻田
2. 30畝的有機蔬菜園
3. 循環再利用的堆肥場
4. 800畝有機桂竹林

頭城農場的有機蔬菜園（圖片來源：頭城農場2018年服務品質評鑑資料）

（二）生活資源—農村文化與價值呈現

1. 插秧的辛勞
2. 就地取材的古老傳承
3. 傳統的智慧
4. 體驗米食文化的多元

（三）綠色體驗資源

1. 生態資源

因爲友善土地農法而有生物多樣性 (環境特殊性) ，很多鄉村地方擁有豐富的生態，但是在高密度農業活動下仍可見豐富的生態就比較稀有了。

2. 推廣有機無毒食材

在地食材降低食物里程 (自家菜園及鄰近三個漁港的新鮮食材)，加入宜蘭縣有機餐廳的認證體系「有機之心美食餐廳」—宜蘭「煮」傳食堂。頭城農場爲了提供遊客最深度的旅遊內容，特別搜集了宜蘭各地傳統小吃的食譜與料理，將宜蘭各地傳統小吃、意象濃縮在農場的餐廳裏， 讓蘭陽平原的物產與人文，宜蘭在地的歷史與傳承，藉著「煮」傳料理、食物的品嚐在舌尖上展演，在遊客的旅程中形成最溫暖的回憶。

3. 住宿符合綠色旅遊標準

呼籲續住房客重複使用寢具及毛巾，對連續住宿者不主動提供被單或浴巾之更換，避免過度使用水資源及洗滌劑…等，頭城農場旅館部獲國家級環保認證。

（四）行

倡導利用大眾運輸、提供接駁並推廣綠色交通工具

（五）樂

2016 年榮獲綠色優質休閒農業評選—餐飲、住宿、體驗。透過 3 種優質體驗，衍生出身心的快樂。

（六）購——開發文創商品的創造經濟新價值

結合海岸線龜山島及宜蘭有名的金棗，所釀造的龜山朝日金棗酒成爲代表宜蘭文化的最佳伴手禮，讓宜蘭的純淬美好，能夠輕易的傳遞出去，表現出美好的臺灣文化；雪山山脈純淨泉水醞釀出甘甜不苦澀的酒，春梅、夏葡、秋米、冬棗，一年四季酒香四溢。

（七）育——環境教育

水稻文化的環境教育、以插秧體驗活動，拉近學員與土地的距離；米食製作體驗活動傳承傳統飲食文化；農具體驗活動培養知足惜福及友善環境的價值觀。

頭城農場水稻文化的環境教育

頭城農場水稻文化的環境教育

（圖片來源：頭城農場2018年服務品質評鑑資料）

頭城農場結合食農教育，推廣永續農業

圖片來源：頭城農場官網http://www.tcfarm.com.tw/

二、轉化成綠色旅遊服務及商品

頭城農場將自身的綠色體驗資源，轉化成綠色（農業）旅遊服務商品，分爲：

	供應來源	供應對象
有機蔬菜及無毒蔬果	51 公頃有機桂竹林、2 公頃有機認證蔬菜園、10 公頃無毒果樹區	自家餐廳（藏酒酒莊、頭城農場）、鄰近鄉鎮 3 個小學營養午餐食材、來訪遊客體驗
農業觀光	1. 套裝遊程：一日及二日綠色旅遊套裝遊程 2. 客製化套裝：可食風景餐、農業夏令營、定向食譜 3. 低碳及在地食材餐廳：除了自家菜園、農場附近三座漁港供應新鮮海產、使用宜蘭三星及頭城農會的米 4. 80 間景觀住宿房間 5. 例假日小農市集、田間蔬萊直購、農產品販售中心 6. 大眾運輸接駁服務 7. 外語（英、日、韓）導覽服務	來訪遊客每年約 6 萬人，其中外藉訪客超過 15%
農業療癒	以自然環境、農業設施、農事體驗推廣農業相關之園藝療法、舒壓遊程等農業所具有治療力的行程開發與推廣菜園多元運用，有機菜園巡禮及現場採購	國內外來訪遊客
農業教育	設計教案 , 利用農業特色執行環境、食農及體驗教育	國內外來訪遊客
社會公益等五大類	1. 提供老人、弱勢團體優惠 2. 申請無障礙空間認證、申請銀髮族服務認證 3. 與鄰近小學合作推廣竹筍季 4. 設立假日小農市集推廣在地農產品 5. 與新港澳休區合作推廣在地農漁特色促進城鄉交流	國內外來訪遊客

頭城休閒農場自 1982 年對外營運開始，始終堅持著農業文化及自然生態的發展方針，從而達到社會公益、經濟發展和生態環境永續的境界。透過農地的多元利用與創意創造農業的價值，讓頭城農場不斷地與時代潮流並進，並發展出自己農場獨特的體驗活動，形成競爭優勢的來源。

參考資料：頭城農場2018年服務品質評鑑報告及官網

第 11 章

休閒農業規劃

第1節 規劃意義

一、規劃的定義

「規劃」（Planning）與「計畫」（Plan）是代表兩種相關但不相同的概念與內涵。規劃是一種過程，而計畫則是規劃的產物或結果；前者是動態的，後者是靜態的。計畫是管理的基礎，良好的計畫乃是藉由有效的規劃過程而產生的。

規劃的定義因學者強調之內涵而略有差異，綜合諸學者之定義，規劃的要義可歸納如下：

1. 規劃係具連續性與循環性之工作過程。
2. 規劃在尋求一套系統性的、相關性的、連續性的最佳決定。
3. 規劃在產生具體、有效的最佳方案。
4. 規劃在決定未來最佳行動方案，以指導實現目標。
5. 規劃是一種學習過程，實施過程中必須不斷檢討、修訂、擴充， 始能邁入理想境界。
6. 規劃乃代表一種針對未來所擬採取行動、進行分析與選擇的過程。
7. 規劃是對預期之事件以有效的方法加以設計及執行的一種過程。

二、規劃的功能

現代國家紛紛以經濟性計畫來規劃國家發展及成長；現代企業無不實施各種計畫，以有系統、有組織的行動，在未來一段時間內達成某一特定目標。

國外學者認爲規劃之所以能達成一些特定目的之主要原因爲：

1. 引導組織走向一個較佳的地位。
2. 協助組織朝適合其管理方式的方向前進。
3. 協助管理者思考、做決定及行動，以最有效果的方式目標前進。
4. 保持組織的彈性。
5. 刺激組織成員以合作及整合的方式解決組織的問題。
6. 使組織瞭解如何去評估及檢查行動是否已朝目標前進。

三、規劃之程序

（一）從事實到概念的形成

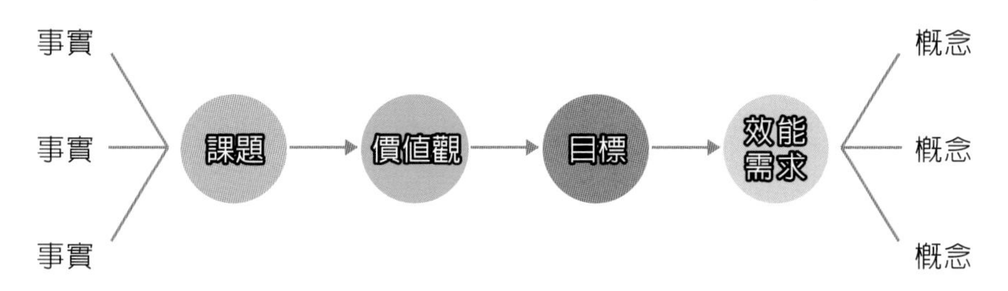

圖11-1　規劃概念形成過程

（二）傳統的規劃程序與現代規劃程序的比較

1. 傳統的規劃程序偏重規劃師或決策者意念的表現，注重最後規劃的結果（規劃報告書）。
2. 現代規劃程序重視社會意願的達成，規劃過程的理性化。

（三）現代的動態規劃理念

現代的動態規劃理念至少應包含下列三點：

1. 重視規劃過程：在規劃過程中，規劃單位要協調配合其他單位，消除矛盾、重複與浪費，使各種措施能相輔相成。
2. 保持規劃彈性：計畫要保持彈性，以便能隨時適應新的情況而做必要的修正。
3. 隨時做必要修正：各種計畫爲能適應動態情況的需要，應隨時及定期對計畫及個案通盤檢討修正，以符動態形式的需求。

第2節 休閒農業區(場)規劃

一、休閒農業規劃的意義

(一)前言

休閒農業係以鄉村資源提供國民休閒體驗爲目的，遊客來到鄉村從事休閒活動時，一定會給鄉村帶來衝擊。在休閒農業經營上，我們企盼人類活動行爲對環境之衝擊與破壞減到最低，使得人類休閒活動與環境生態維護達到動態平衡發展。爲達此目的，整體的規劃是必須採取的手段。藉由整體的規劃，期使環境更適合人類活動，人類行爲對環境影響也降低在環境發展之最大忍受程度之內，最後達成「人與環境關係」之適切發展。

(二)休閒農業規劃的重要性

休閒農業乃利用農業產品、農業經營活動、農業自然景觀及農村人文資源，經過規劃設計，以發揮教育、遊憩、經濟、環保、社會、文化和醫療等多目標功能。休閒農業之規劃可使各項可資利用的資源作最有效的結合，同時可在休閒農業區（場）尋找適當管理或控制人類活動方式，期使負面的影響減至最低，並能夠依照計畫所定的目標，促其實質環境更好的發展。一般而言，規劃具有下列益處：

1. 可增進成功的機會：規劃乃在採取行動之前，先行探究內外環境所存在的有利與不利因素，然後配合所能掌握之資源條件，進行選擇和安排，故獲致成功之機會較大。
2. 能更有效適應環境的變遷：規劃可使執行工作人員注意到未來，較能察覺到環境可能的改變，並謀求對策。
3. 有助於實質建設之執行：良好的規劃爲行政執行工作的基礎，若無規劃則實質開發建設工作極少可能發生效果。無規劃工作則考評標準無法提供，控制將失去憑藉，目標之達成也深受影響。
4. 可使投入之資源產生整體或系統效果：休閒農業區（場）的發展需要整體建設，整體建設工作之落實依賴系統規劃。規劃可避免投入資源之不足或浪費，更可使資源作最有效利用，彼此相互配合，互相增強，發揮整體或系統效果。

二、休閒農業區規劃

（一）休閒農業區規劃原則

1. 確認當地具有發展休閒農業潛力，避免盲目規劃開發。
2. 休閒農業區規劃應繼續以農業經營爲主， 配合農業產銷工作，並適度導入遊憩及服務設施。
3. 規劃工作應由下而上，讓民眾積極參與決策與執行工作。
4. 保持地方特色與風貌，掌握鄉土優美特色， 避免庸俗與雜亂。
5. 充分利用當地農村資源，且適度開發潛在資源並與其他觀光旅遊據點搭配結合，形成觀光線或觀光帶。
6. 休閒農業區（圖11-2）規劃應兼顧環境生態維護，確實做好水土保持、自然生態保育、公害防治及廢棄物處理等工作。
7. 休閒設施及建築物造形、色澤應與環境景觀配合，並充分利用地方素材、自然環境地形地貌，以求取景觀上的和諧與自然。
8. 各種資源的配置及配合設施力求適中方便使用，例如道路交通力求便利、服務設施及公用設施便利利用。
9. 休閒農業區活動規劃，應考慮遊客需求爲主的多樣化遊憩機會選擇，以滿足不同類型遊客的需求。
10. 各種軟硬體活動應盡可能與硬體設施相互結合，以產生相互增強之效果。例如：農業生產設施與農業文化活動配合，茶的產製過程配合茶藝文化活動。

圖11-2　休閒農業規劃區

（二）休閒農業區規劃內容

1. 硬體建設方面：包括土地利用、水土保持、自然資源之維護、交通運輸、公共與公用及休閒設施、創景、植栽、農宅、社區環境與家戶衛生、各類發展項目如環境景觀、農作物、森林、漁業、畜牧、農村文物與遊憩系統的配置作最佳組合（圖11-2）。

2. 軟體建設方面：軟體規劃爲發揮硬體設施與休閒功能之關鍵。軟體方面應包括農民組織、農民教育、經營管理、教育宣導、解說服務、各種鄉土文物體驗與文化及其他各項等活動。

（三）休閒農業區規劃步驟（圖 11-3）

1. 確立規劃範圍與目標。
2. 現況調查與基本資料蒐集與分析：
   (1) 自然環境：動物、植物、土壤、氣候、山川、河流、地貌等。
   (2) 人文環境：人口、民風、文化、生活習慣等。
   (3) 社經環境：土地產業、交通、公共設施等。
   (4) 景觀環境：景觀資源、視覺空間、視野分析等。
   (5) 旅遊環境：附近相關之觀光旅遊點線之分析。
   (6) 相關法規與計畫之分析。
3. 發展潛力與限制分析，包括旅遊活動分析與遊客推計。
4. 研擬規劃原則與發展構想。
5. 整體發展計畫：
   (1) 農民組織（經營主體）。
   (2) 水土保持計畫。
   (3) 自然保育計畫。
   (4) 公共及公用設施計畫。
   (5) 解說系統計畫。
   (6) 環境美化及植栽計畫。
   (7) 休閒設施計畫。
   (8) 道路系統計畫。
   (9) 全區機能配置。
   (10) 土地使用分區計畫。
   (11) 其他相關活動計畫。
6. 可行性評估與修正。
7. 實質各細部計畫：
   (1) 經營管理計畫。
   (2) 環境管理計畫。
   (3) 分期分區發展計畫。
   (4) 經費概估。
   (5) 教育宣導計畫。
8. 評估與修正。
9. 編制經費預算籌集財源。
10. 實施效益分析。
11. 編制規劃報告。

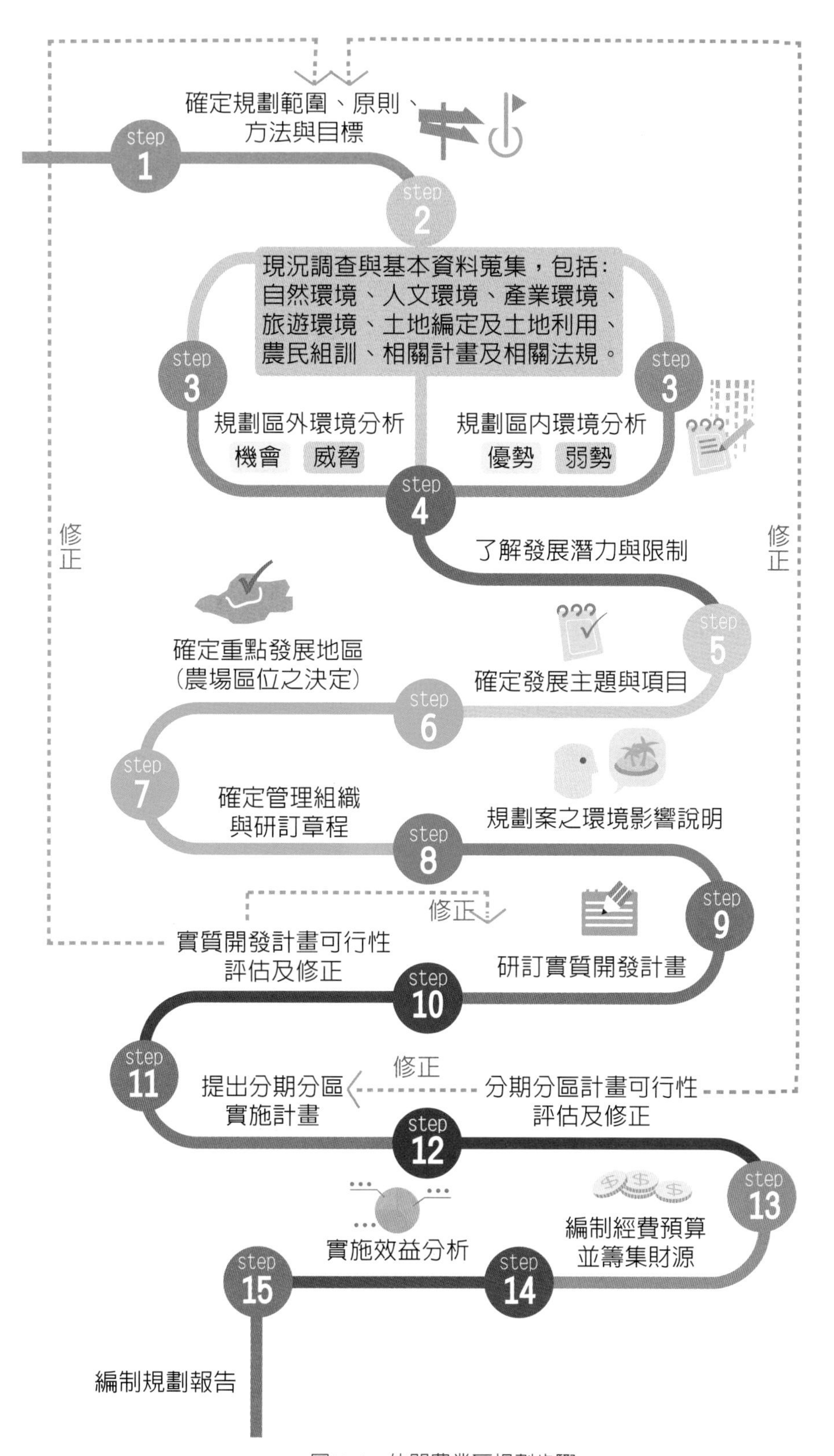

圖11-3　休閒農業區規劃步驟

三、休閒農場規劃

（一）休閒農漁場規劃原則

1. 規劃工作先於開發工作，以規劃成果指導休閒農場整體發展。
2. 休閒農場之規劃設計，應配合全區資源的有效利用。
3. 休閒農場應繼續維持農業產銷工作，並適度導入遊憩及服務系統。
4. 休閒農場規劃應儘量保持農場原有特色，避免庸俗雜亂。
5. 充分利用農場自然環境及景觀資源，避免不必要的開發。
6. 在景觀規劃上避免不協調的現象產生。
7. 休閒農場規劃應兼顧環境生態維護，確實做好水土保持、自然生態保育、公害防治及廢棄物處理等工作。
8. 不同遊憩機會在規劃時儘量避免衝突。
9. 各種軟體活動應儘可能與硬體設施相互配合以產生相互增強之效果。

（二）休閒農漁場規劃內容

1. 硬體建設方面：門區管理、服務中心（圖11-4）、住宿設施、餐飲設施、展售中心、停車場、公廁、人行步道、標示解說設施、創景、植栽、童玩設施、動物體驗場、野外健身訓練設施、涼亭、眺望台、警衛或救生設備及建築、汙水處理場、廢棄物處理場、聯外道路等。
2. 軟體建設方面： 包括組織籌設、經營策略及管理措施之制訂、教育宣導、解說服務等。

圖11-4　旅客服務中心

（三）休閒農漁場規劃步驟

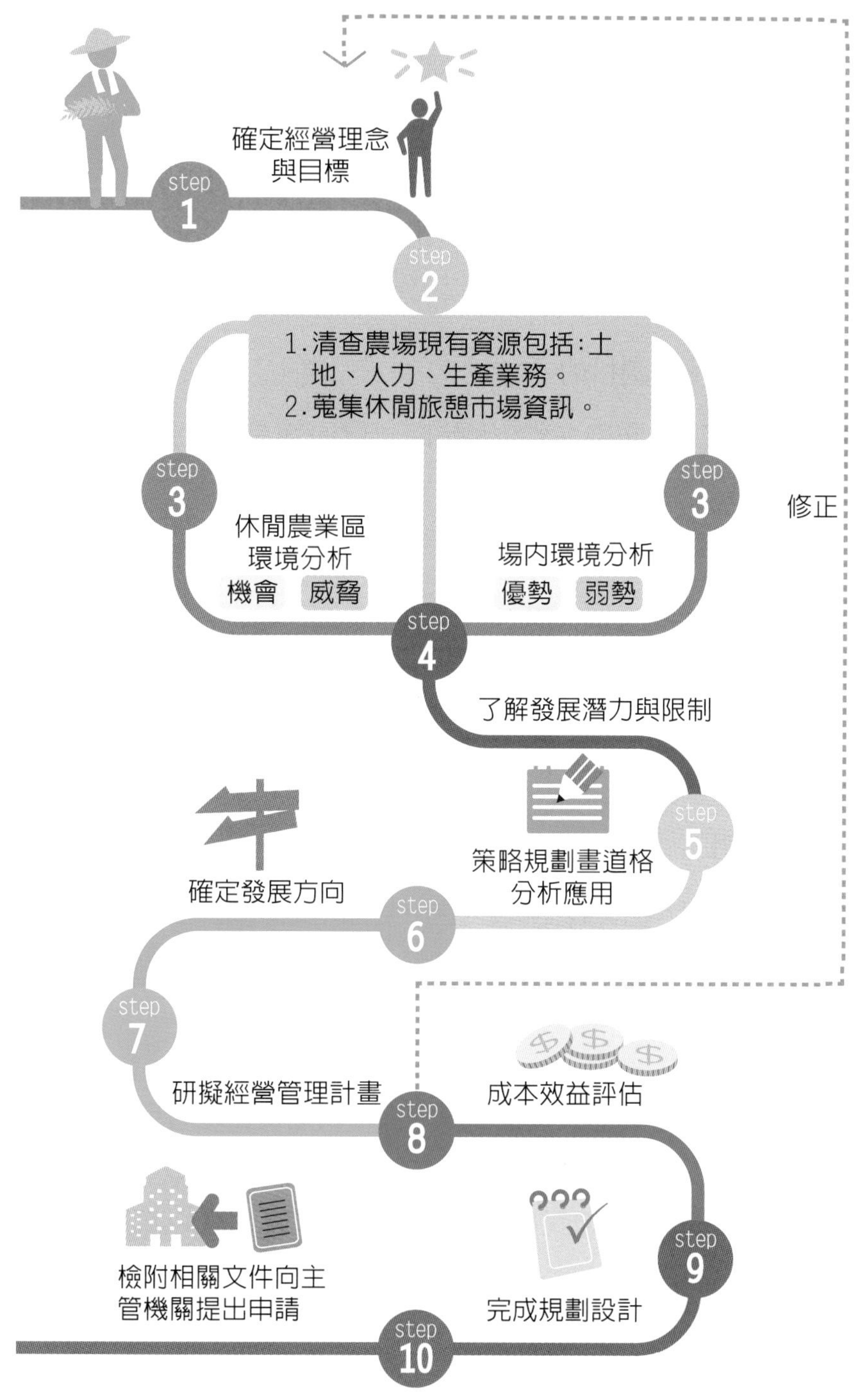

圖11-5　休閒農漁場規劃步驟

第3節 休閒農業規劃實例

一、休閒農業區規劃實例

茲以陳鴻彬教授所規劃之桃園市觀音區蓮花園休閒農業區爲例 (2016年11月) 說明，規劃書全書不含附件內文即達200多頁，本節僅列出其規劃設計之步驟及重點：

(一) 劃定依據及規劃目的

1. 說明規劃緣起：本規劃方案由桃園市政府委託專業團隊進行實質規劃。
2. 釐清規劃原則、方法、與目標
   (1) 原則：以農業經營爲主旨，注重生態保育，發揮地方特色，滿足遊客需求。
   (2) 方法：確認規劃課題與作業模式，蒐集資料、分析資料、擬定目標、整合。
   (3) 目標：促進地區農業發展，帶動地方發展，提高農民所得。

(二) 範圍說明

確定規劃範圍：位於觀音區之南方，主要包含金湖、藍埔里、大堀里、大同里及上大里等5個行政區。總面積爲591. 4174公頃。

(三) 限制開發利用事項

分析劃定範圍內自然與人文環境、土地編定及土地利用、農業經營及農民組訓、旅遊環境、相關計畫與法規，對劃定範圍內開發利用事項分項說明，並對國家級重要濕地及民用航空法管制提出相關因應對策說明。

1. 環境敏感地研判
2. 限制開發利用事項研判
3. 相關因應規劃對策

（四）休閒農業核心資源

休閒農業的核心資源包含地區農業特色、景觀資源、生態資源、文化資源及區內休閒農業特色等，是整體農場經營策略建構與調整的基礎。

1. 大堀里及藍埔里整合農業生產、農夫體驗及特色餐飲資源，發展「樂活農作」及「食材旅行，故規劃爲「農作食旅區」。
2. 另大堀、藍埔、大同及上大里則整合大堀溪資源及蓮花產業，發展「蓮花體驗區」，適合家庭親子遊。
3. 區內次要特色農產品，如西瓜、洋香瓜、蓮藕、洛神、樹梅向日葵等，結合主要農產品「蓮花」設計開發衍生性產品及體驗活動（圖11-6）。

圖11-6　蓮花產業是觀音區蓮花園休閒農業區發展的核心資源（圖片來源：桃園市觀音區蓮花園休閒農業區臉書）

（五）整體發展規劃

桃園市休閒農業發展政策藍圖—「發展樂活農業」，觀音地區以「蓮花產業」爲特色發展休閒農業。透過發展現況分析進行SWOT分析，由發展願景擬定整體發展目標，進而塑造在地休閒農業旅遊特色，擬定未來對各區推動輔導策略及短中長期發展目標及未來願景。

1. 規劃願景

透過發展現況分析進行 SWOT 分析，研擬整體發展計畫及因應對策。

優勢（strength）	機會（opportunity）
• 蓮花產業全國知名度高。 • 道路規劃完善可及性高。 • 農業旅遊體系發展完整。 • 在地產業活動豐富多元。 • 在地組織健全運作良好。 • 居民具有高度規劃意願。 • 業者具有休農經營能力。 • 青年返鄉經營休閒農業。 • 具豐富人文及景觀資源。	• 市政府積極輔導及資源投入有利推動。 • 休耕補助政策調整有利發展休閒農業。 • 本區意象符合崇尚健康自然休閒風潮。
劣勢（weakness）	**威脅（threat）**
• 蓮花產業發展呈現鈍化。 • 各級產業缺乏有效整合。 • 入口意象及導引待改善。 • 休閒農場分布較為零散。 • 單打獨鬥缺乏整合行銷。 • 休閒農場面臨輔導換照。	• 休閒農業區發展成熟申請劃定較困難。 • 農業經濟仍屬弱勢民營意願受阻。 • 白河蓮花產業同質性高具市場威脅力。

資料來源：規劃書SWOT分析

2. 創意開發：說明如何利用在地食材、生態環境等資源加入新概念或改變開發創意餐飲，衍生性農特產品DIY體驗活動與套裝遊程等。
3. 行銷推廣規劃：具體行銷活動方案及策略結盟及跨域合作等
4. 交通及導覽系統：區內及聯外交通路線整合，區內指標系統及遊程規劃。
5. 社區及產業結合發展農企業：在地農企業發展歷程，如何結合社區資源發展在地產業與在地農企業發展推動模式。

（六）營運模式及推動組織

說明區域內如何發揮整合功能內組織推動與運作，人力運用培訓，未來方向及營運模式。

1. 休閒農業區規劃籌畫經過：與農會相關組織、地方發展暨服務組織、社區組織以及劃定範圍附近休閒農業經營業者，合作模式情形。
2. 行政區整合結合組織推動與運作：如何發揮整合功能內組織推動與運作情形。
3. 區內推動組織運作情形及持續運作與經費籌措構想
4. 區內休閒農業相關業者經營輔導計畫

（七）既有設施改善及本區域是否辦理類似休閒農業相關的規劃或建設情形

1. 現有公共設施：如人文設施、遊憩及一般公共維護情形與執行單位
2. 閒置空間利用改善情形：如何利用劃定範圍內待整修特色建築，以及閒置空間
3. 區域休閒農業規劃、建設情形

（八）預期效益

按照土地利用、農業經營、水土保持、觀光遊憩、公共設施等方面，預估休閒營業區規劃實施後可能產生的成效與收益。研訂分期分區實施計畫：將上述實質開發計畫，依其優先順序及關聯性，研擬分期（3年）、分區實施之方案，以利人力、物力、財力之配置。編製經費預算並籌集財源：將上述分期分區計畫，編製經費預算表，並尋求相關機關支助。

1. 農民經營現況調查
2. 農業旅遊經濟效益分析
3. 本規劃書進行劃定範圍內農業旅遊發展近三年預期經濟效益的評估
4. 短、中、長期績效指標
5. 三農效益影響評估
6. 對環境保育之影響評估
7. 對社區總體發展之影響

二、休閒農場規劃實例

恆春生態休閒農場（圖 11-7）爲綜合農林漁牧的經營，發展結合休閒遊憩生態教育與產業觀光的多元化農場，以環境保育爲主題、景觀優美、內涵豐富、遊憩設備完備。

圖11-7　恆春生態農場

圖片來源：恆春生態農場臉書

茲以屏東縣恒春鎮山腳里休閒農業區之恆春生態農場爲例；說明如下：

1. 休閒農場區位之規劃

　　區位選擇根據下列原則：

(1) 原已設置者優先。

(2) 土地合法使用，故本休閒農場之設置應不違反國家公園法及墾丁國家公園計畫之規定。

(3) 具有豐富之農業生產及農村文化資源。

(4) 具有豐富之田園及自然景觀。

(5) 具有發展潛力及交通便利者。

2. 確定經營理念

　　本區休閒農場應配合全區之特色，建立「文化、生態、熱帶農牧」爲發展的主題。本主題蘊含三項理念：

(1) 產業發展以農、牧爲大綱。

(2) 強調熱帶之特色。

(3) 休閒內容兼含文化陶冶與景觀生態。

3. 清查農場現有資源

(1) 土地：總面積48公頃，是一處高度在75～155公尺的緩坡地。

(2) 人力：場主張國興先生，觀念新、積極敏捷。目前雇工約有20人。

(3) 業務：以羊隻飼育為主（圖11-8），多數的果樹、農作、花卉栽培係等屬研究性質；另有高級旅館及附設餐廳。

圖11-8　大角羊

4. 蒐集休閒遊憩市場資訊

恒春半島及墾丁國家公園是全臺馳名的觀光勝地，平均每日遊客約有1,600餘人，全年約有60萬人。本場可從遊客群中調查遊客需求，以分享遊憩消費之大餅。

5. 經營休閒農場的實力與環境分析（SWOT分析）

優勢（strength）	機會（opportunity）
① 羊具有極佳的吸引顧客能力。 ② 場主具有永續經營的理念。 ③ 本場企業識別體系（CIS）效果好。 ④ 場內設有復育區及自然教室。 ⑤ 場主經營能力強。 ⑥ 設施均強調教育意義。	① 鄰近墾丁國家公園。 ② 國人崇尚旅遊。 ③ 政府鼓勵發展休閒農業。 ④ 位於恒春文化古城周邊。 ⑤ 位於熱帶，特色易凸顯。
劣勢（weakness）	**威脅（threat）**
① 投資回收期間過長；風險過高。 ② 中層幹部及基層勞力不足。 ③ 場主分工授權少，事必躬親。	① 天然災害（如：落山風）的威脅。 ② 附近高級旅館增加。 ③ 養羊產業進入容易。 ④ 觀光淡旺季明顯。

6. 利用策略規劃格道分析法（圖11-9），評估發展養羊產業及自然農法之可行性：評估結果認爲養羊及自然農法具有可發展性。

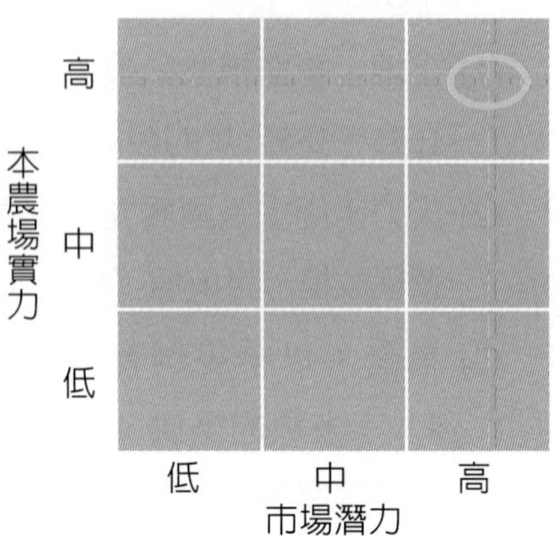

圖11-9　評估農場產業發展之方向

7. 研擬經營管理計畫：包含行銷、生產、遊憩、人力、財務等管理計畫及教育解說計畫：
   (1) 行銷管理方面
      ① 實施遊客的調查與分析。因農場位於墾丁國家公園的周邊，故可對其遊客實施調查。
      ② 建立農場的中心特色，而非提供處處可見的綜合性活動。「羊」便是極佳的特色。
      ③ 加強促銷。促銷可藉由農政刊物、農情報導、農業雜誌、農業電台、電視、新聞等管道。
   (2) 生產管理方面：生產農場最富有特色的農牧產品，並提高品質，精緻包裝。
   (3) 遊憩活動方面
      ① 儘量利用天然資源。甚多景觀（如：赤牛嶺、東門溪、出火等），雖非本場所有，但要爲本場所運用（圖 11-10）。
      ② 在國家公園區內，所有的開發或建造設施、安裝設備，應遵照國家公園法及墾丁國家公園計畫的規定。爲免滋紛擾，活動式的旅遊型態最適合本地區需要。

圖11-10 恆春出火特別景觀區（圖片來源:Travelking）

(4) 人力管理方面

①經理人員最好經由具有服務業技能的居民擔任。此賴於其過去的服務業經驗或後天的專門訓練。在本地居民無法出任的情形下，聘任外地專家經營應可被接受。

②作業人員儘量由居民擔任，以創造就業機會，爲應先接受服務業的專門訓練。

(5) 財務管理方面

①參與農場經營者繳交的股金應爲最主要的資本。基本設施方面，農政機關或地方輔導單位依規定予以貸款或補助。

②任何投資應先做評估。休閒農場的每項投資金額非屬小可，宜謀而後動。

③休閒農場營業進出金額均大，詳細記帳，俾能正確計算損益，並對參與經營者昭信。

(6) 教育解說方面：休閒農業應具有教育意義，故教育解說不可免。文字解說之外，盡可能由選任的班員實施口頭解說，以增進理解，並與人親切感。

8. 成本效益評估

(1) 以「羊」爲CIS之基礎，足以吸引遊客（圖11-11）。

(2) 自然農法符合環境需要。

(3) 種羊獲利高。

(4) 住宿吸引高所得遊客。

9. 檢附相關文件向主管機關申請：

檢附下列資料向縣政府申請。

(1) 休閒農場設置申請書。

(2) 土地使用清冊。

(3) 地籍圖謄本。

(4) 土地登記簿謄本。

(5) 土地使用同意書。

(6) 經營計畫書。

圖11-11　以羊為CIS企業識別

休閒農業園區組織與管理

第 1 節　組織的意義與功能

第 2 節　休閒農業園區組織之意義

第 3 節　休閒農業園區組織之功能與運作

第1節 組織的意義與功能

一、組織的意義

組織（Organization）是一群人執行不同工作並彼此協調整合的組合，以共同達成目標，具有靜態的、動態的及生態的三方面意義：

就結構上而言：組織是一靜止之物或一個架構，由若干不同的部分適當配合而構成的一完整體，它是人、事、物的結合體。

從功能上來看：它是一個活動體，乃是達成一定任務或辦理某種事物時所運用的手段，所以組織是一種安排，把合宜的人安排在合宜的事上，或把某些事物安排在合宜的人上，其目的是使人與人、人與事發生關係，各得其所、各盡其才，達到既定之目的。

從發展的觀點看：組織是一生物，隨時代的要求、環境的變遷，不斷的自求適應、自謀調整的有機體。組織是執行任務的工具，任務一有變動，其工具即需隨之再適應與調整。

因此，當組織所提供的服務不再重要或是被別的需求所替代，則組織將會面臨結束或必須轉型。

國外學者 Barnard 認爲，組織是一種協和人類行動的系統，而這樣一個系統必須具備以下五項要素：

1. 組織係由一群人所組成。
2. 組織內的人須有互動作用。
3. 組織裡的互動作用是透過某種結構來執行。
4. 組織內的人們均擁有個人的目標，且希望透過組織來達成此目標。
5. 組織裡個人的目標或許不同，但互動作用促使大家爲共同目標而努力。

二、組織的功能

組織能滿足許多個人情感上、精神上、智能上以及經濟上的需求。個人因生理上、知能上以及個人所面對的物質環境的限制，無法以單獨個人的力量來完成所欲完成的事情或解決難題，必須與別人分工合作，建立起組織關係，來滿足每個人的目標。因此，組織是人們建立起來對抗自然對個人限制的團體。有了組織，個人可以和別人合作，達成個人能力所無法達到的目標，組織也可以說是人類爲克服個人能力限制所做的設計。經由群體的力量滿足個人更多的需求，達成共同的目標。

藉著組織，個人可以增進四項單獨無法完成的能力：

（一）擴增能力

一個人藉著組織的協助能更快速的完成個人單獨想完成的工作。實際上，許多個人想做的事情，只能藉助組織力量來完成。在組織中，每個成員依個人專長被安排在不同的工作職位上，由分工造成專業化，使人們能從事他們最適合的工作。專業化有許多優點，在現今社會，沒有人能夠樣樣專精，所以人們只能在一小部分的工作上成爲專家；每個人的興趣、天性、能力、經驗、技術等都不相同，透過組織的作用，能大幅度提高人們的生產能量。雖然專業化的結果有時會使人們有非人性的感覺與被拋棄的寂寞，但專業化能帶給我們的利益遠超出我們所付出的代價。

專業化有包括交換的意味。交換也可以說是組織產生價值的過程。交換的結果，使每個交換的人都得利益。

（二）縮短時間

時間是完成人類目標的重要因素之一。工作效率的提高是人類一直追求的目標，許多目標允許組織縮短時間完成，以便產生「時間價值」。藉著組織的專業化可節省與縮短欲達成目標所需的時間，這只有組織才能辦到，個人無法單獨完成。

（三）知識的累積

人們能利用累積知識，探求前人所未開拓的領域，沒有組織，個人必須從頭學習一切知識。現今人們利用組織將知識迅速傳遞與保存，做為進一步研究的基礎。顯然的，組織存在的重要性之一是：人們可利用前人已經開拓出來的知識果實。

（四）向量作用（乘數效果）

根據顏廷奎的研究，組織的向量作用係使投入組織內的人力、物力等各種資源，產生共同作用相互增強的結果。比如一個成功的組織，兩個單位的投入加上兩個單位的投入，會有大於四個單位的產出，換句話說，在一個組織的作用中，產出大於投入之謂也，此乃組織整體作用之效果。

目前許多農民的基層組織一方面對農建計畫的落實及農村的發展工作的推動扮演重要角色，另一方面，農民參與組織活動，藉著這些基層的產銷組織，獲得新知識解決難題，獲取補助及其他資源的資助，同時利用組織提高議價能力，共同出售產品增加收益，共同採購生產資材降低生產成本。這些都是農民難以單獨個人的能力獲取的益處或達成的目標。

組織的形成以及其所創造的產品與服務，是為了要滿足人們各類的需求，更是因為透過一群人來生產產品和服務，通常比個人生產更能創造價值。以下歸納五項組織的功能，基於此五項功能，組織能比個人創造更多的價值，組織的設立能夠使得組織成員在一段時間後，提升他們的技術與能力，從而創造龐大的價值。

1. 促進專業化與分工（To Increase Specialization and The Division of Labor）：在組織中工作的人會比個別從事生產工作的人更有生產力與效率。對於許多生產工作來說，使用組織能促使專業與分工，因為組織的集體工作特性促使個人能專注在範圍較小的專業上，這使得他們逐漸變的熟練或專精。

2. 使用大規模的生產科技（To Use Large-scale Technology）：組織可藉由使用現代的自動化與電腦化的科技來獲得規模經濟或範圍經濟的利益。其中，規模經濟（Economies of Scale）是指經由自動化大量生產而節省成本；範圍經濟（Economies of Scope）則是指組織因爲一些不同的產品或任務，能更有效能地共用相同的、利用率不足的資源，而節省成本。範圍經濟或規模經濟可以透過如設計自動化生產線來同時生產好幾種不同的產品而達成。
3. 有能力管理外部環境（To Manage The External Environment）：來自外在環境的壓力也使得人們偏好以組織來整合資源，生產產品與服務。組織的環境不只包括經濟、社會與政治因素，也包括組織獲取投入資源以及銷售期產出的環境。管理這些複雜的環境超過個人的能力範圍，而組織則有較多的資源去培養能預測環境需求的專家，或者影響這些環境需求。此種專業能力更可以使得組織爲組織成員或顧客創造更多的價值。
4. 能節省交易成本（To Economize On Transaction Costs）：當組織成員合作生產產品與服務時，學習該做些什麼？如何應對與人合作過程中產生的問題？成員必須一起決定誰負責什麼工作？得到多少報酬？以及評估每個人的工作成效。這些協調、監督與控制組織成員間的交易行爲所產生的成本統稱爲「交易成本」，透過組織的控制能降低這些交易成本。
5. 能使用權力來實施控制（To Exert Power and Control）：組織能給予成員壓力來強迫他們符合任務與生產工作所要求的事項，以提升生產效率。爲了讓工作更有效率，就必須要求員工以固定的方式工作，表現出符合組織利益的行爲，並尊重組織職權，遵從管理者的指揮。這些對員工的要求能使組織降低成本、提升效率，但也給了員工必須遵從組織要求的負擔。組織可以糾正或解雇不符合組織期望的員工，以及升遷與獎賞工作績效好的員工。因爲雇用、升遷、獎賞都是稀有的資源，組織可以利用這些資源控制他們的員工。

第 2 節 休閒農業園區組織之意義

一、農村組織之意義

大部分的行動是透過組織而產生。組織是行動的工具，經由它達成預期的改變。農村現有的各種組織是提供居民自動參與的機構，一個適宜的組織可促進農村居民參與。農村社會組織的目標，在於鼓勵居民管理農村公共事務，參與公共決策；同時，透過參與社會活動，提升其經濟生產力，提高生活品質。農村居民可按照自己的興趣和利益，因時、因地來組織，以促進鄉村發展。

農村組織是農村發展的重要媒介，農村組織有下列五項重要功能：

1. 經由農村組織，來表達居民需求。
2. 經由農村組織，來持續民眾參與。
3. 經由農村組織，來動員社會資源。
4. 經由農村組織，來執行農村計畫。
5. 經由農村組織，來加強農村教育。

二、休閒農業園區組織之原則

有效發展休閒農業，必須充分利用地區所有之自然、農業生產、人文等資源，並發揮地方特色與風格。將分屬於多數農場的資源，透過地區休閒農業的「組織化」程序，方能有效整合、開發及應用，惟有藉助組織的有效運作，休閒農業的經營才能落實。但在休閒農業園區發展管理組織必須要把握幾項原則：

(一) 以園區範圍爲基礎組成經營主體

參與組織的成員應以園區範圍內之農場爲基礎，使組織成員兼具休閒農業的經營者，每個人對經營之成效息息相關，每個人都能克盡其力爲組織效命。

（二）園區的管理組織，必須以農民自主意願而成立的

農民的農業經營組織基本上是自力自助的組織，組織成員對組織必須要有認同感與向心力，成員間需要相互扶助，共同爲達成組織目標而努力，所以組織之成立是基於成員的自主性和自願參與。農民自願參與，組織之形成才符合民主的精神，成員的分工合作才易達成，組織才能持續發展。

（三）管理組織要充分利用地方資源並積極開發潛在資源

休閒園區的農民組織運作，首先要充分利用地方資源，組織經常有存在許多未充分利用的資源或潛在未開發的資源。未充分利用的資源包括財力上、人力上及物質上三類。財力方面有：可資利用的資金、可獲得之補助及各種可能的收入等；人力上的有：組織專長、人力閒置情形及可獲得的人力支助等；物質上的有：設施空間、機器設備及剩餘時間等。這些資源大都依靠組織的開發，有時候也可從外在環境獲取支助。

（四）園區管理組織要有非常清楚的組織目標或詳細的營運計畫

目標是組織形成並持續生存、生長的基本要素，個人加入組織是希望能達成目標。所以目標亦可以說是個人行爲的方向。人類目標的設定是爲了滿足他們的需求，爲了達成目標，人便有行爲的動機及驅策力。一個組織必須有清楚的目標，它的工作任務完成後，可以帶給成員何種利益，達成何種需求。如果參與組織的農民都清楚明瞭組織的目標，達成目標後可獲取的利益，則組織成員方能積極參與活動。相反地，爲了維持園區農民組織的持續成長與發展，詳盡的營運計畫的擬定，讓參與成員瞭解，營運的目標、執行的方法、所需投入的資源、經營管理方式以及盈餘之分配原則等等，期使每位成員均能爲休閒園區之經營全力以赴。

三、休閒農業園區組織之類型

休閒農業園區之管理首重管理組織之籌設，由於休閒農業範圍廣闊、資源豐富，同時因區內資源環境、經營特性的不同而有許多不同類型及規模之休閒農場，各休閒農場間往往因活動規劃、資源利用不一致而造成休閒農業之實質效益無法提升，故透過園區管理組織的形成，可有效協調區內資源做一整體規劃與利用。一般而言園區管理組織可有下列幾種型態：

1. 管理委員會：由區內休閒農場或民宿等聯合地方農會、鄉鎮（市）公所共同組成一管理委員會，各自選派一名或數名代表為管理委員會委員，以從事區內之協調工作。
2. 共同經營班：由區內休閒農場或民宿組成共同經營班組，分工合作共同管理區內事務，使區內所有成員直接負擔管理成效。
3. 公司型態：由區內休閒農場或民宿共同出資組成公司來規劃及協調區內資源配置、利用與維護。
4. 農業合作社（場）：由區內休閒農場或民宿籌組一農業合作社或合作農場，從事休閒農業園區的管理工作。

第 3 節 休閒農業園區組織之功能與運作

一、休閒農業園區的組織之功能

休閒農業園區之管理是以協調工作爲重心，透過區管理組織的成立來執行區內各項公共事務的協調管理工作，使區內資源能達成最適規劃與配置，以利各休閒農場能在最佳環境下營運。休閒農業園區之管理工作可由圖 12-1 表示：

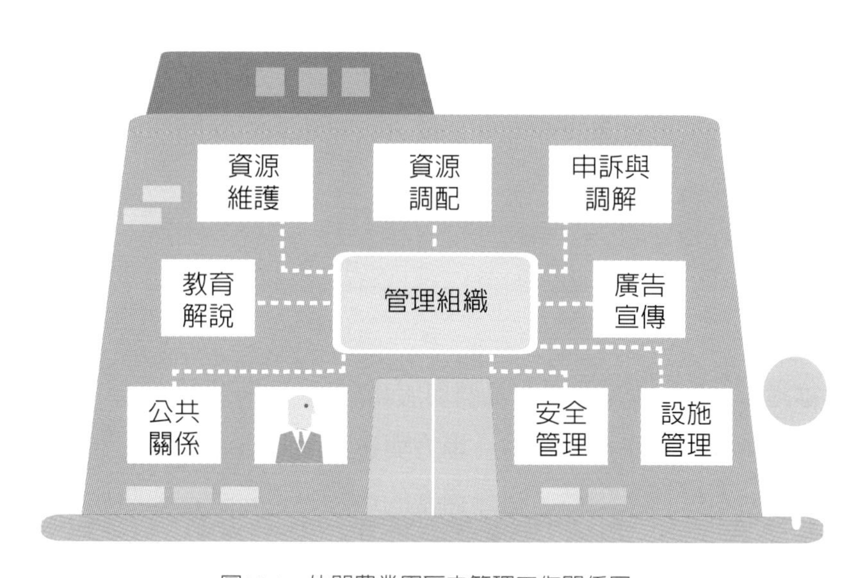

圖12-1　休閒農業園區之管理工作關係圖

1. 資源調配：透過區管理組織之力量，協調區內各民宿、休閒農場作物生產及共同運銷作業，同時以區爲單位對外共同採購各場所需之生產資財與物品，以達到經濟採購規模降低採購成本，發揮區內農業產銷功能。
2. 廣告宣傳：以區爲整體規劃對象，統籌整個休閒農業園區之廣告宣傳以吸引遊客。定期舉辦休閒農業園區整體促銷活動，針對特定促銷主題或農產品規劃促銷活動，使區內各休閒農場相互支援配合，以達成區內之整體行銷效果。

3. 教育解說：透過區管理組織對區內景觀環境、生態環境、生產環境做一有系統的教育解說規劃（圖12-2），並編印休閒農業園區活動指南及教育解說手冊供遊客參考，使遊客能清楚瞭解場區整體環境。

圖12-2　教育解說

4. 設施管理：區內設施管理的工作重心在於規劃管理與配置管理工作上，設施規劃管理的意義在於清查區內資源現況、預測未來發展程度及瞭解各項設施的需求，以達成區內設施的整體規劃。而配置管理工作係依據規劃管理工作之成果，並考量各種設施需求數量、設施組合及估計使用情形等條件，對各種設施進行實際配置以促使區內各項設施能發揮預期功效。
5. 資源維護：休閒農業園區內常有許多大型環境建設與公共服務設施，在永續經營的前提下，須對區內環境資源（如：山坡地、保安林等）加以維護，並主動做好公共設施（如：道路、溝渠、植栽、創景等）的管理維護，以提升園區的環境品質與服務品質。
6. 旅遊糾紛排解與申訴管理：場方與遊客間的旅遊糾紛，在一般情況下既無適當糾紛仲裁機構，也無適當的申訴管道。透過休閒農業區的仲裁與申訴管理，可使遊客與場方之糾紛達成合理圓滿的解決， 如此可增強遊客的旅遊信心，也可保持休閒農業園區的旅遊品質
7. 安全管理：休閒農業園區內大都含有各類自然資源，如：溪流、山坡、水池等，再加上公共設施、遊憩設施，使得區內的旅遊安全問題格外重要。因此需對區內環境作詳細調查，並提供遊客旅遊安全訊息，在危險區設立警告標語、成立衛生保健救護站、喊話系統及廣播系統、緊急疏散地圖等，同時應定期維護檢修各項公共設施及遊憩設備，以維護遊客安全並提升遊憩品質。

8. 公共關係：以區管理組織爲主體透過對消費者、相關產業、行政機構等的接觸以建立良好的對外關係；透過對外關係網絡的建立，可增加休閒農業園區對外接觸機會提昇知名度，達成對園區有利資源的最大汲取。

二、休閒農業園區的組織之運作

（一）休閒農業園區的發展組織——在地產業行動委員會

依據法規「休閒農業區計畫研提要點」所規定，各休閒農漁園區必須以由下而上的原則，由當地農村居民代表組成「在地產業行動委員會」，並有明確的組織運作機制。「在地產業行動委員會」係指各鄉、鎮、市、區爲發展休閒農業區而成立之組織，由當地居民、休閒農場業者、輔導單位與主管機關等相關人員所組成，爲一執行計畫的地方組織，其成立目的在整合園區內及分配政府補助的資源，並調解各項公共事務，以促進園區內休閒農業的發展。

「在地產業行動委員會」是爲了管理休閒農業園區各項營運計畫而成立的地方發展組織；因此，休閒農業園區在運作的過程中，必須以在地產業行動委員會爲核心，由在地產業行動委員會來整合、決策、推動與管理休閒農業園區內各項組織運作的內容。

休閒農業園區的組織運作可由圖 12-3 來說明。當各地方所研提的休閒農業園區計畫審核通過後，即需成立在地產業行動委員會或相關的組織來統籌休閒農業園區計畫的推動與運作。首先，需設計委員會的組織結構，依園區發展需要成立各功能性部門（如行銷、規劃等），並推選總幹事以及推派各部門幹部等領導人員。在園區發展的初步，必須先擬定所欲塑造的地方性組織文化，以作爲園區的特色。之後，在秩序性的組織結構中，組織成員積極的參與各項組織活動，並透過每個人所賦予的權力與組織內的政治運作後，組織衝突達到有效的管理，各項發展休閒農業園區的組織決策也獲得共識與決定；接著，由在地產業行動委員會帶領，推動休閒農業園區執行各項招商、推廣活動、設施修建等計畫，以達到發展休閒農業、活絡地方經濟等目標。

圖12-3　休閒農業園區的組織運作過程

（二）在地產業行動委員會的組織運作概況

根據本書作者針對在地產業行動委員會組織運作的研究所得資料，2002年休閒農業區計畫首次執行的期間，在地產業行動委員會的組織運作概況包括：

組織結構與設計部分：委員會的組織規模最多83人，最少僅有9人，平均人數爲27人。組織的垂直分化包括了總幹事、主任委員、組長及組員等職務；委員會的水平分工，平均分組數目爲4組，分工的組別以行銷組、企劃組、休閒農業推廣組及總務組等較爲常見，其他尙有活動組、行政組、教育訓練組等組別。

委員會組織運作的概況方面，委員會的成員參與開會的頻率頗高，普遍多具有中高程度的認同參與。各休閒農業園區中有二成多的委員會尚無制定組織章程或公約，組織的制度化與標準化尚未完成。至於組織的決策，雖然多數委員會是由全體委員開會的民主性決策，但仍有部分委員會是接受輔導單位直接下達的決策。

三、影響休閒農業園區組織運作的因素

休閒農業園區的成立，是爲了承接農委會的補助經費，整合各項地方資源，並辦理休閒農業發展的事務，除了組織內部運作過程之外，資源的投入、產品的產出以及其他外在環境因素，均會對休閒農業園區的組織運作造成影響，以下將逐項說明影響休閒農業園區運作的因素，如圖 12-4 所示：

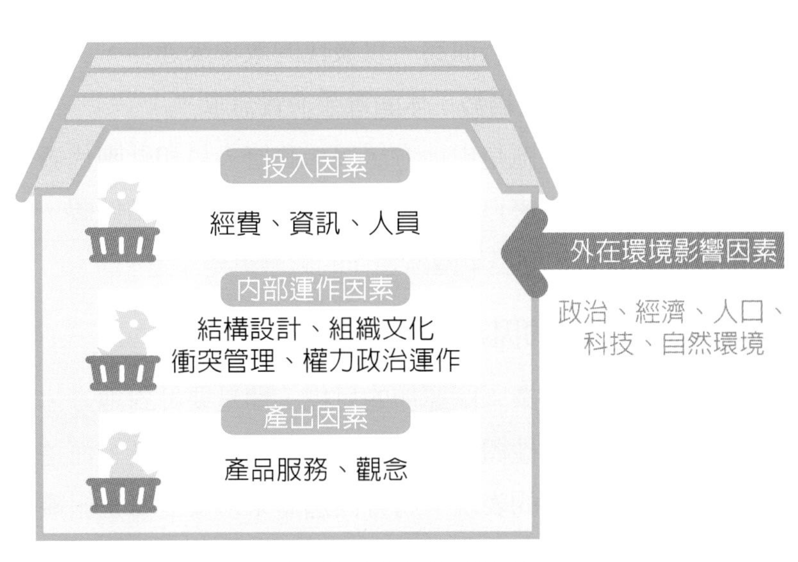

圖12-4　影響休閒農業園區運作的因素

（一）組織投入的影響因素

1. 經費：休閒農業園區的經費來源包括農委會補助經費與自籌營運週轉基金兩種。充足的經費才能支持園區內各項計畫執行，若當經費短缺時，園區就難以持續運作下去（圖12-5）。

圖12-5　充足的經費才能支持園區內各項計畫執行，如花卉公廁的建置。

2. 資訊：休閒農業園區的運作必須配合大環境的發展，確實的掌握各方資訊與動態，才能夠因勢而爲，以最佳的效率來運作，各項資訊包括政策走向、休閒產業發展趨勢、休閒遊憩消費需求。
3. 人員：休閒農業園區是由地方居民、政府人員和社團代表等人員所組成的，這些組織成員來自不同的社會背景，各自的價值觀、理念、態度等均有所差異，對休閒農業園區運作的影響更是深遠。

（二）組織產出部分的因素

1. 產品服務：休閒農業園區運作的目標，即是要針對地方休閒農業提出合適的體驗活動、軟硬體設施、套裝行程、帶狀產品，而這些產品與服務在旅遊消費市場上的表現，將會回過頭來影響並修正組織的投入與運作過程。
2. 觀念：休閒農業園區的成員對發展休閒農業的觀念，會表現在組織運作的產出上，而這些休閒旅遊的觀念是否與消費者的需求相吻合，也會影響組織運作的修正。

（三）休閒農業園區內部運作階段的影響因素

1. 結構與設計：休閒農業園區的組織結構與設計，決定了組織成員的互動關係與其職權和功能單位的制度化。合宜的組織結構設計，將會促進園區作出適當的決策，並徹底執行各項計畫內容，以展現發展休閒農業的成效。

2. 組織文化：休閒農業園區的組織文化，代表這個園區內發展休閒農業的風氣，組織成員間的互動與參與是否熱絡，而塑造出的地方休閒產業文化是否獨具特色，都會影響休閒農業園區的運作過程與成效。
3. 衝突管理：休閒農業園區的組織成員包含居民、業者、官員等，彼此都是目標分歧的利益關係團體，如果在利益競爭的過程造成衝突，將會影響組織的和諧，有損園區的運作與計畫的執行；唯有確實管理組織成員間的衝突，才能推動休閒農業園區順利的運作。
4. 權力與政治運作：雖然休閒農業園區透過組織結構的設計，賦予組織成員不同的組織權力，不過，所擁有的權力（如官員）或是利益（如業者），更牽動檯面下的組織政治運作；組織政治運作的結果所造成組織權力的分配，將會影響組織運作的形式與過程。

（四）休閒農業園區的外在環境影響因素

1. 政策：休閒農業園區的成立，是政府發展休閒農業的政策之一，因此，休閒農業園區的運作，將會受到政府的施政走向與農委會的輔導與補助政策所左右。
2. 經濟：休閒產業的發展維繫於經濟景氣的盛衰。國人在休閒旅遊的消費能力，經濟景氣的循環，都會影響休閒農業園區的運作與發展。
3. 人口：會影響休閒農業園區運作的人口因素包括：各地方發展休閒農業的人口，至當地休閒旅遊的人數，遊客的消費習慣與態度，休閒農業園區的運作，會因爲這些人口因素而調整。
4. 科技：休閒產業軟硬體設施的科技潮流演變，同樣會影響休閒業園區的運作，例如解說設施電腦化、教育訓練課程的翻新、休閒設施與建築的創新，行銷的e化等，都會帶動休閒農漁園區的進步。
5. 自然環境：自然景觀與生態是發展休閒農業的基本要素。在自然景觀與生態豐富的地區，休閒農業園區可憑藉此豐富的資源，發展以自然景觀爲特色的園區；但是在天然資源有限的地區，休閒農業園區的發展，就必須強調休閒設施、體驗解說與服務品質等人爲的特色。

第13章

休閒農業經營管理

第1節　休閒農場業務管理

第2節　休閒農場服務管理

第3節　休閒農場環境、安全與行銷管理

休閒農場之經營管理工作，係依不同經營活動項目而設計發展之管理機能，其主要目的在促使各休閒農場在此管理機能的導引下能做出有效的業務經營，並透過各項管理工作的相互協調機制發揮休閒農場整體經營綜效，進而達成休閒農場追求利潤與永續經營的使命與目標。休閒農場之經營管理工作可由圖 13-1 表示之：

圖13-1　休閒農場經營管理工作圖

資料來源：本章內容主要取自陳昭郎、段兆麟、李謀監、方威尊（1996）編輯之「休閒農業工作手冊」。

第1節 休閒農業業務管理

一、生產管理

休閒農場生產管理係針對農場之農牧產品「生產途程」加以規劃與控制。一般而言，農牧產品之生產途程如圖 13-2：

1. 農場之規劃：休閒農場之園區規劃，應兼顧農場工作效率與田園景觀美化，因此農路、田埂、區塊大小、水源、農舍均須綜合規劃。
2. 設施或機械設備之設置：爲期省工（力）經營，休閒農場應善用曳引機、中耕機、冷藏庫、飼料攪拌機、自動給料機等自動化機械設備，這些機械設備應事先規劃而後設置。

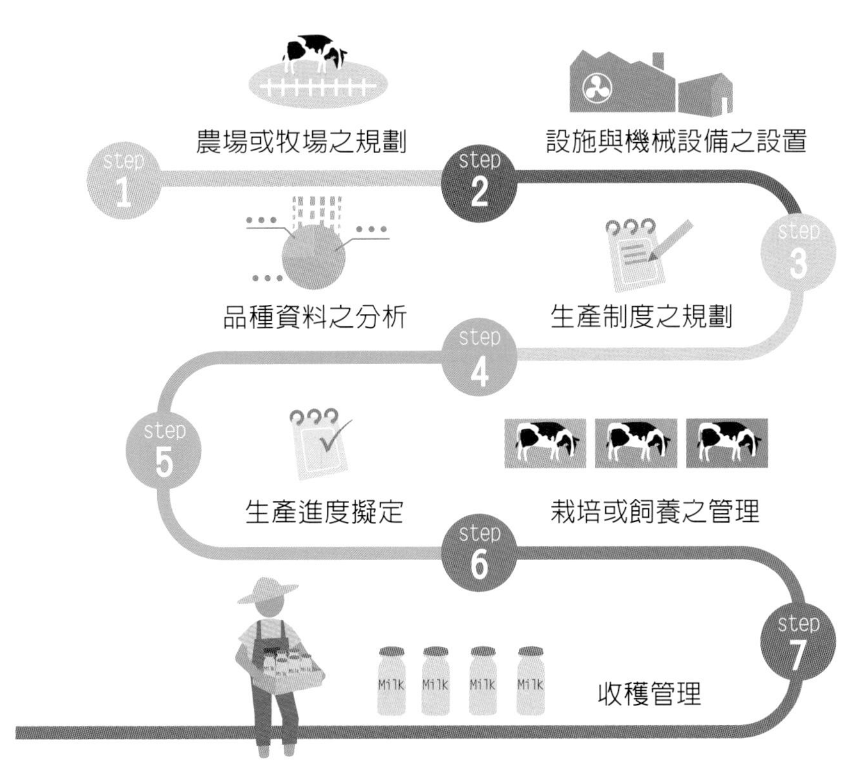

圖13-2　農牧產品之生產途程

3. 生產制度設定：農、牧產品有特殊生產制度，如輪作制度、雜異化（或稱多角化）生產及專業化生產。休閒農場在做生產途程規劃時，應將這些生產制度納入考慮。
4. 品種資料分析：品種是農、牧產品的基本依據，品種資料包括來源產地、供應者信用、品種之登錄收成、市場對產品可能接受程度及種苗法之約束等，能得到健康、被市場接受之品種，方能開始生產。
5. 生產進度擬訂：生產進度擬訂之具體作法是透過編製農場耕作曆來達成。農場耕作曆係運用表格形式，以顯示何時及如何完成各種不同之耕作，在表上詳列各種耕作之時期與種類、所需之人力、資材與設備、工作時數等，使得以事先安排而充分運用農場資源。編製農場耕作曆需做下列決定：
   (1) 最適合各種耕作設備之種類，包括曳引機、貨車、農機具及特別設備等。
   (2) 場主及雇工所能完成之工作量。
   (3) 所需種子、肥料與噴射藥劑等之種類與數量。
6. 栽培或飼養管理：栽培或飼養管理之目的除在追求高品質、高產量以供應市場的需求外，尚須注意經濟性，因此應加強栽培（飼養）過程之適時、適料（肥料、農藥）、適量之控制，並以「價值分析」的手法來降低成本。
7. 收穫管理：農、漁、牧產品的品質重點在新鮮度、安全性、美觀性、消費者口感習慣性，因此應加強採收前有關因素的控制，例如採收技術、採收後之產品分級、包裝及必要之保鮮處理或加工、儲藏及運輸等問題。

三、人力資源管理

「人」是休閒農場中最重要的資源，人力資源管理的主要工作項目如圖13-3所示。

1. 建立職位體制：建立職位體制是在確定農場組織的管理層級，並安排各類職位的名稱，且賦予各職位應有的管理權利與義務以方便人力資源管理工作的進行。

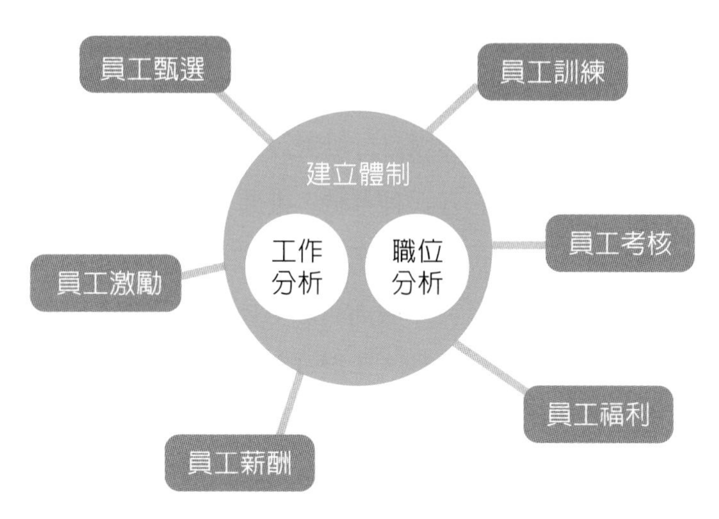

圖13-3　休閒農場人事管理主要工作項目圖

2. 工作分析：工作分析是研究分析休閒農場內部各項工作的方法，其目的在瞭解農場內各項工作的性質、內容、方法、程序及責任等， 以決定擔任農場內各項工作人員所應具備的條件及資格。例如：休閒農場門區管理員的工作內容為收取入場費、導引遊客、緊急特殊事件聯絡、門口警戒、門區清潔工作等。從事門區管理工作者之資格條件為反應靈敏、警戒性高、待人親切等。
3. 職位分類：職位分類是將休閒農場內所有職位，依其工作性質、難易程度、職責輕重和所需資格等四個標準，加以分類整理，使工作與人員相互搭配，以達到為事擇人、適才適所的目標。例如：休閒農場之管理職位可分為行銷部經理、民宿部經理、餐飲部經理等。行銷部經理則專事農場行銷工作，全權負責農場行銷業務，在工作難易程度上可劃分為非現場高難度工作，需有實際行銷經驗及對休閒農業有深入瞭解者才可擔任該職位。
4. 員工甄選：休閒農場為配合本身經營業務擴張的需求，或為補充原有員工因離職或調遷所造成的缺額，都會面臨員工甄選的問題。員工甄選是為休閒農場看門把關的工作，因此員工甄選格外重要。

(1) 員工的來源：就一般情況而言，休閒農場的員工來源有從在職員工中調遷、由在職員工推薦、經由職業介紹所介紹、學校或訓練機構推薦、建教合作及由休閒農場自行培養等方式。

(2) 員工甄選方式：甄選的方式有考試、推薦、測驗、面試等。

(3) 員工徵選條件：新進員工的徵選資格應按休閒農場工作項目之內容與性質之需要來加以制訂。一般而言除考慮工作需求之主觀條件外，還會考慮應徵者之年齡、性別、學歷、談吐、有無相關工作經驗、人品操守、理想與抱負及應徵者之生涯規劃等客觀條件。

5. 員工訓練：員工訓練的目的在使選用的人員知道工作內容和有效的工作技巧。新進員工不明瞭休閒農場的情況，對工作的性質、責任及處理程序等亦無所知，因此應施以職前訓練。另外，在職員工， 也應經常提供訓練、講習的機會，增加其知識領域並充實其技能， 以適應農場內新工作和技術的需求。

(1) 員工訓練的種類：可分爲職前訓練、在職訓練兩種。

(2) 員工訓練方式：包括開班講習、場內集會討論、員工進修、現場實習、對外建教合作等。

6. 員工考核：考核員工的目的係對在職員工定期評估，以瞭解員工的工作效率與態度，作爲農場管理者對員工獎懲及調遷的依據。

(1) 考核的項目：考核項目需視各休閒農場人事制度的差異而定，而一般常見的項目有：

①員工工作素質。

②工作數量。

③聯繫協調能力。

④學識品行。

⑤命令執行能力。

⑥學習精神。

(2) 考核的原則：員工的考核應採公平、不定期考核爲原則，以達到考核的原始目的。

7. 員工薪金制度：安定的生活是每個員工所追求的，因此休閒農場應訂定合理的薪金制度，使員工生活不慮匱乏，如此才能使員工安於其位，減少員工流動、提升士氣、增進效率。薪金的給付應注意下列幾項原則：
 (1) 安定原則：薪津的給付除達法律規定最低標準外，還需使員工能維持安定的生活。
 (2) 公平原則：應依職位的高低、工作難易程度、工作安全性、工作時間長短及工作效率等因素，來計算員工薪金。
 (3) 激勵原則：薪金的給付標準應能達到激勵員工，提高工作效率完成工作使命的效果。
 (4) 控制原則：薪金給付應能達成安定員工，使員工流動率降至最低程度。
8. 員工激勵：人是有情感的動物，有思想、情緒、慾望，因此人力資源管理不同於其他管理，休閒農場管理者爲求員工能有較高的工作績效、工作滿足、工作士氣。所以，對員工的適度激勵是有必要的，員工的激勵有兩種方式一爲懲罰，另一爲獎賞。
 (1) 懲罰：透過員工考核；對工作表現不佳的員工應給予適當的懲處，一般而言不外乎減薪、降職等方式，使員工能有適度警惕進而改善工作態度提高工作效率。
 (2) 獎賞：對於表現良好的員工應給予適當的獎勵，使員工能維持現有工作績效，並可激勵其他員工效仿之，達成整體績效的提升。獎賞的方式有：公開表揚、頒發績效獎金、給予特別休假、招待旅遊、職位升遷等。
9. 員工福利：良好的員工福利制度除能提高員工工作績效外，尚能降低員工的流動率提高企業向心力。一般常見的員工福利制度有：
 (1) 獎勵金。
 (2) 員工保險。
 (3) 員工安全衛生。
 (4) 子女教育補助。

(5) 意外救助。

(6) 退休撫卹。

(7) 休假。

(8) 協助員工作好生涯規劃。

四、財務管理

休閒農場資本規模較大，若欲避免因投資不當浪費資源成本偏高獲利低，資產結構不良週轉失靈，造成體質惡化，經營不合算，則必須加強財務管理。以下係休閒農場財務管理最重要的部分，舉例說明之。

1. 投資分析：投資分析，係比較及決定多種投資方案之獲利性的過程。休閒農場的投資動輒數百萬或千萬，需先經投資分析，方能確保最適投資。

兩種一萬元投資案的淨現金收益表（無期終殘值）

淨現金收益（$）		
年次	釣魚池投資案	體能訓練場投資案
1	3,000	1,000
2	3,000	2,000
3	3,000	3,000
4	3,000	4,000
5	3,000	6,000
合計	15,000	16,000
平均報酬	3,000	3,200
減：每年投資折舊	2,000	2,000
淨收益	1,000	1,200

假定某休閒農場準備 10,000 元的投資額，同時存在兩種投資用途。茲按回收期間、簡單報酬率、淨現值及內部報酬率四種方法，分別進行投資分析決定最佳的投資方案。（年利率 8%）

(1) 回收期間法：投資成本透過其產生的淨現金收益，需要多少時間才能完全回收。

公式：

P ＝ I / E ，P爲回收年數，I爲投資額，E爲預期每年淨現金收益。釣魚池投資案：P ＝ 10,000 / 3,000 ＝ 3.3（年）

體能訓練場投資案：P ＝ 4（年）

此法可排列回收期間的順序，對限制性資本回收較快。可設定一個最大的回收年期，然後拒絕回收其較長的投資案。優點是計算容易，投資決策較快。缺點是忽略現金流動的時間價值，且不能反應獲利能力。

(2) 簡單報酬率法：計算平均每年淨收益占投資成本的比例。

釣魚池投資案：＄1,000 / ＄10,000 × 100 ＝ 10%

體能訓練場投資案：＄1,200 / ＄1,000 × 100 ＝ 12%

優點爲考慮投資賺款。缺點是未能考慮時間價值，無法衡量獲利力，故可能造成投資決策的偏差。

(3) 淨現值法：考慮投資期間現金流動的時間價值。

$$淨現值：NPV=\frac{P1}{(1+i)}+\frac{P2}{(1+i)}+\cdots\cdots+\frac{Pn}{(1+i)}-C$$

P爲每年的淨現金流動，C爲投資成本總額。

釣魚池投資案的淨現值：$11,979－$10,000 ＝ $1,979

體能訓練場投資的淨現值：$12,048－$10,000＝ $2,048

投資按淨現值爲正數，接受；爲負數，拒絕。

(4) 內部報酬率法：簡稱IRR（Internal Rate of Return），即令投資的淨收益流量現值（NPV）爲0的折現率（i），以決定最佳的投資方案。

$$淨現值：NPV=\frac{P1}{(1+i)}+\frac{P2}{(1+i)}+\cdots\cdots+\frac{Pn}{(1+i)}-C$$

本利釣魚池投資案的IRR爲1,524名，體能訓練場爲1,376 名。適當的投資按係選取IRR最高者，但至少要大於投資的機會成本。本法計算較困難是缺點。

2. 利潤規劃：利潤規劃可協調農場各部門的活動，將收益、費用及利潤三者密切配合。預先擬定計畫，作爲將來一年內營業努力的標竿。可利用損益平衡點（Break-even Point）於利潤規劃，以計算獲致目標利潤的遊客人數。

令 P 爲休閒農場門票價格，Q 爲遊客人數，FC 爲固定成本，V 爲單位變動成本，則：

$$Qb（B.E.P 遊客人數）= \frac{FC}{P-V}$$

$$Qb（B.E.P 遊客收入）= \frac{FC}{I-V/P}$$

圖示如下：

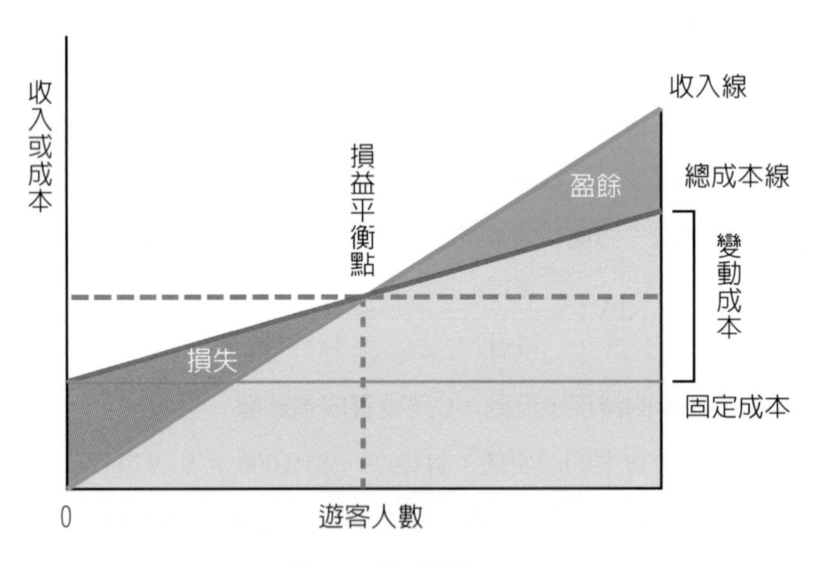

圖13-4　損益平衡

例如：某休閒農場擬開辦「牛車之旅」，估計固定成本每月約 25,000 元（故工薪資、牛隻及牛車之折舊費、牛隻飼養費），服務每人之變動成本約 1 元 ，每人收費 20 元，試計算每月要服務多少遊客才能損益平衡？

$$B.E.P = \frac{25,000}{20-1} = 1,316人$$

若每月欲從「牛車之旅」獲利10,000元，則至少需要多少遊客？

$$B.E.P = \frac{25,000 + 10,000}{20-1} = 1,842人$$

3. 財務分析：財務分析可藉經營五力來衡量整體的財務績效，茲以夏曼農村休閒農場爲例說明之。

(1) 財務報表

夏曼農村休閒農場
損益表
民國ooo年1月1日至12月31日

營業收入		
門票收入	$2,815,000	
農產品收入	400,000	
其他收入	300,000	$3,515,000
營業收入		
薪資	$1,320,000	
肥料費	60,000	
農藥費	60,000	
水電費	13,800	
修繕費	50,000	
租金支出	105,750	
折舊費	468,382	2,077,932
營業毛利		$1,437,068
銷管費用		
郵電費	$12,000	
交際費	20,000	32,000
營業盈餘		$1,405,068
非營業盈餘		
利息收入	$20,000	2,000
淨利		$1,407,068

夏曼農村休閒農場
資產負債表
民國ooo年12月31日

流動資產			流動負債		
現金及銀行存款	$240,000		應付帳款	$14,075	$14,075
存貨	15,528	55,528			
固定資產					
土地	$800,000		業主權益		
建築物	615,508		資本	$12,564,854	
果樹林木	5,935,000		本期淨利	1,407,068	$13,971,922
公共設施	1,055,011				
農用機械	69,237				
運輸設備	10,000				
其他設備	5,245,713	3,730,469			
資產總額	$13,985,997		負債及業主權益總額		$13,985,997

(2) 財務比率分析

① 收益力：係衡量休閒農場賺取利潤的能力。

A. 利潤率＝利潤 ÷ 營業收入

＝ 1,407,068÷3,515,000 ＝ 40.03％

B. 自有資本獲利率＝利潤 ÷ 自有資本

＝ 1,407,068÷13,971,922 ＝ 10.07％

C. 總資產獲利率＝利潤 ÷ 資產總額

＝ 1,407,068 ÷13,985,997 ＝ 10.06％

② 安定力：係衡量財務穩定性及償債能力。

A. 流動比率 ＝ 流動資產 ÷ 流動負債

＝ 255,528 ÷ 14,075 ＝ 1.815％

B. 固定比率 ＝ 自有資本 ÷ 固定資本

＝ 13,971,992 ÷13,730,469 ＝ 102％

C. 負債比率 ＝ 負債 ÷ 資產總額

＝ 14,075 ÷ 13,985,997 ＝ 0.1％

③ 活動力：係衡量企業運用資源，促進產銷能力。

A. 總資產週轉率 ＝ 營業收入 ÷ 資產總額

＝ 3,515,000 ÷ 13,985,997 ＝ 25%

B. 固定資產週轉率 ＝ 營業收入 ÷ 固定資產

＝ 3,515,000 ÷ 13,720,469 ＝ 26%

C. 自有資本週轉率 ＝ 營業收入 ÷ 自有資產

＝ 3,515,000 ÷ 13,971,922 ＝ 25%

④ 生產力：係衡量生產因數在營運中產生貢獻的能力。

A. 土地生產力＝營業收入 ÷ 農場面積

＝ 3,515,000÷12 ＝ 292,927 元 / 公頃

B. 勞動生產力＝營業收入 ÷ 勞動人數

＝ 3,515,000 ÷12 ＝ 292,927 元 / 人

C. 資本生產力＝營業收入 ÷ 總資產

＝ 3,515,000÷13,985,997 ＝ 0.25 元 / 元

⑥ 成長力：係衡量企業業績進步的能力。

A. 營業收入成長率 ＝（本期營業收入 ÷ 前期營業收入）－ 1

B. 利潤成長率 ＝（本期利潤 ÷ 前期利潤）－ 1

財務管理的所有工作都要根據實際資料，因此休閒農場一定要有完整的記帳，健全的會計作業提供詳實的資料。若進一步應用電腦，將更能提升財務管理的效果，促進休閒農場的營運績效。

第 2 節 休閒農業服務管理

一、住宿管理

民宿是以農業的生產環境、生態環境和生活文化為發展資源，提供遊客住宿、餐飲和相關活動的設備及服務，並利用其特有的優美環境，脫俗的鄉土文化生活和溫馨的風土人情，讓遊客從事觀光、遊憩及教育等活動而規劃出的一種休閒農業經營業務。

1. 經營的特性
   (1) 是一種服務業。
   (2) 供給彈性小。
   (3) 具家庭功能。
   (4) 業務全天性。
   (5) 民宿經營不同於觀光旅館經營。
2. 經營管理規劃
   (1) 確定經營目的及動機
      ① 副業經營或正業經營。
      ② 季節經營或全年經營。
   (2) 市場環境調查
      ① 顧客調查：顧客性別、職業、所得、消費動機、團體或個人。
      ② 同業調查：附近競爭者有多少？經營成果如何？市場占有率？
   (3) 決定經營政策
      ① 決定規模。
      ② 營業方針。
      ③ 經營型態。
      ④ 服務方式。

(4) 選定地點

① 愼重考慮地點的發展性。

② 資源涵括種類。

③ 合法性。

(5) 資金籌措

① 自有資金經營。

② 借款經營：須考慮借款對象是誰？借期多久？利息多少？

(6) 收支計畫：須考慮檢討基本的經營收支平衡。每天銷售額、投資回收率、投資報酬率、各項費用支出等。

3. 成功經營要素

(1) 安全的居住環境。

(2) 親切誠懇的服務態度。

(3) 健全的行銷計畫。

(4) 專業的經營管理。

(5) 融合社區生活環境。

二、餐飲管理

田園餐飲以提供鄉土口味的菜餚與當地土產爲主，因此田園餐飲較具地方特色（圖 13-5）。

圖13-5 養生鮮菇餐

1. 餐飲的特色

(1) 以營利爲目的。

(2) 是休閒農場主要經營活動的輔助單位。

(3) 若遭客人不滿易影響農場聲譽。

(4) 服務態度與菜色是成功關鍵。

2. 作業管理

(1) 餐飲作業流程：每一盤食物送至客人桌前均會經過以下過程。

①採購：以最合理的價格購買適當的物品爲原則。

②驗收：每件採購的物品，入倉前均需對其品質、數量做一番檢查。

③儲放、發放：對購進的物品妥善加以儲存，並依先進先出原則加以利用。

④準備：每道菜餚在完成前，均需經過處理、挑撿、洗濯或切割等手續。

⑤菜餚成品：準備後之菜餚經烹煮後即爲成品。

(2) 作業標準化

①配方標準化。

②烹飪程序標準化。

③建立標準採購規格。

④建立標準分量。

(3) 廚房衛生：廚房應區分爲烹調區、準備區及清潔區，並保持各區整潔衛生（圖13-6）。

(4) 安全與消防：廚房是最易發生意外事件之場所，故餐飲從業人員應特別重視廚房工作安全與消防安全。

圖13-6　除了廚房衛生，餐飲從業人員應特別重視廚房工作安全與消防安全。

3. 經營成功因素

(1) 建立持久性競爭力

①建立獨家口味。

②建立特有服務系統。

③改進菜餚口味並且不斷推出新菜色。

(2) 穩定既有客源並不斷開發新客源

① 穩定既有客源。

② 開發新客源。

(3) 降低餐飲成本提高利潤

① 做好餐飲成本分析。

② 尋找降低餐飲成本的方法。

③ 創造提升餐飲利潤的方法。

三、教育解說

1. 解說之意義：解說（圖13-7）乃是一種傳播，係指傳播者藉由媒體將資訊傳給受傳播者的行為。教育解說，則指運用各種科學理念以及教學與傳播原理，透過解說媒體、方法與技巧，協助遊客瞭解所欣賞的景緻內涵之各種解說行為。其目的在於提升遊客高品質之遊憩機會與體驗，進而達成教育消費者，俾協助達成經營管理的目標。

圖13-7　活動說明

2. 解說之功能

(1) 教育解說為經營管理之重要部分。

(2) 教育解說兼具教育性、娛樂性與宣傳性等三種功能。

(3) 教育解說是經營者與遊客直接交流之最佳方式。

(4) 教育解說是達成環境教育之最佳途徑。

(5) 教育解說可達維護遊客安全目的。

(6) 教育解說可達成資源保育的目的。

3. 解說之原則：根據F. Tilden 研究，解說必需把握下列原則：

(1) 解說應適合遊客的性格與經驗，否則將會十分枯燥無趣。

(2) 解說必須是基於正確的事實，錯誤的例證是最差的解說。

(3) 所有的解說包含資訊，但資訊與解說不同，資訊是事實，解說是基於事實演繹而來的觀點與信念。

(4) 解說是一種結合多種範疇的藝術，不論其內容是科學、歷史或建築均相同。

(5) 解說的主要目的不是指示，而是給予自己探尋的刺激。

(6) 解說是整體性的，並非片面的陳述。

(7) 對兒童（12歲以下）的解說方法應與成人不同，應不只是成人解說內容的稀釋。

4. 內涵

(1) 確定解說主題

①解說主題之確定隨休閒農業區之資源特性、區位環境及遊客之類別與偏好而有差異。

②解說主題包括：休閒農業區之氣象、動植物、地質環境、山川河流、人文歷史、環境品質、資源利用、農特產品、設施設備及遊憩機會等。

③ 選擇應考慮原則爲

- 遊客可能感覺有趣者。
- 遊客可能想要知道者。
- 遊客必需知道者。
- 遊客應該知道者。

(2) 選擇解說對象：應依解說對象之個別差異，安排各種類別型態之解說方式及內容，以適應遊客個別需求，使解說服務發揮最大功效。解說對象可分下列三種類別：

① 知識分子：包括教師、學生、公務員、專業人員、議員等，此類遊客大多具有傳播、擴大、解說訊息的能力，有些甚至具有決定環境命運的權力，故較易接受新事物、新觀念，並能積極去鼓吹資源保育觀念之人士，爲解說之良好對象。

② 一般遊客：包括一般商人、小販、店員、職員等，這類遊客還可分爲團體遊客和單獨之旅遊者，這類型組成紛雜，各行各業都有，但爲數可觀，一般而言不易對解說服務產生共鳴。

③ 鄉村居民：大半是農民、漁民，也有部分從事其他行業的，這類遊客有些對動、植物擁有相當豐富的經驗、知識，對本身之問題較關心，大致來說只要服務態度和善，他們都喜於接受。

5. 媒介種類

(1) 人員解說

① 休閒農場諮詢服務。

② 導遊解說。

③ 定點解說 。

④ 現場表演。

(2) 非人員解說

①戶外解說設施

- 遊憩區自導式解說牌：如迴圈式步道、解說折頁、解說牌（圖13-8）。
- 登山步道解說牌。

②室內解說設施

- 遊客中心。
- 入口服務站。
- 路邊展示。
- 空間配置模型。

③解說印刷品

- 農場簡訊。
- 導覽地圖。
- 服務手冊。

圖13-8　導覽指示牌設計

④視聽媒體

- 幻燈片放映。
- 錄影帶播放。
- 錄音帶導覽。

第3節 休閒農業環境、安全與行銷管理

一、環境管理

一般而言休閒所規劃的遊憩活動大多屬爲達到精神上之享受或滿足爲目的，因此常被認爲對農場的資源較不具破壞性，但隨著遊客人數的增加；遊憩活動時間的增長，對農場內資源使用的頻度提高及新休閒設施的規劃設置等，常使休閒農場的生態資源與環境造成相當程度的改變或破壞，通常較明顯的有土壤流失、空氣與水質的汙染、場內的果樹植栽遭攀折、野生動物棲息環境受干擾、不當引進外來動植物破壞原有生態、人文古蹟受遊客破壞等，如不能有效管理及早謀求對策加以改善與預防，則將導致休閒農場遊憩品質的退化，進而影響遊客的消費意願。

休閒農場內各項自然資源豐富，因此環境管理工作頗爲複雜，一般可歸類環境規劃、環境維護、環境開發利用三部分來加以說明：

1. 規劃管理原則：環境規劃管理必須遵守以下原則。
   (1) 環境規劃須考慮自然與人爲的和諧性。
   (2) 環境規劃須考慮休閒農業的未來整體發展。
   (3) 環境規劃須能展現休閒農場自然景觀的特色。
   (4) 應儘量保持農場自然景觀原貌。
   (5) 各遊憩區的規劃應力求互補性，避免環境資源利用相互衝突。
2. 維護管理原則：環境維護管理包涵經營管理者及遊客兩方面。
   (1) 經營管理者方面：應接受基礎環境規劃及管理訓練，並且做好定時觀察休閒農場內資源利用情況及資源改變情況，以做爲維護管理之依據。
   (2) 遊客方面：妥善做好教育宣導，一方面可使遊客享受遊憩樂趣，另一方面可協助農場做好環境維護的工作。

3. 開發利用管理原則：環境開發利用須遵守以下原則。
   (1) 開發之最小破壞原則。
   (2) 開發之最大效益原則。
   (3) 開發之最適原則。
   (4) 規劃指導開發原則。

二、安全管理

休閒農業區內大都含有溪流、水池、懸崖峭壁、山坡、叢林、草原等自然環境地形，加上公共設施，遊憩設備等硬體資源，使得休閒農場對外營業的安全管理問題格外重要（圖 13-9）。

1. 休閒農場安全問題產生原因
   (1) 農場管理者與遊客均不重視安全問題。
   (2) 缺乏公德心的遊客或不良分子，破壞休閒農場內的設施導致遊客休閒活動使用時的安全問題。
   (3) 休閒農場管理者對設施維護及危險環境資料發布未盡其責。
   (4) 經營者與遊客警覺性不高，缺乏應變能力。
   (5) 休閒農場缺乏安全管理工作規劃及安全管理系統的設立。

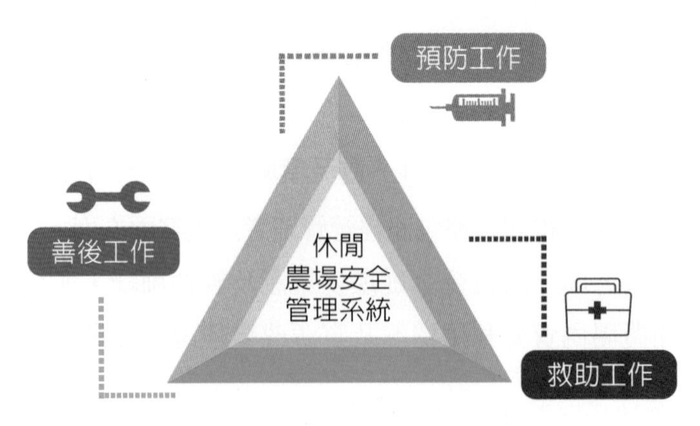

圖13-9　休閒農場安全管理系統圖

2. 休閒農場安全管理系統：休閒農場安全管理系統是整合預防工作、救助工作及善後工作所形成的一套安全管理系統，如圖13-9所示。

(1) 預防工作

①休閒農場周圍危險環境背景資料庫建立與對外發布。

②場內公共設施、遊憩設施定期巡查維護。

③遊客教育安全宣導。

④休閒農場遊憩資源與資訊提供。

⑤遊憩意外災害保險。

⑥針對場內員工進行緊急救助、安全防護等教育訓練。

(2) 救助工作

①建立緊急事故預警作業系統。

②建立緊急事故救難系統。

③簡易醫療設備的購置。

(3) 善後工作

①釐清災害事故責任歸屬並善盡賠償義務。

②責任查處給予相關員工適當處分並檢討場內安全管理系統缺失。

三、行銷管理

休閒農業是一種以結合農產品、農業經營活動、活用農村自然資源及人文資源的一種事業，因此爲求成功的經營就必須依賴有效的行銷管理活動。所謂行銷管理是指有關產品、定價、促銷、通路等各項行銷決策的分析、規劃、執行和控制。休閒農場的行銷管理活動可由下列步驟來加以說明（圖13-10）。

1. 農場使命與目標：休閒農業不同於一般工商企業，其肩負有維持農業生產、改善農村生活與環境生態保育的使命，因此休閒農場的經營除追求最大合理利潤外，亦須兼顧維持農業生產、改善農村生活與環境生態保育的使命。

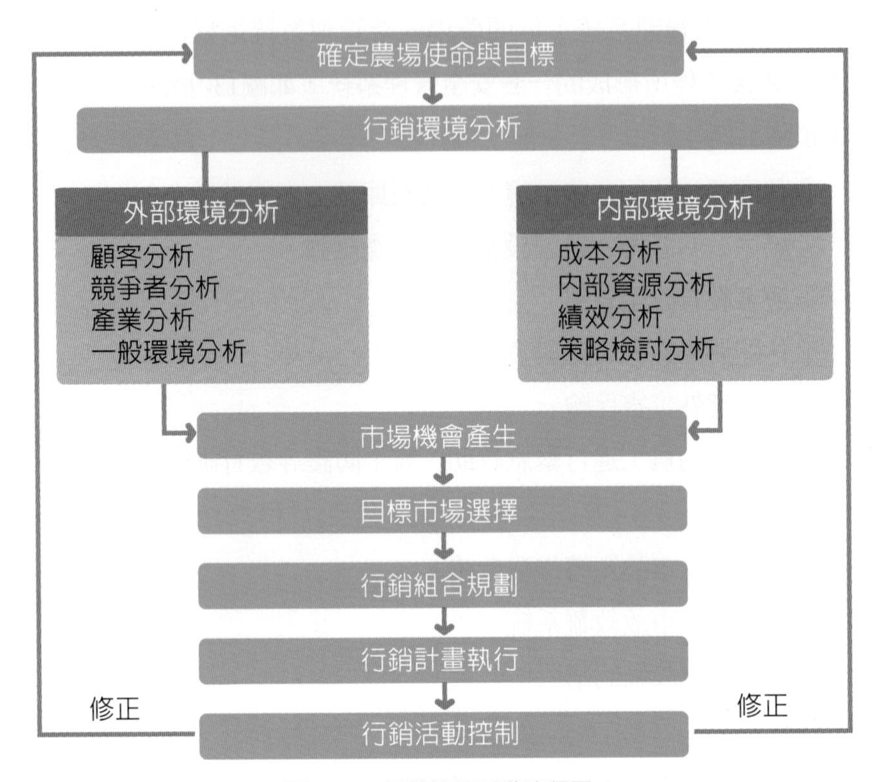

圖13-10　行銷管理活動流程圖

2. 行銷環境分析：行銷環境分析意指對農場所面臨的內外在環境力量的監視，其目的在於掌握農場外在環境的可能機會與威脅、內部環境的優勢和弱勢因素產生的源頭。因此可分為內、外環境分析加以討論：

(1) 外部環境分析

① 顧客分析：包括顧客年齡層、所得收入、教育程度、團體或個別遊客、顧客消費動機、顧客未獲滿足需求等。

② 競爭者分析：包括瞭解潛在競爭者、競爭者市場占有率、競爭者經營成本、競爭者獲利能力、競爭者的優勢與策略等。

③ 產業分析：包括休閒農業經營成功的因素、目前有多少競爭者等。

④ 一般環境分析：包括新技術的開發、政府法令規章及規範、經濟發展前景、生活方式及流行趨勢、人口變動趨向等。

(2) 內部環境分析

① 成本分析：包括經營成本高低、經營成本控制能力等。

② 內部資源分析：農場內有哪些資源？資源是否具開發價值？資源是否具多種規劃可能？

③ 績效分析：包括是否達成期望經營目標？歷年營業利潤？資源能否妥善運用？農場在遊客心目中的地位？

④ 策略檢討：包括過去農場所擬策略是否有效？是否有發展性？

3. 市場機會產生：透過農場內外部環境分析工作後，經由對外機會與威脅、對內優勢與弱勢的掌握，透過休閒農場內部資源發掘與配合，將可創造出新的休閒市場機會，吸引遊客前來消費。

4. 目標市場選擇：目標市場選擇即在廣大的消費市場中，以某些消費特性相同的遊客作爲主要的經營服務對象，一般目標市場選擇需先透過市場區隔過程。而所謂市場區隔即將市場依某種標準加以細分以後，給予不同的服務以創造更多的消費者。常見的區隔變數類型有地理變數、人文變數、心理變數、行爲變數等。

5. 行銷組合規劃：所謂行銷組合是指產品、定價、促銷、通路。

(1) 產品：休閒農場所提供的產品包括有形的農產品及無形的遊憩服務，其產品組合範圍相當廣泛，依不同經營型態有不同的產品組合。產品組合可依季節、消費特性、農場特性等來加以規劃。而產品組合應考慮多樣性與多變性，同時亦須注意每種產品的生命週期。

(2) 定價：定價是休閒農場的競爭手段之一，通常定價除需考慮成本外，同時也應考慮競爭者的價格及消費者所能接受的範圍。常見的定價方式有成本加成法、平均成本法、邊際成本法、需求導向定價法、習慣定價法、追隨領袖定價法、尖峰定價法等。

(3) 促銷：促銷的目的在於增加消費者對農場或產品的認知，進而刺激現有消費者或潛在消費者至農場消費。一般的促銷手段有：

① 廣告活動：利用大眾傳播媒介，如報紙、電視、雜誌、廣播、宣傳海報、郵寄簡介、網路等方式來達成促銷。

②人員銷售：雇用推銷員直接前往消費者家中直接與消費者接觸達成促銷目的。

③促銷活動：如農場內的展售活動、產品試吃或試飲、減價、贈獎、摸彩活動等。

④公共關係：利用農場對外的公共關係來達成促銷的目的，如免費報導即是。

(4) 通路：所謂通路是由生產者與消費者或使用者間的各種中間構成組。休閒農場的農產品可透過此種中間機構來加以銷售，也可透過仲介機構安排遊客至農場內消費，因此選擇正確的通路可縮短與消費者間的距離，減少中間剝削增加農場收益。

6. 行銷計畫執行（以農產品展售爲例）

農產品展售的重要課題可歸納如下：

(1) 塑造展售場的購物氣氛：休閒農場產品展售場除的氣氛好壞，將影響遊客的購買意願。所謂購物氣氛的塑造是指遊客由展售場外到展售場內，以及由看到買的這一連串的效果。通常由外到內的購物氣氛可由「三易效果」來表現，也就是賣場容易看到、容易進入及容易走動。而由看到買的氣氛也可由「三易效果」來塑造，分別是成列的農產品容易看到、容易接觸到及容易購買到。

(2) 具體表現賣場展售的特色：休閒農場展售區賣場特色的表現，是要能夠將農場的農特產品有效結合顧客之需求，因此最基本的就是要考慮產品的特色外還要考慮到要賣給誰？也就是所謂「顧客對象別」的設定。表現展售區的特色可由購買對象、農產品的用途與功能及購買者關心事項三方面來著手。在購買對象方面，可由購買者的性別、年齡、所得、職業等來塑造賣場的特色。另外在產品的用途、功能方面，則是利用產品如何使用？何時使用？何處使用？來創造賣場的特色。最後在購買者關心事項方面，則可由產品的型態、款式別、規格、價格、趣味等來塑造賣場的特色。

(3) 展售區的管理重點

①考慮展售產品的適宜性。

②重點展售產品的表現。

③展售區的裝飾應與所展售的農特產品配合。

④活用展示區內的陳列範圍（圖13-11）。

圖13-11　產品展售的陳列表現

⑤利用人員解說。

⑥靜態海報（POP）廣告的利用。

⑦展售區內照明的適宜性。

⑧後勤管理（如：倉庫管理、運輸管理等）的配合。

⑨公共設施（如：消防設施、廁所等）的配合。

7. 行銷活動控制：在行銷活動控制方面，可利用行銷成果來對行銷活動之規劃與執行加以控制、監督，並透過回饋活動來加以修正。

8. 休閒農業行銷四部曲：引人→留人→留錢→留心：休閒農業經營首先必須將遊客吸引到休閒農業區或休閒農場來旅遊。不管園區或農場之休閒資源多麼豐富，活動規劃多麼完善， 體驗內容多麼充實，沒有遊客前來消費亦無濟於事。遊客進來園區如果像在公路休息站只短暫停留，上洗手間後便離開，無法做較長時間的參與體驗活動，也很難從容採購商品，做較高金額的消費。即使遊客在園區停留下來，如果不設法使他們消費或購買商品，也無法達到經營的目的。最後遊客離開後如果沒有對該次旅遊達到滿足感，在心中沒有留下良好印象，也很難再次重遊或推薦給親友，如此對休閒農業園區或農場的行銷也未竟其功。

至於如何善用行銷策略，順利達成四部曲，每一個步驟均須有不同做法：

(1) 引人：首先可將休閒農業區或農場四季（或各月份）的主題特色資源運用各種行銷手法傳達給遊客知悉，同時亦可配合產業的與文化的節慶辦理趣味性，新鮮性或新聞性的各項活動，引誘媒體報導，增加曝光度引發民眾注意，吸引遊客前來園區或農場休閒旅遊。

(2) 留人：休閒農業與一般觀光旅遊業有所區隔，休閒農業的旅遊不是大眾化流動型，走馬看花的旅遊方式，而是定點深入的旅遊，所以休閒農業經營一定要做深度的導覽解說與體驗活動。藉著遊客親身參與解說教育以及園區資源的體驗活動，一方面達成休閒農業多面向的功能，另一方面可使遊客增加在園區的停留時間。

(3) 留錢：遊客一旦在休閒農業區停留時間延長後，如何使遊客從錢包掏出更多錢消費園區的商品，經營者必須加強研發創意性附加價值高的產品，來滿足消費者需求。同時在進行導覽解說及體驗活動時，解說人員在適當時機，亦可適度加入園區產品的行銷，使遊客有機會對園區所提供各項服務與商品，更加深入認識與了解，以誘發消費者的購買慾望。

(4) 留心：在行銷過程中，遊客消費行爲當然很重要，遊客體驗後對商品的滿意程度更應該重視，它是決定消費者再購買意願的重要因素。提升休閒農業的服務品質，增進遊客消費滿意度， 使遊客留下好的口碑，是獲得忠誠顧客消費者的重要利器。因此，在服務遊客過程中，如何使消費者感受到「驚奇」、「滿意」和「感動」是促使遊客「留心」的不二法門。

第 14 章

休閒農場經營診斷與評鑑

第1節
休閒農場經營診斷

一、企業診斷的意義與目的

(一) 診斷的定義和內容

根據並木高矣的理論：「企業診斷就是分析、調查企業經營的實際狀態，發現其性質、特點及存在的問題，最後提出合理經營的改革方案」。由此可知，診斷的第一步是採用各種資料蒐集方法對於企業現狀進行調查，再針對調查對象的性質選定適切專門分析方法，如經營分析、生產分析、策略分析⋯等。然後根據對實際情況的瞭解，明確企業性質、特點後，查明經營缺失所在，並提出改革方案，一方面改正缺點，另一方面則要制定企業發展的

圖14-1　自然景觀生態保育是休閒農農業的主體,圖為桃米休閒農業區
圖片來源：農業易遊網

具體措施。期使企業經營診斷達成企業能夠發揮更大效能，改進企業體制，增進企業利益，達到促進企業生存、繁榮、發展的目的。

爲了達到診斷目的，通常診斷完成後，尚需編制診斷報告書，並舉行說明會，最好能配合實施實務指導，以便使經營者或企業主能充分認識改革方案，接受輔導。

（二）診斷的目的

並木高矣認爲從長遠的觀點來看，一般中小企業經營不善而導致危機的因素有三方面：1. 經濟體制的衰老，活動能力減弱；2. 外部形勢的急劇變化，相對的企業競爭力降低；3. 經營方法的錯誤與不當，會導致徒勞無功，成功無望。爲了解決這些問題，在激烈的競爭中能繼續生存，企業要不斷努力，力求改革與謀求合理經營，提高生產效率，提升服務品質，防止企業失效現象，努力使經營結構恢復青春，同時要確定企業積極發展方向。所以，經營者對經營管理不可漫不經心，終日忙於日常事務，必須注重維持企業穩定發展。爲此，經營診斷尋找具體有效的方法，並根據判斷採取適當措施與積極方針，是企業永續經營與發展最重要的任務（圖 14-1、14-2）。

綜合學者的意見概言之，企業診斷的目的有下列數項：

1. 找出經營惡化的成因。
2. 指出管理措施的失當。
3. 清理產銷運用的失調。
4. 判斷整個活動的眞僞。
5. 重整全盤組織的再生。
6. 提高長期財力的收益。
7. 尋找經營不健全導致危機的因素。
8. 確定積極的發展方向。

圖14-2　休閒農場經營自我檢核，如生態工法步道是否能維護自然生態，保育環境資源

二、休閒農業經營診斷

(一)休閒農業發展方向之診斷

由於臺灣休閒農業發展歷史尚屬短暫,各方(包括經營者)對休閒農業本質的認知,尚未完全一致。因此休閒農場經營者所訂的發展目標可能有偏差,影響營運行爲。最明顯的是偏重商業利益,而忽視環境保護;強調遊樂,而輕忽農業經營,因此需要發展方向的診斷。

休閒農業的發展要把握正確的四項原則,發揮特定的功能。本書第二章與第三章,分別說明休閒農業發展原則爲:1. 以農業經營爲主體;2. 以自然環境生態保育爲重;3. 以農民利益爲依歸;4. 以滿足消費者需求爲導向。而休閒農業具有:經濟、社會、教育、環保、文化、遊憩及醫療七項功能。依此,休閒農業發展方向的診斷,應包括下列數項:

1. 是否以農業經營和農村文化爲主要內涵?
2. 是否具有引發遊客體驗大自然,學習農事、鬆弛心情、休養身心、提升性靈的作用?
3. 是否能維護自然生態與景觀,保育環境資源?
4. 農民收益能否增加?生活能否改善?
5. 農產品是否安全衛生?農特產品銷售更加通暢?
6. 休閒設施和體驗活動是否能滿足遊客的需求?

(二)休閒農場經營實務之診斷

1. 休閒農場經營診斷之意義

目前休閒農場經營者大多終日忙於日常業務,很少花時間注重農場積極發展方針之確定、經營體制之改進、外部環境或情勢的變化(進步與發展),尤其是正在發展中的產業、景況良好的企業及傳統產業,往往對經營漠不關心,如此可能不管怎樣努力也很難成功。

休閒農場經營診斷,以分析休閒農場經營狀況,發掘問題癥結,提供改善方案,增強企業體質,促進合理化經營爲目的的管理技術。

2. 休閒農場經營診斷的種類

(1) 按診斷主體來劃分

①自我診斷：休閒農場自我反省、自謀改進，可利用休閒農場自我檢核表經常實施，如表 14-1。

②外部診斷：由農場以外的專家採用專門技術實施診斷。較具系統性，但不易經常實施。由於外部診斷較客觀，農場內部人員也較能接受專家意見，故一般說到診斷大多指外部診斷。

(2) 按診斷範圍來劃分

①綜合診斷：全盤性診斷整個經營過程中的問題。

②部門診斷：以行銷、生產、服務等特定功能，或特定業務別（如民宿、餐飲、遊憩活動等活動）爲診斷的對象。

(3) 按診斷性質來劃分

①管理診斷：在目前既有的經營方針下，診斷營運行爲。

②策略診斷：診斷組織型態、經營方針、合作策略等高層問題。

(4) 按診斷對象和目的來劃分

①個別診斷：以個別企業做診斷對象，提出個別農場的經營問題。

②集團診斷：以企業集團的診斷對象，提出集團共同存在的經營問題，研究整體集團的產業繁榮對策。

(5) 按診斷實施者來劃分

①民間諮詢人員：屬於個人或集體的收費診斷。診斷人員係國家承認的診斷專家、技術人員或民間團體承認的經營專家或管理專家。

②官方診斷機構：按照國家政策對休閒農場進行診斷指導的機構、學校或團體。

③特殊診斷機構：民間社團組織、團體進行的經營諮詢或簡單的診斷。

(6) 按診斷的實施階段來劃分

①預備診斷：爲正式診斷作做準備，根據調查所得資料決定正式診斷的實施方針，同時收集、編寫正式診斷所需要的資料。

②正式診斷：由數名專業人員或諮詢人數來進行，劃分爲三階段：現狀調查→編寫建議書→在會議提出報告。

正式診斷結束後，根據特定的課題，可繼續進行長期指導（表 14-1）。

表14-1　休閒農場經營自我檢核表

檢核項目	是	否
1. 目前的組織型態是否能有效配合業務發展？	☐	☐
2. 組織成員之間是否有良好的合作關係？	☐	☐
3. 是否以農業經營為主，而非遊樂區經營？	☐	☐
4. 是否能結合地方的農村文化特色？	☐	☐
5. 是否能維護自然生態，保育環境資源？	☐	☐
6. 農民收益是否增加？生活是否改善？	☐	☐
7. 經營上，是否能展現競爭優勢？	☐	☐
8. 是否按土地性質及經營需要，分區規劃遊憩活動及設施？	☐	☐
9. 休閒農業之設施，是否按有關法令之規定辦理？	☐	☐
10. 場內各項營運行為，是否依相關法令辦理？	☐	☐
11. 是否訂定遊憩容許量，控制遊客容量，以確保遊憩品質？	☐	☐
12. 經營者理念是否合宜？策略是否正確？	☐	☐
13. 經營者是否能經營掌握遊憩市場的資訊及顧客的反應？	☐	☐
14. 是否定期實施市場調查，分析消費者需求？	☐	☐
15. 是否有定位目標市場，選擇主要的顧客群？	☐	☐
16. 農產品銷售及遊憩服務，是否注重品質？	☐	☐
17. 場內各項定價是否合理？	☐	☐
18. 本場的對外交通是否便利？	☐	☐
19. 宣傳促銷是否足夠？	☐	☐
20. 是否建立企業識別體系（CAS）？各項設施或活動建立一致的特色？	☐	☐
21. 場內各項活動及設施之間，是否能發揮互補或互助的功能？	☐	☐
22. 農產品是否衛生安全？	☐	☐
23. 停車場車位是否足夠？是否有管理辦法？	☐	☐
24. 場內與場外的自然景觀資源是否能充分利用？	☐	☐
25. 人員解說與非人員解說（視聽媒體、展示、出版品）是否完備？	☐	☐
27. 餐飲服務是否能控制成本，產生利潤？	☐	☐
28. 農莊民宿是否能結合鄉土特色？	☐	☐
29. 污水及垃圾處理是否合乎環保的標準？	☐	☐
30. 危險場所是否樹立安全警告標示？	☐	☐
31. 設施周圍綠化美化是否足夠？	☐	☐
32. 提供的遊憩服務，顧客是否滿意？是否能吸引顧客舊地重遊？	☐	☐
33. 人員分工是否清楚？指揮及負責體系是否明確？	☐	☐
34. 人力資源是否給予應有的訓練、激勵及發展？	☐	☐
35. 場內各項設施事先是否實施投資分析？	☐	☐
36. 是否有健全的會計制度？是否實施財務分析？	☐	☐
37. 對各項業務是否建立利潤中心制度？	☐	☐
38. 農莊民宿的營運是否能達到損益平衡點？	☐	☐
39. 是否訂定短期、中期、長期的發展計畫？	☐	☐
40. 是否不斷創新，一年比一年進步？	☐	☐

資料來源：段兆麟，1998

3. 診斷的項目

(1) 管理面：組織與管理、市場與行銷、資源與技術、人力與領導、成本與財務、研發與創新等。

(2) 業務面：農業經營、餐飲服務、住宿經營、民俗文化、生態景觀、解說服務、體驗活動等。

4. 診斷的程序

政府機關、學術機構或企管顧問公司受理休閒農場經營診斷申請案後，由相關專長之診斷專家組成診斷小組。依照下列程序實施診斷：

(1) 蒐集資料：包括現有資料及需要重新調查的資料。前者以休閒農場的記帳資料及經營記錄爲主。後者診斷小組可採取觀察、深度訪談、問卷調查、實驗等方法蒐集必要的資料。

(2) 分析資料：包括財務分析及統計分析。財務分析就休閒農場之收益力、安定力、活動力、生產力、成長力等方面衡量之，以明瞭整體營運之績效。統計分析係就遊客成長預測、遊客問卷調查分析及經營資料等項爲之。

(3) 研判問題癥結：問題癥結之研判，盡量使用圖表，以說明問題成因，指出改進的方向。

(4) 研商改進方案：研商經營改進方案，須經全體診斷人員協商，並與經營者面談，務求周延可行。

(5) 提出診斷報告：診斷小組彙整診斷結果後，提出診斷報告。建議事項應具體可行，必要時分短期與長期的改進建議。

(6) 舉辦說明會：由診斷專家或諮詢人員向休閒農場經營者與相關人員就診斷結果提出說明。

(7) 實施輔導：由專家或相關人員進行實務指導工作。

第2節 休閒農場評鑑

一、評鑑之意義、目的與功能

（一）評鑑之意義

評鑑（Evaluation）對人類的行爲或組織的行動，可能是一項必要且不可或缺的要素。評鑑就是設定目標，訂定各項評鑑指標，蒐集所有相關資訊，利用量化或質化方法，對蒐集的資料經過專業的分析做出公正的判斷，而變成有用的資訊，作爲目標導向或是目標修正的依據。總之，評鑑基本上是一種行政管理的工具，也是一個有系統、正式的過程，包括一系列的步驟與方法以蒐集和分析各種有關的客觀資料，測量某一機構或經營主體達成目標的進展程度。提供決策者做爲選擇合理方案的參考依據。

（二）評鑑之目的

美國著名評鑑學者 Scriven 曾說：「評鑑的目的不在証明什麼，而在求改進」。評鑑必須符合以下四個條件：

1. 評鑑應當是有用的（Useful）：評鑑可協助被評鑑對象確認其優點與缺點、問題所在及改進方向。
2. 評鑑應當是可行的（Feasible）：評鑑應運用評鑑程序，並有效的予以管理。
3. 評鑑應當是倫理的（Ethical）：評鑑應提供必要的合作，維護有關團體的權益，不受任何利益團體之威脅與妥協，恪遵應有之倫理。
4. 評鑑應當是精確的（Accurate）：評鑑應清楚描述評鑑對象之發展，顯示規劃、程序、結果等，並提供有效之研究結論與具體建議。

由此可見，評鑑的目的在瞭解組織所發生的問題，預估內部與外部環境的配合程度，指引決策或行動，拉近預期與實際間的差距。所以評鑑應是有導向性（Orientation）、整體性（Totality）、連續性（Continuity）、實證性

（Empirical）、差距性（Discrepancy）、聯貫性（Context）等六大特性，評鑑能落實於行動中，才是評鑑最終之目的。質言之，評鑑之目的可說是一種品質保證、績效責任、認可的制度、改革的依據，亦是做爲機構發展的參考指標。

（三）評鑑之功能

「評鑑」在計畫發展過程中，經常變爲最弱之一環，管理人員花很多時間與精力在擬定計畫與執行計畫，卻很少做正式評鑑工作，其實評鑑在計劃發展過程中扮演很重要角色，它對計畫發展與執行有很多益處。

定期進行評鑑是現今每個機構經營時所需具備的必要過程。評鑑應成爲一項例行性的工作。用以檢視機構的內部運作，外部服務品質，以促使服務日新又新。它也是藉此系統自省、內省、據以修正、調整運作，乃至繼續生存的不二法門。

二、評鑑之種類

根據一個組織或機構之計畫發展過程、時間先後、評鑑範圍大小，以及決策層次，評鑑可區分爲下列數種：

1. 依計畫發展過程，可分爲構成評鑑（Formative Evalution）與總結評鑑（Summative Evaluation）。後者在教育事件的終結決定成果的評鑑謂之；通常發生在計畫的終結。發生在教育計畫進行的行爲過程中的評鑑稱爲構成評鑑，這種評鑑在工作人員的計畫發展過程中通常是不正式的做，他可評鑑每一個過程的項目，其任務在發現缺點並校正計畫，以確保達成計畫的成功。
2. 依計畫發展的時間先後，可分爲立標評鑑（Benchmark Evaluation）與結果評鑑（Result Evaluation）。後者與前項敘述同，而立標評鑑乃是在計畫未實施前所做評鑑以瞭解教育對象的情形，以做爲將來計畫實施後對象行爲改變及結果考核之成果對照比較之用。

3. 依評鑑範圍大小，可分爲計畫評鑑（Program evaluation）與教育評鑑（Instructional Evaluation）。計畫評鑑是對教育計畫領域做較廣泛的檢查，對整個計畫的活動資料的蒐集與判斷，以促使整個計畫成功， 列在計畫發展過程的最後一個步驟。教育評鑑被列在計畫執行過程中，與一個特殊的教育活動有關，如對每一個教育活動訂出標準、設立目標、資料蒐集、下判斷等皆是。計畫評鑑與教育評鑑間的關係， 如圖14-3，一連串教育評鑑結果被用爲整個計畫評鑑的證據。

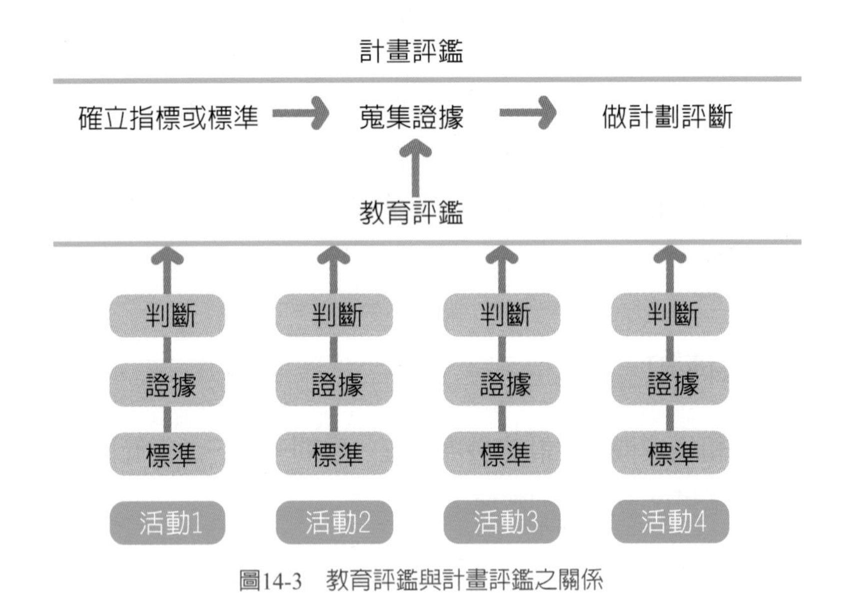

圖14-3　教育評鑑與計畫評鑑之關係

4. 依工作決策層次，可分爲結構評鑑（Contest Evaluation）、投入評鑑（Input Evaluation）、過程評鑑（Process Evaluation）及成果評鑑（Product Evaluation）。在計畫發展工作過程中，必須做四種決策，即計畫的決策（Planning Decisions）、結構的決策（Structuring Decisions）、執行的決策（Implementing Decisions）及再生的決策（Recycling Decisions）。

計畫的決策旨在確定主要改變之目標；結構的決策旨在設計達成計畫決策目標的手段，即決定工作方法、內容、組織、人員、時間、設備及經費等變數；執行的決策旨在運用、控制及調整工作程序或執行行動計畫。再生決策則在對成果之判斷與反應，以決定是否持續、終止或改進活動。伴隨著這四種決策便產生了前述四種型態的評鑑。

(1) 結構的評鑑：其目的係爲確定之計畫目標提供一個理論基礎。這個層次的評鑑著重於社會結構中的權力結構（Power Structure）如何影響計畫的實施，以及組織的有關環境對成果的影響。結構評鑑可以提供對其他層次作有效的評鑑，一個社會結構的性質，將決定一個質與量的投入，以及方法的應用和結果的預期。

(2) 投入的評鑑：其目的係爲所決定達成之計畫目標，提供如何運用資源的訊息，其中包括：A.達成計畫目標的策略；B.有關機構的包容能力，以及C.執行計畫的工作方案。總之包括所有投入的資源，如人員、活動、設備、經費、用具、時間，以及所需的訓練等。對新的行動計畫探討何種資源的投入是必須的，對正在進行的計畫則測定投入是否足夠適應目前的目標，用以決定是否需要修正計畫。

(3) 過程的評鑑：又稱方法的評鑑，其目的有三，監視或預測計畫執行時原設計程序或方法之缺點、對計畫的決策提供消息，以及對工作實施程序保存記錄。

因此；這種評鑑必須查視計畫的實施方法與步驟，並探討方法在影響投入與成果兩因素的關係。過程評鑑需隨時考察在執行計畫的各個過程，以便查視及解釋其正反的結果。

(4) 結果的評鑑：其目的不但在測量與解釋某種作業的結果，而且當作業期間也需要明瞭其進行情形；這種評鑑著重計畫的目標如何達成？並藉以發現結構、投入及方法諸因素的優缺點。

三、評鑑的步驟

1. 確定評鑑的問題：決定什麼問題、活動、工作、方法或情況需要去評鑑，想要找出什麼答案，評鑑結果如何應用。
2. 確定評鑑宗旨（樹立評鑑目標）：評鑑所需瞭解的是現況，評鑑中需要解答那些問題？均需敘述清楚以當作評鑑的方向及達成何種目標？

3. 決定評鑑的指標：指標之決定，涉及改變之層次及評鑑之依據，為評鑑核心。指標是提供證據的具體所在。當一個工作的目標太模糊，或者根本沒有目標時，只好訂下標準當作評鑑的基礎。
4. 確定蒐集證據的工具或方法： 證據的來源有現成的，有使用標準來測定的，有些是使用各種方法如問卷訪問、個案研究、深入觀察與訪談，同時最重要的是設計收集證據的工具或技巧。
5. 選定評鑑對象：確定對象是何種類型經營體或哪些人員？調查訪問對象是全體亦或選樣？如為選樣，則決定抽樣的方法。
6. 評鑑表格設計：表格方式、有關問題、問題構造、問題的排列秩序及試查與改正。
7. 資料蒐集：應用訪問、郵寄、觀察、次級資料統計分析等方法及誰負責蒐集。
8. 資料整理與分析：分類、歸類、表格、分析及關係說明。
9. 結果說明：準備圖表、總結結果、建議。
10. 報告與運用：將評鑑結果寫成報告後送有關單位參考應用，以收評鑑之目的。

四、休閒農場評鑑

我國休閒農業輔導自 1992 年 12 月首次發布實施「休閒農業區設置管理辦法」，歷經數次修正，至 2002 年已有數十家休閒農場合法成立，但仍有許多農場極思轉型或努力取得合法經營許可。行政院農業委員會為建立休閒農場品質認證制度，曾於 2004 年補助臺灣休閒農業學會辦理優良休閒農場選拔，評選優良休閒農場以做為未來建立休閒農場品質認證的基礎。故臺灣休閒農業學會特別組成優良休閒農場選拔委員會，首先訂定「優良休閒農場甄選作業要點」，再訂定評選項目與優良休閒農場評分表，接著選定評選小組成員並進行實地評選作業。

推動優良休閒農場之認證制度與評鑑標準，促使我國休閒農業之管理制度更爲完整。藉由明確的評鑑項目及評鑑標準，不但休閒農場經營者有確切指標可循，據以力圖改善農場品質及經營型態，一般民衆亦可因優良休閒農場標章之標示，而增加其至農場旅遊消費之意願，對於臺灣休閒農業之永續發展有正面意義。

優良休閒農場評選，以休閒農場「服務及體驗活動」、「餐飲服務」、「住宿服務」三大部門，滿分各爲100分，達到70分列爲優良休閒農場；其中「服務及體驗活動」爲必備評選項目，必須達70分，始具有優良休閒農場之基本條件。

因各休閒農場所提供之服務品質不一，農場主人或經營者與遊客之間對休閒農場服務項目及水準之認知頗有差距。故評鑑之目的祈使各農場能滿足遊客的服務品質之需求。總之休閒農場評鑑主要目的爲：

1. 確保休閒農場服務品質。
2. 引導休閒農場提升經營管理能力。
3. 提供休閒農場服務品質保證（Quality Assurance）。
4. 評鑑結果做爲決策依據。
5. 提供相關單位作爲輔導參考。

目前休閒農場評鑑制度分爲「休閒農場服務認證」與「特色農業旅遊場域認證」兩種。服務認證制度於2010年開始正式建立並制定「休閒農場服務認證要點」，主要以提升服務品質爲訴求，強化產業管理效能，但「休閒農場服務認證」僅針對領有登記證之休閒農場，因目前仍有許多休閒農業產業經營體未領有休閒農場登記證故無法適用。因此以「特色農業旅遊場域認證」提供旅人具特色且優質之農業旅遊，其經營主體爲休閒農場以及其他農業旅遊經營體兩類，「特色農業旅遊場域認證」於2019年開始舉辦，評選內容將於第5節詳細介紹。

第3節 2017「休閒農場服務認證」評選實例

行政院農業委員會爲建立休閒農場服務認證制度，以提升休閒農場服務品質，達成休閒農場永續發展，於2010年開始正式建立臺灣休閒農場服務認證制度，並制定「休閒農場服務認證要點」做爲推動認證作業之依據。

一、休閒農場服務認證要點（2017，臺灣休閒農業發展協會）

（一）依據

評臺灣休閒農業發展協會（以下簡稱本會）依據本會休閒農場服務認證委員會組織簡則與休閒農業輔導管理辦法第27條、第29條規定訂定休閒農場服務認證要點（以下簡稱本要點）。

（二）目的

爲落實休閒農場永續經營，期透過本要點的實施來提升休閒農場服務品質，以建立休閒農場品牌形象，提供國人優質休閒農場旅遊爲目的。

（三）執行單位

休閒農場服務認證工作由本會設立休閒農場服務認證委員會統籌辦理。

（四）申請資格

取得行政院農業委員會許可登記證與專案輔導之休閒農場，得依本要點規定主動向本會提出申請，應檢附文件如下：

1. 休閒農場服務認證申請書。
2. 休閒農場許可登記證影本。
3. 休閒農場服務管理評選業者自評表及佐證資料

（五）實施架構

1. 設立「認證委員會」，負責訂定休閒農場服務認證制度與要點、評選委員及診斷人員資格核定、休閒農場認證結果審查及申覆案審查等工作。
2. 設立「特色管理評選小組」，請評選委員以現場訪視之方式進行休閒農場特色管理評選。
3. 設立「服務管理診斷小組」，請診斷委員以神秘購物客法進行休閒農場服務管理診斷（圖14-4）。

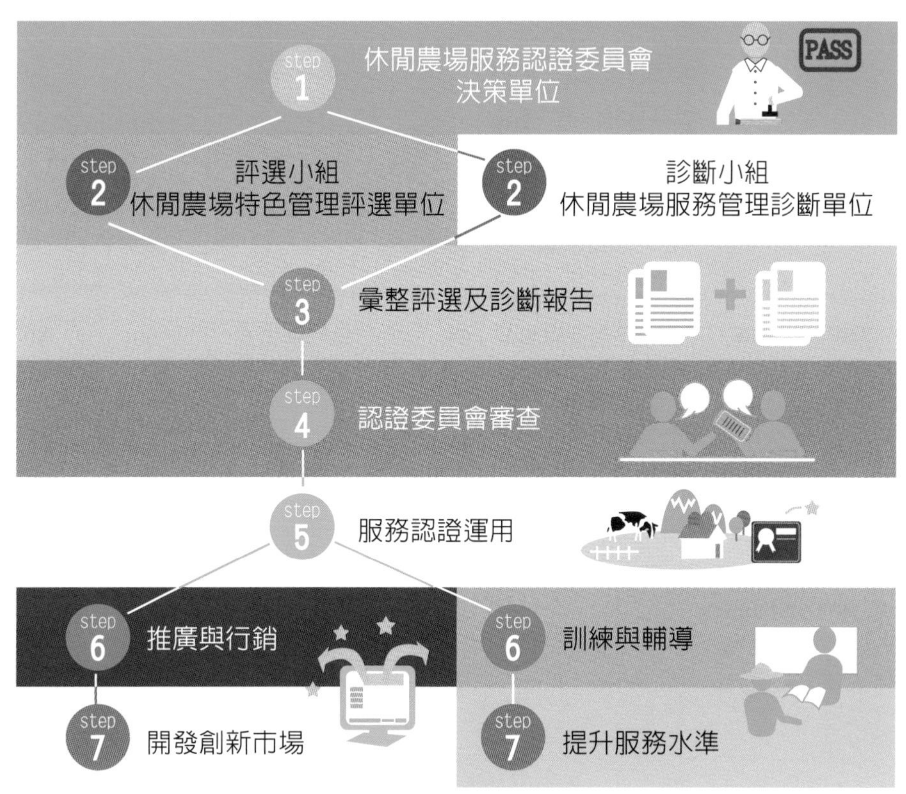

圖14-4　休閒農場服務認證制度實施架構

資料來源：臺灣休閒農業發展協會

（六）認證標準

本認證分為「特色管理評選」及「服務管理診斷」二部分。「特色管理評選」與「服務管理診斷」各占總認證 50%；其中特色管理評選之農場服務管理占 10%、農場特色營造、綠色餐飲服務各占 20%。特色管理評選及服務管理診斷二部分總分各達 35%（70 分）。（且特色管理評選之農場服務管理、農場特色營造與綠色餐飲服務評選指標，均需各達總分之 70%以上為通過本認證）（表 14-2）。

表14-2　認證標準評分比例

項目	細項	評選方式	分數	總分
一、特色管理評選	農場服務管理（10%）	現場訪視	10	50
	農場特色營造（20%）		20	
	綠色餐飲服務（20%）		20	
二、服務管理診斷	1. 網路資訊服務（6%） 2. 電話服務（2%） 3. 前往農場途中及抵達時的現場狀況（4%） 4. 櫃檯服務（6%） 5. 環境景觀與整潔（6%） 6. 販售服務（4%） 7. 活動服務（6%） 8. 餐飲服務（8%） 9. 農場特色（4%） 10. 農場整體服務價值（4%）	神秘購物客	50	50
總分			100	100

資料來源：臺灣休閒農業發展協會

二、評選實例

(一)特色管理評選——農場特色營造

休閒農場服務管理評選標準——農場特色指標係指農場服務項目結合農場資源特性，包括：農場服務管理、農場特色營造和綠色餐飲服務。

特色管理評選表主要在檢視農場內部服務管理及呈現農場資源、開發產品、體驗活動、餐飲等特色(圖 14-3)。

表14-3 休閒農場特色管理評選標準

類別	評選內容	問項	備註
1	農場特色營造	1-9	有取得休閒農場登記證者
2	綠色餐飲服務	10-19	有取得餐飲營業登記證者
3	各類別加分題	-	取得加分題項者，於各類別總分加 1 分至滿分為止。

資料來源：臺灣休閒農業發展協會

1.「特色管理評選」項目表——農場特色營造(9題)

評選項目
1. 休閒農場具備農業資源的獨特性或豐富程度。
2. 休閒農場對生態環境維護的重視程度。
3. 休閒農場設施與農業特色的融合程度。
4. 休閒農場利用農業文化資源的程度。
5. 休閒農場產品或服務呈現創意加值的程度。
6. 體驗活動與農場資源的結合程度。
7. 解說服務設施的完備程度與維護情形。
8. 提供文宣品等解說輔助工具的情形。
9. 農場特色資源結合農業伴手禮開發。

2.「特色管理評選」項目表──綠色餐飲服務（10題）

評選項目
1. 農場廚師是否領有丙級(含以上)廚師證照？(必要指標)
2. 餐飲結合在地食材的運用程度。
3. 餐飲強調健康調理概念，並具地方特色。
4. 儲存食材以生、熟食分開管理並保持新鮮清潔之程度。
5. 選用環保可重複使用餐盤與餐具，取代免洗拋棄式程度。
6. 餐廳依循正確垃圾分類方式。
7. 餐廳依循正確廚餘分類方式。
8. 服務人員了解餐飲服務內容，且主動提供適量餐飲建議給顧客。
9. 農場廚師工作時穿戴整潔衣帽或制服的情形。
10. 農場在地特產食材以再製方式融入體驗活動。

(二)服務管理診斷

以神秘購物客方式至現場實地體驗消費，從網路資訊服務、電話客服應對服務，前往農場途中及抵達時的現場狀況、櫃檯服務接待及環境景觀與整潔、販售服務、餐飲、農場特色及整體服務價值等的總體診斷。

第4節 臺灣休閒農場服務認證概況

推動休閒農場服務認證，主要目的是爲遊客提供優質服務的休閒農場，提升遊客旅遊滿意度，希望透過服務認證來協助農場發掘並改善服務缺口，建立臺灣休閒農場的服務口碑與品牌價值（圖 14-5）。服務品質被認爲是休閒農場經營的關鍵成功因素，更是提升遊客旅遊滿意度的基石，藉由服務品質診斷與服務管理評選的雙重認證，確實可以掌握經營現況、發現服務缺失，透過輔導、訓練及行銷來拉近業者與消費者間服務品質的差距，拉近農場間服務品質上的差距，亦可提升休閒農場的競爭力，改進經營管理能力，達成優質產品之產出（圖 14-6）。

服務品質認證包含：

圖14-5　休閒農場服務認證主要目的

圖14-6　臺灣休閒農場服務認證包括體驗服務管理和餐飲服務管理

圖片來源：臺灣休閒農場服務認證網站 http://www.taiwanfarm.org.tw/sqc

休閒農場服務認證的有效期限爲三年，業者需在有效期限屆滿前六個月內提出延續使用之申請，逾期視同放棄。經延續使用申請手續完成，將由「臺灣休閒農業學發展協會」委派認證委員（或）評選委員進行複查，並將複查結果提交認證委員會審查。

獲得「服務品質認證」的農場，即可獲得認證證書乙只（圖 14-7），正式取得認證資格，不但能持續接受行銷、教育訓練與諮詢輔導，也能在更多管道平台曝光以及對國內外做宣傳銷售。

獎勵措施如下：

1. 行銷獎勵措施：國內外旅展活動行銷、文宣品宣傳製作、網路平台行銷、列爲學校校外教學、環境教育及公務人員國民旅遊優先推薦對象，列爲道路指示標誌推薦對象。例如「2017休閒農場服務認證專書」就收錄通過服務認證的36家休閒農場。其他行銷通路及管道如聯合摺頁（中、英、日、韓語）、服務認證網站（中、英、日語）、串聯觀光局與農業易遊網網站等。
2. 輔導獎勵措施：顧問諮詢輔導、列爲伴手禮開發輔導優先補助對象、列爲休閒農場從業人員職能訓練優先錄取對象。
3. 另外還可納入休閒農業區評鑑加分。

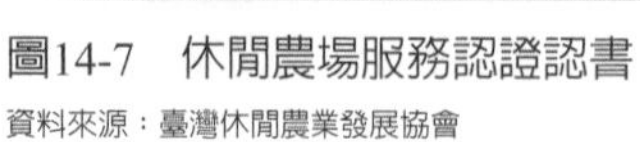
圖14-7　休閒農場服務認證認書

資料來源：臺灣休閒農業發展協會

從2010年開始實施休閒農場服務認證制度，截至2018年7月，全台共有36家休閒農場通過服務認證。其中北部15家最多，其次爲中部11家，南部8家、東部2家（表14-4、圖14-8）。

表14-4　休閒農場服務認證場家一覽表

區域	縣市別	場家	休閒農場名稱
北部	新北市	3	雙溪平林休閒農場、阿里磅休閒農場、準休閒農場
	宜蘭縣	8	北關休閒農場、頭城休閒農場、旺山休閒農場、東風有機休閒農場、三富休閒農場、勝洋休閒農場、廣興休閒農場、香格里拉休閒農場
	桃園市	2	好時節休閒農場、林家古厝休閒農場
	新竹縣	2	綠世界休閒農場、雪霸休閒農場
小計		15	
中部	台中市	1	沐心泉休閒農場
	苗栗縣	5	山板樵休閒農場、花露花卉休閒農場、春田窯休閒農場飛牛牧場休閒農場、雲也居一休閒農場
	彰化縣	3	東螺溪休閒農場、森18休閒農場、魔菇部落休閒農場
	南投縣	2	台一生態休閒農場、武岫休閒農場
小計		11	
南部	台南	5	仙湖休閒農場、南元休閒農場、大坑休閒農場、台南鴨莊休閒農場、走馬瀨休閒農場
	屏東	3	不一樣鱷魚生態休閒農場、福灣養生休閒農場、薰之園休閒農場
小計		8	
東部	花蓮縣	1	新光兆豐休閒農場
	台東縣	1	布農部落休閒農場
小計		2	
全台合計		36	

資料來源：臺灣休閒農業發展協會

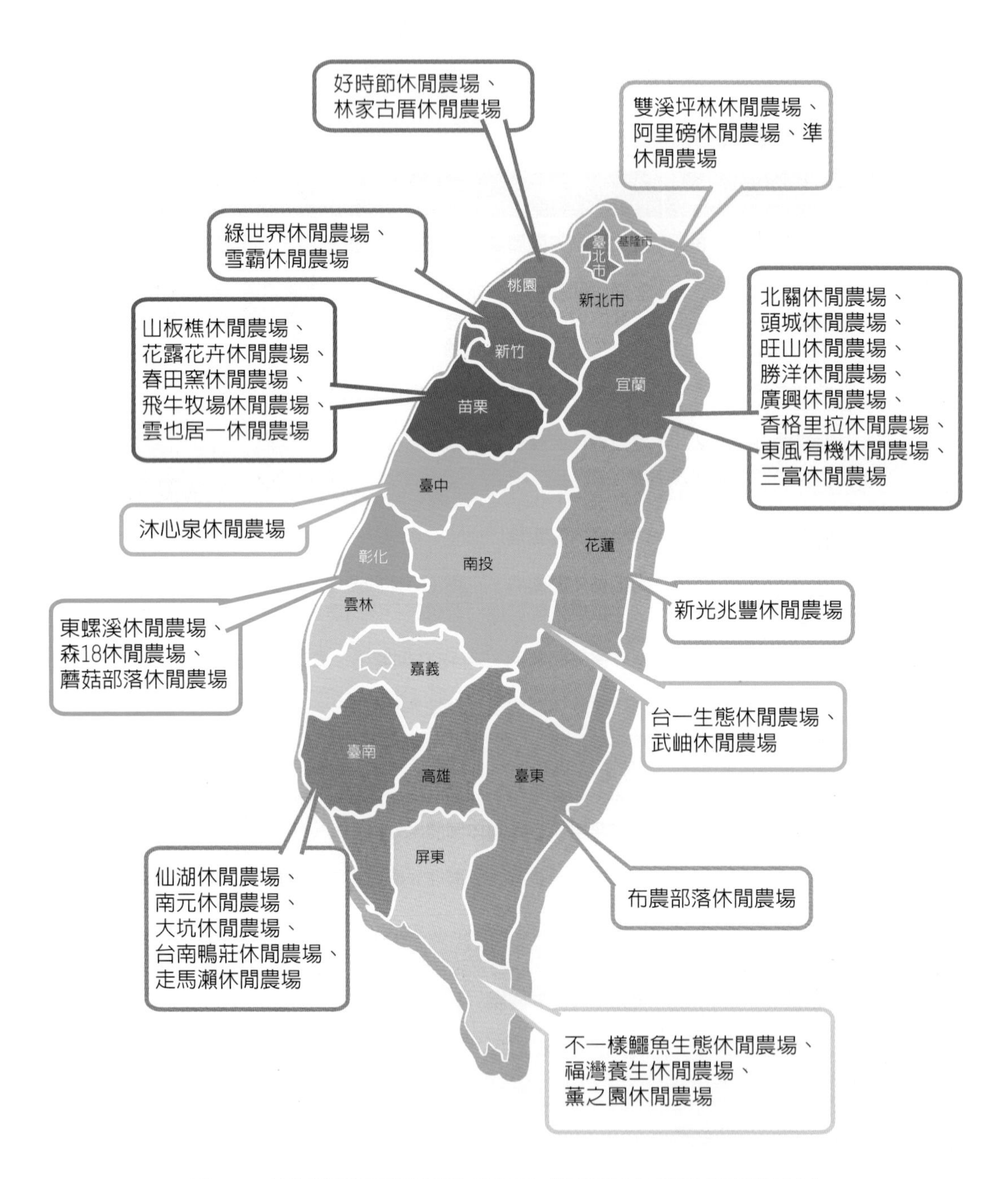

圖14-8　休閒農場服務認證場家分布圖（資料來源:臺灣休閒農業學會）

第5節 特色農業旅遊場域認證

為落實農業旅遊之永續經營，臺灣休閒農業發展協會希望透過「特色農業旅遊場域認證」的實施，提升農業旅遊之「品牌化」、「品質化」與「國際化」，以建立農業旅遊經營之品牌特色與形象，以提供旅人具特色且優質之農業旅遊。

「特色農業旅遊場域認證」與「休閒農場服務認證」最大的不同在於，服務認證以提升服務品質為訴求對於農業生產本質要求不高；服務認證強化產業管理效能，未能凸顯休閒農業特色。而「特色農業旅遊場域認證」則是以建立農業旅遊經營之品牌特色與形象，提供旅人具特色且優質之農業旅遊為目的。「休閒農場服務認證」僅針對領有登記證之休閒農場，多數休閒農業經營體無法適用；「特色農業旅遊場域認證」則分為兩類【第一類】經營主體為休閒農場，【第二類】經營主體為其他農業旅遊經營體。

「特色農業旅遊場域認證」於2019年開始每年舉辦兩次，每梯次分為二階段，第一階段為申請與資格審查，第二階段則為現場審查（圖14-9）。

一、實施架構

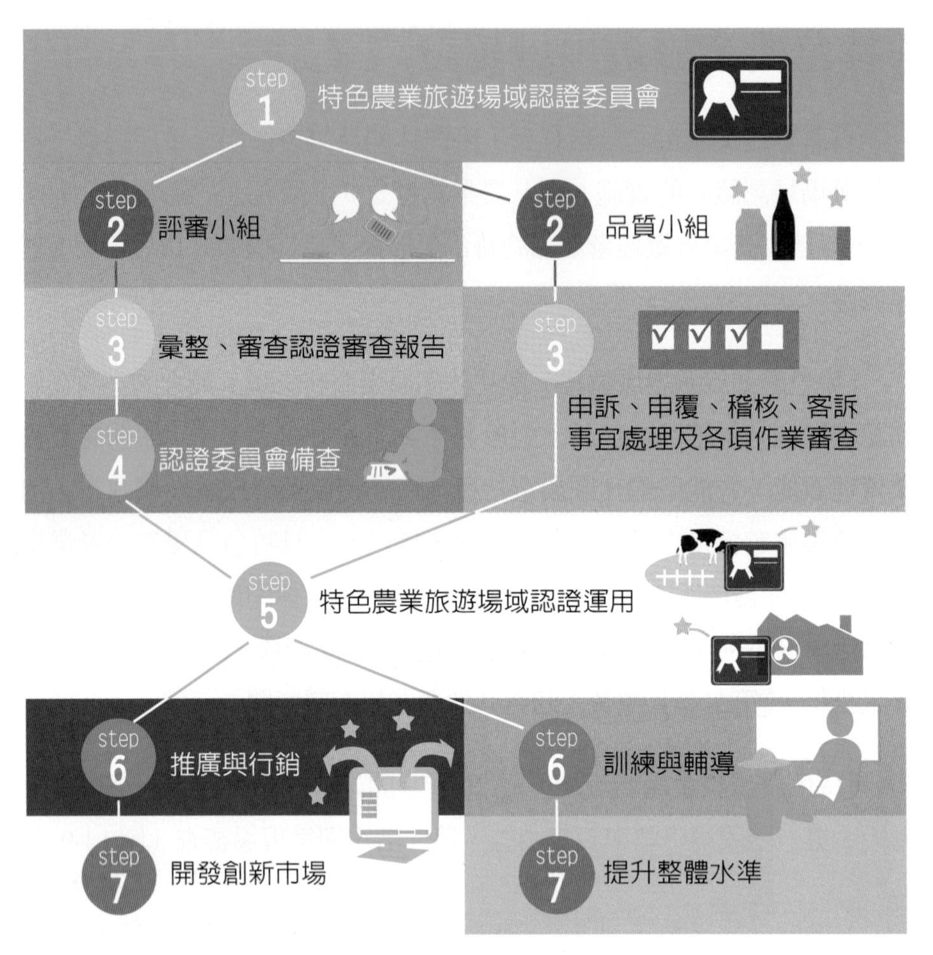

圖14-9　特色農業旅遊場域認證制度實施架構

資料來源：臺灣休閒農業發展協會

二、認證標準

評選標準以整體環境與經營、特色產業之資源 / 建築設施、特色產業之服務 / 體驗活動、特色產業之經營 / 行銷等四個構面來建構臺灣農業（產業）特色旅遊的指標系統；在四大構面之前，以「農場內特色作物生產的比重」作爲關鍵的門檻，以確認該場符合次類特色產業農遊的基本要件（圖 14-10、14-11）。

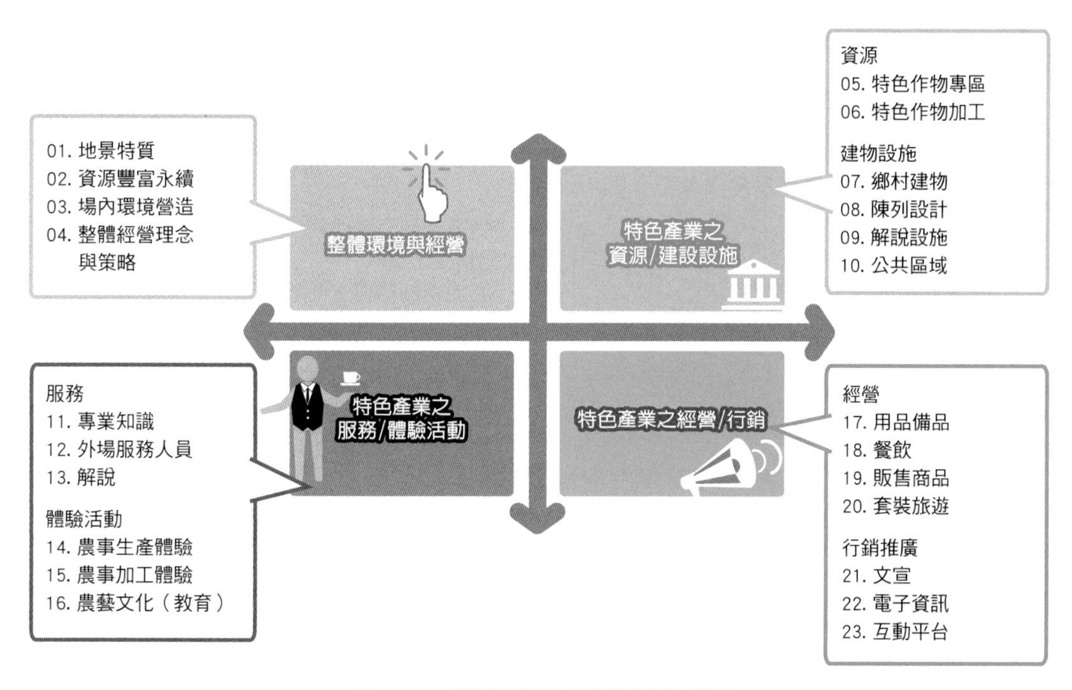

圖14-10　評選標準的四個構面與題項

資料來源：臺灣休閒農業發展協會

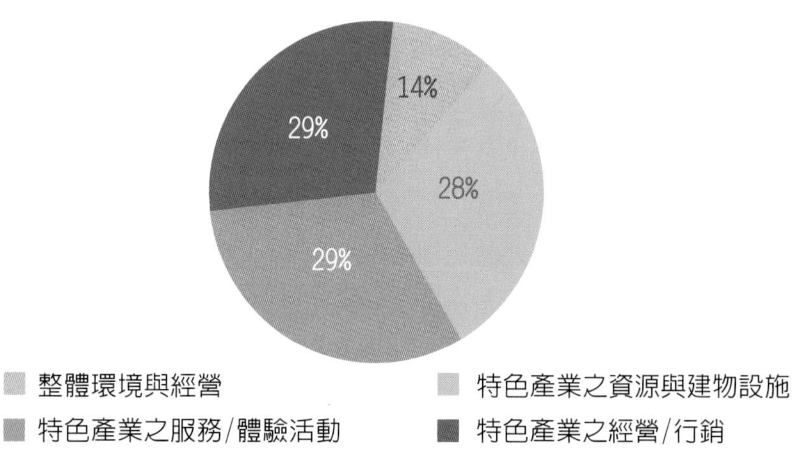

圖14-11　評選內容所佔比例

（一）關鍵門檻：農場內特色作物生產的比重

1. 自有耕地、契作、承租或長年使用之公有區域可併計。
2. 特殊禽畜類(鴕鳥、鱷魚等)，門檻數量比照畜牧。
3. 達門檻第二階層標準者，視爲通過門檻要求。

（二）四個構面評選內容

【類別1】 整體環境與經營	
評選項目	說明
01. 農場環境周遭具鄉村地景特質（如森、川、山、海）	* 農場周遭分布有農作耕作場域、農家聚落，使人感受到鄉村風情。 * 鄉村的地景的描述，可參考整理之詞彙列
02. 自然生態資源豐富，重視生態資源與永續作為。	* 自然生態資源指的是整體 (農場內外) 的狀況 * 可提供試評委員所觀察使用之詞彙列表供參考。
03. 農場內整體環境營造是否呈現出鄉村感，能感受到農家生活步調。	* 農場內環境營造的創意效果，可納入質性加分項目中。
04. 農場特色產物的整體經營理念與策略。	* 農場針對該特色產物的整體經營理念與策略。評量以目前已經執行為主，未來發展為輔。
【類別2】特色產業之資源/建物設施—資源	
05. 農場規劃之特色產物專區（特意規劃出的特色產物耕作專區，例如，XX 區等，形成農場景觀上的特色，也方便遊客觀賞或體驗）。	* 農場在特色產物上，有達到全國性的特殊事蹟與成就，可考慮列入質性加分，並說明理由。 * 特色專區之呈現效果，可考慮列入質性加減分，並說明理由。
06. 設有自製生產加工場所	* 農場設有加工場所，使用在地生產的 XX，於農場內自製成 XX 產品。 * 農場廚房若兼生產特產之加工，並且提供販售，可視為「自製生產加工場所」。 * 若為生產型之加工，特別是食品類，場區必須考量環境安全以及食安
07. 農場建有特色產物產業之「適」鄉村建物。	* 「適」鄉村建物即意指量體與建物外觀是否符順鄉村味道的建物設施。
08. 農場內之室內或戶外陳列設計以特色產物為主題之鄉村感呈現	* 包含農場整理與改良生產用耕作機具或相關特色產物產業之生產生活化的器具與設施。 * 產業特色之陳列，若具巧思效果佳，或雜亂品質不佳，得於質性評量處與以加減分，並說明原因。
09. 特色產業的相關解說設施。	* 解說設施包含解說牌、解說看板、解說專區等。 * 特別設有 QR Code 特色產業的電子解說專區，且效果良好者，得於質性評量處加分。
10. 農場所提供之公共區域 (設施) 設置 。	* 解說設施包含解說牌、解說看板、解說專區等。 * 特別設有 QR Code 特色產業的電子解說專區，且效果良好者，得於質性評量處加分。

【類別3】特色產業之服務／體驗活動	
11. 營業服務項目與人員的特色產物的專業素養展現。	* 農場透過所經營的各功能項目與人員，在特色產業專業知識呈現的程度。 * 專業素養指特色產物的專業知識（包括品種、作物生長環境、機具使用、歷史故事、運用、研發、經營管理等）。
12. 外場服務人員熟知農場提供特色產物相關的活動、服務內容，能提供遊客所需的（特色產物）資訊。	* 農場設有解說活動組（專職、兼職、外語人員之組成），或設有以教育學習為專題之收費導覽解說，可給予質性加分。 * 外場服務人員定義：工作以服務客人為主的人員。
13. 農場有完整、系列性的產物特色（含環境文化）主題解說服務（例如，主題特色產物生長環境解說、介紹農場特有的生態景觀）。	* 配合特殊團體遊客，農場提供特色產物專題解說導覽服務，得列入質性加分。
14. 農場提供商品化之特色產物的農事體驗（含農事器具）活動。	* 商品化指該項供給有單獨定價，表列於對外（對內）的 menu 中，可進行交易。 * 特殊活動效果特優，或有形成具有產物特色之系列體驗活動者，得於質性項目中加分，並加以說明。
15. 農場提供商品化之特色產物的加工體驗活動。	* 水稻、咖啡、茶葉採摘取得之後，均視為加工。
16. 農場提供商品化以特色產物為主題之農藝文化或教育學習（例如工作坊）的體驗活動。	
【類別4】特色產業之經營／行銷	
17. 農場內的用品（含服務人員服飾）與備品，能配合特色產物之主題。	
18. 提供以特色產物為主的特色餐飲（菜餚）。	* 「特色餐飲」指「特色產物」的創意運用與呈現在地特色產業文化 * 可經常性供應（非為特殊場合備製）之餐點 * 飲料品項可列入質性特色的加減分評量中。 * 有機認證、產銷履歷可列入質性加分。 * 單一特殊特色菜餚（例如，具全國高知名度），可列入質性加分。
19. 農場販售特色產物的主題商品（例如：農特商品、加工品、紀念品。）	* 代售同鄉鎮鄰近社區的本地特色產物產品，可納入評估範圍。 * 大、小、調味為相同類似系列之產品，則列入同一項計算。

20. 農場提供與販賣產物特色主題的套裝旅遊（含營隊活動），如 XX 之旅。	* 套裝的選項必須有 50% 與該特色產物相關，可經常性或固定季節性供給，並且對外公告於市場宣傳訊息為主（如網站、文宣品）。 * 農場可提供照片或影片輔助說明。 * 若農場有多個套裝行程，得於質性特色加分。
21. 農場提供的紙本宣傳解說資料能清楚有效地傳達以農場特色產物為主的特色主題。	
22. 農場提供電子資訊資料（網站、視聽、QR Code 等），能清楚有效地傳達農場特色產物為主的特色主題	
23. 農場有增加互動式的平台（例如 FB、Blog、Line 等）	* 委員於到訪前檢視互動式平台，評鑑時再與農場確認。 * 主辦單位須於出發前提供委員相關網址

三、特色農業旅遊場域認證流程

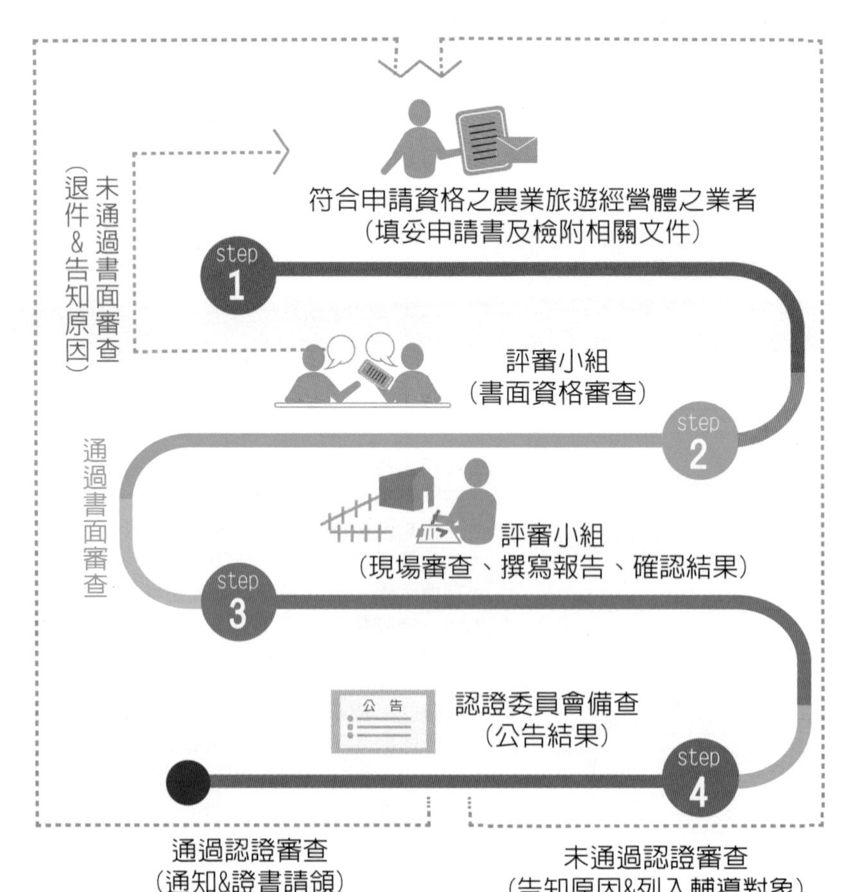

圖14-13　特色農業旅遊場域認證流程

資料來源：臺灣休閒農業發展協會

四、特色農業旅遊場域認證證書

通過特色農業旅遊場域認證除獲得證書（圖 14-14）之外，另頒發所通過之項目獎牌，獎牌將依各業者所通過之認證項目予與頒發。

圖14-14　特色農業旅遊認證證書

參考資料：臺灣休閒農業發展協會

第 15 章

休閒農業未來趨勢與發展策略

第1節 休閒旅遊趨勢與發展潛力

一、休閒旅遊趨勢轉變

隨著大衆休閒時代的來臨，休閒產業市場逐漸發展，促使休閒旅遊趨勢以及旅遊消費型態隨之轉變，因此休閒產品的內容與旅遊方式亦應做調整。

旅遊趨勢轉變較顯著者有下列數項：

1. 旅遊方式的轉變：由過去流動型態的大衆旅遊，轉變爲定點深度旅遊，由走馬看花熱熱鬧鬧的旅遊變爲自然生態、文化知性之旅遊。
2. 旅遊消費型態轉變：由追求低廉物品「價格取向」的消費型態轉變爲追求精緻、高品質、眞材實料又「個性化取向」的商品消費型態。由吃喝玩樂消費行爲旅遊，轉變爲主題之旅、文化之旅、生態之旅。由過去資源消耗轉變爲資源保育旅遊。
3. 旅遊地區的轉變：由城市的觀光旅遊轉變爲以鄉村地區爲主的農業旅遊或農業體驗活動之「自然取向」旅遊。
4. 旅遊人口結構轉變：從很多遊客的研究調查發現，休閒旅遊市場的主要消費對象，以青、壯年爲主，平均年齡約42歲，雖然銀髮族或退休人士是有錢又有閒族群，但可能是他們成長過程中養成的節儉習慣，對旅遊消費乃屬於保守的一群，反而那些年輕族群及社會中堅的壯年人口對花錢比較大方。
5. 自然賞景活動逐漸受國人喜愛：根據交通部觀光局2017年調查顯示：國人旅遊時主要從事的遊憩活動以「自然賞景活動」的比率（63.7%）最高，就細項遊憩活動來看，從事「觀賞地質景觀、濕地生態」最多，有54.9%（表15-1）。

從上述分析可知，結合自然景觀、農業資源與鄉土文化所形成的休閒農業旅遊，將成爲重要觀光休閒產業的旅遊方式。

隨著旅遊趨勢的轉變，休閒產業市場亦隨之變化，參考觀光局等相關旅遊時遊憩活動調查，將休閒產業未來可能發展趨勢彙整如下：

1. 休閒市場區隔較從前更爲精確，消費者明顯地被劃分成幾個特定族群。
2. 休閒賣場將呈現兩極化發展，一種朝向多元化、整合化、大型化、國際化與連鎖化的發展趨勢，另一種則是朝向精緻化、會員制的方向發展。
3. 休閒產品必須別具特色、新奇引人，否則將迅速遭淘汰的命運。
4. 休閒事業越來越趨向專業化經營，定位不佳、打游擊戰或短線操作經營者將越來越難以生存。

表15-1　旅遊時主要從事的遊憩活動　（單位：%）

遊憩活動	105年	106年
自然賞景活動	62.8	63.7
觀賞海岸地質景觀、濕地生態、田園風光、溪流瀑布等	52.9(1)	54.9(1)
森林步道健行、登山、露營、溯溪	36.6	38.8
觀賞動物（如賞鯨、螢火蟲、賞鳥、貓熊等）	8.0	9.4
觀賞植物（如賞花、賞櫻、賞楓、神木等）	17.2	20.7
觀賞日出、雪景、星象等自然景觀	6.5	6.0
文化體驗活動	29.9	31.2
觀賞文化古蹟	7.6	8.7
節慶活動	1.3	1.4
表演節目欣賞	1.5	2.1
參觀藝文展覽	6.0	6.1
參觀活動展覽	2.4	2.3
傳統技藝學習（如竹藝、陶藝、編織等）	0.5	0.5
原住民文化體驗	0.9	0.9
宗教活動	9.4	9.9
農場農村旅遊體驗	2.1	2.1
懷舊體驗	1.2	2.1

續下頁

承上頁

遊憩活動	105年	106年
參觀有特色的建築物	4.8	5.1
戲劇節目熱門景點（電影、偶像劇拍攝場景等）	0.1	0.0
運動型活動	5.9	6.0
游泳、潛水、衝浪、滑水、水上摩托車	2.0	2.2
泛舟、划船	0.2	0.2
釣魚	0.2	0.2
飛行傘	0.0	0.0
球類運動	0.3	0.2
攀岩	0.1	0.1
滑草	0.0	0.0
騎協力車、單車	3.0	2.9
觀賞球賽	0.1	0.1
慢跑、馬拉松	0.2	0.2
遊樂園活動	5.6	5.9
機械遊樂活動（如碰碰車、雲霄飛車、空中纜車等）	2.4	2.8
水上遊樂活動	0.5	0.8
觀賞園區表演節目	2.6	2.6
遊覽園區特殊主題	1.5	1.5
美食活動	48.2	50.7
品嚐當地特產、特色美食、	39.7(3)	42.8(3)
夜市小吃	11.3	11.6
茗茶、喝咖啡、下午茶	8.5	10.2
健康養生料理體驗	0.2	0.2
美食推廣暨教學活動	0.1	0.1
其他休閒活動	52.7	55.0
駕車（汽、機車）兜風	7.9	9.4

續下頁

承上頁

遊憩活動	105年	106年
泡溫泉（冷泉）、做 spa	4.5	4.9
逛街、購物	43.1(2)	45.4(2)
看電影	1.4	1.8
乘坐遊艇、渡輪、搭船活動	3.6	3.6
纜車賞景	0.8	0.8
參觀觀光工廠	2.9	3.4
乘坐熱氣球	0.0	0.0
其他	1.0	1.0
純粹探訪親友，沒有安排活動	11.1	10.8

根據觀光局2017年調查，國人國內旅遊次數計達1億8千多萬旅次以上，全年平均每人國內旅遊次數爲8.70次，高於2010年的6.08次，更遠高於1999年的4.01次（表15-2）。可見國內的休閒人口仍不斷成長，休閒產業市場可謂商機處處，不少財團投入大型化、綜合性、連鎖化的休閒賣場經營。而一般休閒產業的發展，則趨向分工化、專業化、會員制，且重視資源特色與市場區隔與定位的觀念，這些未來發展趨勢，值得休閒產業經營者或有意經營休閒產業的人密切注意。

表15-2　國人國內旅遊重要指標統計表

項目	1999	2006	2010	2015	2017
國人國內旅遊率	82.4%	87.6%	93.9%	93.2%	91.0%
平均每人旅遊次數	4.01 次	5.49 次	6.08 次	8.50 次	8.70 次
國人國內旅遊總旅次	72,651,000 旅次	107,540,000 旅次	123,937,000 旅次	178,524,000 旅次	183,449,000 旅次
假日旅遊比率	71.1%	74.5%	71.9%	68.7%	69.4%
每人每次旅遊平均費用	臺幣 2,738 元	臺幣 2,086 元	臺幣 1,289 元	臺幣 2,017 元	臺幣 2,192 元
國人國內旅遊總花費	臺幣 1,988 億元	臺幣 2,243 億元	臺幣 2,381 億元	臺幣 3,601 億元	臺幣 4,021 億元

資料來源：整理自觀光局國人旅遊狀況調查

二、休閒農業旅遊發展潛力

根據農委會的統計，2013 年前往休閒農業旅遊的人數爲 2,000 萬人次，連續五年持續成長，到 2017 年爲 2,670 萬人，較 2013 年成長了 33.5%。國際遊客部分，更從 2013 年的 26 萬成長到 2017 年的 50 萬人次，大幅成長將近 2 倍。所創造的產值從 2013 年的 100 億元，逐年遞增到 2017 年爲新臺幣 107 億元產值。由此可見休閒農業旅遊的發展潛力（表 15-3）。

表15-3　休閒農業產值及遊客數

項目	1999	2006	2010	2015	2017
總遊客數（人次）	2,000 萬	2,300 萬	2,450 萬	2,550 萬	2,670 萬
國際遊客（人次）	26 萬	30 萬	38 萬	47 萬	50 萬
產值	臺幣 100 億元	臺幣 102 億元	臺幣 105 億元	臺幣 106 億元	臺幣 107 億元

資料來源：農委會、作者資料彙整

根據學者鄭蕙燕、劉欽泉研究德國渡假農場發現，由於經濟發展，都市人口集中及擴增之後，都市人爲了紓解在物質或心理上的壓力，對渡假農場之需求增加。德國人至鄉村渡假時，將近有一半的人會選擇住在農場中。選擇住宿農場之重要準則依序爲風景、價格、安靜、友善的氣氛、體驗自然、不受約束等。他們認爲度假農場有助於幼兒發展、可接近動植物、合理的價格、安靜清潔的環境等優點。

日本學者東正則教授研究也指出，日本近年來因爲經濟不景氣，環境破壞日趨嚴重，使得日人對未來普遍感到不安，所以重新檢討已往的生活方式日益明顯。同時，亦重新確認農業的角色，想過著超越經濟收益，回歸自然純樸與農業有關的生活者逐漸增加。他們不再以經濟富裕爲主，而改以自己的步調，過著與自然及農業相關的生活，逐漸形成一種新的生活方式。隨著學習過去的農家生活方式的趨勢日益高漲，人們重新思維與探究眞正的富裕到底爲何？因而促進了日本觀光休閒農業之盛行。

近年來，生態旅遊亦成爲世界旅遊發展趨勢。世界資源協會（The World Resources Institution）發現，旅遊人口每年的成長率約4%，但以享受自然生態爲主的旅遊人口成長率卻在10%～30%之間。世界旅遊組織（World Tourism Organization）估計生態旅遊和其他以享受自然資源爲主的旅遊形態，大約占了所有國際旅遊類型的20%。

在臺灣生態旅遊的發展可追溯至1980年代，當時環保運動剛起步，民間環保社團紛紛成立，國家公園成立之後，開始在園區內推展解說、旅遊活動。到了1990年代，隨著國際發展的腳步，「生態旅遊」的概念以各種形式，逐漸在國內推展開來，國家公園及民間生態保育團體開始藉著自然體驗與生態解說的方式推廣休閒遊憩兼顧環境保育的概念（圖15-1）。1995年之後，開始有少數旅遊業者推出生態旅遊的行程規劃，但鮮少反應生態旅遊的實質內涵。2000年交通部觀光局擬定的「二十一世紀臺灣發展觀光計畫」中，生態旅遊被納入未來旅遊產業發展的重要方向之一。在政府組織方面林務局、退除役官兵輔導委員會經營的森林遊樂區及交通部觀光局所屬的國家風景區，積極投入推動旅遊休閒與生態環境解說教育的工作，促進了臺灣生態旅遊（圖15-2）

圖15-1　太陽能

圖15-2　生態水稻區

的長足發展。在民間組織方面，初期是由許多民間社團推出主題式之自然生態之旅，此外還有中華民國自然生態保育協會等組織的推動，爲生態旅遊的推展奠定了穩健的基礎。休閒農業與生態旅遊有許多雷同之處，休閒農業是以自然資源或農業資源爲基礎的產業，休閒農業園區（場）適合發展生態旅遊的場所。

以上旅遊趨勢顯示休閒農業旅遊逐漸受國內外旅遊人口之喜愛，加上臺灣地理區位特殊，自然資源豐富，從平地到高山分布不同地帶的動植物與自然景觀，最適合發展自然生態旅遊。而且臺灣農業資源更爲豐富，農特產品種類衆多，品質優異，亦是發展農業旅遊重要的資源。

三、休閒農業未來發展方向

（一）輔導面

休閒農業未來發展方向，可分別從輔導面與經營面來說明，從輔導層面來看，國內國者紛紛提出期許和看法，如詹德榮曾在「休閒產業之展望」一文中，提出七項對休閒農業未來發展方向的期許與展望：

1. 休閒產業輔導作業制度化。
2. 休閒產業爲融合三生（生產、生活、生態）之產業。
3. 休閒產業是再造農村希望之產業。
4. 休閒產業成爲整合相關計畫之主軸。
5. 休閒產業應以團隊輔導，努力精進永續經營（圖15-3）。
6. 休閒產業應創造生命價值與尊嚴之農村社會。
7. 休閒產業國際化。

圖15.3　發展特色民宿能永續經營

另一位學者簡俊發進一步提出未來休閒農業輔導策略，「參考觀光事業主管機關對景觀優美地區劃設有觀光地區並給予整體性輔導與建設之作法，政府就具有休閒產業特性的地區，例如具特色民宿，未來也應思考將資金補助與管理；同時運用的手段方式，促進休閒農業區的實質改進，採用績效管理方式，促使業者從事永續性之優質經營，讓民衆願意前往，讓農民與業者有利可圖，使休閒農業成為永續性的產業經營模式，共同提升農村社會有形與無形的整體效益。」此項看法與楊振榮認為為確保投入的休閒農業公共設施資源永續利用與休閒農業永續發展，故應劃設法定專業區，兩者主張雷同，可能也是休閒農業未來發展的一種輔導方向。

除此之外，今後休閒農業的輔導可朝下列方向發展：

1. 輔導休閒農場成為有機或無毒農產品的生產基地：發展有機農業為政府既定的重要農業政策，臺灣有機農業的發展空間還很大，首先應積極輔導休閒農場或休閒農業區生產無毒、健康、安全、衛生的農產品，然後逐步發展成有機產品，提供遊客一年四季均可食用當季及當地所生產的食材。如果休閒農業場區能依自然農法生產農產品，最後定能使休閒農場成為有機的生產環境，亦可使前來旅遊的遊客在體驗過程中獲得幸福感。
2. 輔導休閒農場或休閒農業區積極參與環境教育：2010年6月5日環境教育法公布實施後，所有機關、公營事業機構、高級中等以下學校及政府捐助基金會，累計超過50%之財團法人之員工、教師、學生約400萬人，每年均應參加4小時以上環境教育。休閒農場或休閒農業區可利用場區內既有田園景觀、自然生態及環境資源，規劃環境教育課程、專業人員，以體驗、參訪、實驗（習）、實作等方式進行環境教育。但仍應鼓勵休閒農場或休閒農業區，申請環境教育設施場所認證。

   為了休閒農業透過環境教育課程規劃及專業人員解說，提供國人進行環境教育。農政單位依據《環境教育法》第 14 條規定，積極輔導休閒農場或休閒農業區申請設置環境教育設施、場所，以便加強落實環境教育工作。

3. 加強推動農業體驗校外教學：農業是「生活的產業」，亦是「生命的產業」，與人類最息息相關。日本文部教育省於2007年修訂《學習教育法》，將推動學校內、外自然體驗活動，培養尊重生命與自然的精神，以及愛護環境之態度，列爲義務教育。而且對於教學方式及內容均有規定，落實自然體驗活動在國小教育中，深値我們效法。因此，加強推動農業體驗校外教學乃當務之需。

   另一方面，校外教學對許多休閒農業旅遊場域而言可開拓平日旅遊、平衡平日與假日客源的落差，避免週休五日現象產生。

4. 改進休閒農業輔導策略與方法：由於休閒農場或休閒農業區的地理區位不同，資源條件不一，加上經營管理的差異，造成良莠不齊的發展。現階段的輔導作業缺乏制度化，就對休閒農業區的輔導而言，輔導的策略與方法經常變動，不但沒有持續性，亦無法建立制度，導致輔導成效大打折扣。

休閒農業區的輔導宜採團隊認養方式進行，由相關機構尤其是大學院校相關系所，針對每個休區研提計畫投標輔導，爲期三年，並由中央組成評鑑小組，每年針對該休區目標達成程度進行評鑑，做爲改進及續約依據。

（二）經營面

1. 維持鄉土特色加強市場區隔：休閒農業旅遊有別於一般休閒旅遊業，它必須是運用特有的鄉土文化、鄉土生活方式和風土民情去發展。在經營上，注重農業經營、解說服務、體驗活動、鄉土文化特質，在整個觀光遊憩的空間系統中，顯現它獨特的風貌與特色。因此，維持鄉土特色、配合當地傳統文化、景觀與自然環境條件，發展眞正的「休閒農業」，才經得起時間的考驗。
2. 強化行銷策略掌握市場需求：從傳統的農業生產轉型爲以服務理念爲主的休閒農業，不論是觀念與作法都與傳統農業產銷工作大異其趣，所以一般的經營者大多缺乏市場導向的觀念及行銷實務經驗，無法針對市場需求確立行銷策略，開創消費市場。

未來休閒農業經營要加強遊客消費行爲分析，針對不同社團、不同年齡層及不同教育程度遊客需求，規劃活動提供服務。根據資源特性，規劃設計體驗活動。依據成本及競爭兩因素，並考量休閒農場提供之產品與服務品質，合理訂定價位。選擇效果最大的行銷策略，直探市場，確實掌握顧客，並節省時間與成本。善用推廣策略，愼選媒體，以最低成本達最高的促銷效果。

休閒農業經營亦要加強策略聯盟或連鎖經營，使農場間或景點間之資源互補互利，避免惡性競爭，以達雙贏的目標。所以遊程的適當規劃及活動項目的妥善安排，滿足遊客多樣性與多面性需求，才能獲得消費者支持。

3. 提升服務品質增強競爭優勢：服務品質對於服務業而言是重要的核心所在，對於農業結合觀光休閒的休閒農業旅遊業也不例外。提升農業旅遊的服務品質，以增加競爭優勢，是經營休閒農業的關鍵成功因素，亦是休閒農業旅遊業永續發展的不二法門。服務品質提升途徑不少，健全休閒農場的服務品質認證制度並落實執行，不失爲有效策略。
4. 加強網路行銷積極推展農業旅遊：根據交通部觀光局2000年及2010年國人旅遊狀況調查得知，有將近九成旅客是以自行規劃方式出遊，行前資訊獲取雖仍以親友、同事、同學爲多，但資訊取得透過電腦網路逐年增加，1999年爲4.2%，到了2010年升至32.9%，係所有旅遊資訊來源中增加幅度最大者，未來仍將有繼續增長的趨勢。所以休閒農業旅遊之行銷，建立e化系統，電腦網路應是扮演重要角色。
5. 發展渡假農場增加受益農家：依《休閒農業輔導管理辦法》規定，非山坡地之休閒農場面積至少1公頃，山坡地則至少10公頃，依此規定所設置之農場，直接受惠農民數有限，無法達到多數農民受益之原則，如能採取大型綜合休閒農場與小型渡假農場併存，使小面積但資源條件佳且有特色之農場， 輔導其往家庭式渡假方式發展，配合民宿管理辦法之規定，輔導小規模簡易式休閒農場之設置，俾便發展民宿。這種小規模之渡假農場，平時從事農業生產，假日爲遊客提供住宿餐飲及解說教育服務，無形中增加不少農業生產外之農家收入。

6. 開發國際客源拓展休閒農業旅遊市場：從經濟層面來看，當前臺灣與國際社會的最大轉變，就是M型化社會，不再兩端平均。目前休閒農業旅遊以國人爲主，國際觀光客尚少。而現階段來農場觀光客，集中在馬來西亞、香港、澳門與新加坡等地區，且以華人爲多，今後應積極開發潛在的大陸、韓國、日本及歐美市場，以及吸引更多的國際旅客來臺從事休閒農業旅遊。
7. 結合永續栽培系統促進休閒農業永續經營：將永續栽培系統應用於休閒農場、觀光農園、市民農園等不同經營型態的休閒農業之中，以符合現代人追求知性、感性、自然、健康、安全的生活需求。永續栽培系統是符合生態法則，善用並保存自然資源的最佳方法，利用永續栽培系統所生產的農產品，可使遊客吃得安心，吸引更多遊客前來消費，買得放心、玩得開心，如此將可促使休閒農業永續經營。
8. 提倡節能減碳綠色旅遊：觀光休閒產業被認爲是21世紀最有發展潛力的三大產業之一。新世紀開始，人們以休閒旅遊來享受閒暇時光，逐漸成爲現代人新的生活方式。人們在休閒遊憩活動的過程中，往往造成對環境品質衝擊。因此，近年來歐美、日本紛紛以節能減碳的綠色旅遊替代以滿足遊客物質需求的大衆旅遊。休閒農業「綠色綠遊」的內涵包括很廣：
   (1) 在能源方面，採用節約、減量化、多次使用、循環利用，並避免造成空氣、水、土壤之汙染與生態衝擊。
   (2）在餐飲方面，採用地產地銷、當季無毒或有機食材。飲食重五輕：輕油、輕鹽、輕醬汁、輕料理及輕聲細語的綠色飲食；餐具則鼓勵遊客，自備或採用環保可重複清洗使用的餐具。
   (3) 在交通方面，盡量選擇綠色交通（步行、自行車、大衆運輸工具）。
   (4) 在住宿方面，維持清潔、衛生、安全及舒適的空間，不需要過於豪華奢侈。客房內備品，則鼓勵自備或採用環保可再利用的。
   (5) 在建築物方面，則採用綠色建材興建綠房子，綠色餐廳、綠色住宿，以及綠色設施，以達節能減碳爲目的。

(6) 在社會經濟方面，則是尊重勞工、保護地方文化襲產、支持地方永續發展。

目前休閒農場的評鑑，已將綠色旅遊的內涵，做爲重要的指標， 期盼休閒農場有機會並有責任成爲「綠色火車頭」，帶動我國包括文化、社會、經濟、環境等面向的永續發展。

9. 促進有機農業與休閒旅遊結合：有機農業推廣爲當前政府的重要農業政策，目前有些休閒農場與休閒農業區內，慣行經營的農場轉型爲自然農法經營的有機農場。但現階段有機農產品的行銷遭遇二個難題：一爲消費者對有機產品缺乏信任感，懷疑產品爲假有機；二爲消費者不瞭解有機產品生產方法與投入之成本，低估有機農產品的價值感。這二項問題，可藉消費者的親身體驗以及參與深度導覽解說教育，從體驗中學習認識有機農產品的生產環境、生產過程及產品特性，進一步瞭解有機農產品之價值， 並建立對有機農產品之信心。

有機農業與休閒產業結合後，有機農業或有機農產品可增進休閒產業之內涵，提升休閒旅遊之服務品質，休閒產業亦可帶動有機農業之發展，促進有機農產品的行銷；兩者相互爲用、互相增強，有相得益彰之功效。因此；有機休閒農場應積極將生產環境、生產過程與有機農產品等資源，規劃設計做深度導覽解說及體驗活動，提供遊客前來親身參與體驗，增進遊客滿足其旅遊需求，並支持有機農業發展。

10. 開發新興及主題農業旅遊市場：積極開發新旅遊族群，如銀髮族、企業員工、學生、背包客或青年旅遊人口。同時規劃推出新商品，例如教育旅遊、企業體驗、婚訂市場、會展產業、生態旅遊等。新族群與新商品的開發，應注重異業聯盟，以滿足多元族群多面向旅遊需求。

第2節 休閒農業未來發展策略

個別休閒農場通常受限於資源有限，無法滿足遊客所有的遊憩需求，因此在劃定的區域內，跨區域整體規劃，可使資源互補、體驗特色互異、營運互相支持、共同營銷、合力規劃遊程，以及提供遊客全套的服務，增加滿意度。

以全球在地化的視野擴展旅遊市場，建立跨區域的旅遊產業，以地區爲範圍，以文化爲基礎，發揮群聚經濟的優勢，建立地方特色，國際行銷，爲休閒農業未來發展願景。將臺灣休閒農業的發展策略目標歸納如下：

1. 推動品質、品味、品牌之三品運動，發展具備生產、生活、生態、生命之四生一體的休閒生活產業。
2. 結合農村環境教育、食農教育、六級化產業的內涵，強化具備體驗經濟與知識經濟的農創產業。
3. 建構農村成爲宜住、宜遊的生活空間。

綜合農委會輔導政策與臺灣休閒農業發展協會進行的計畫，茲將休閒農業未來發展策略整理如下：

一、休閒農業區朝向主題化、特色化及區域化發展

整合周邊產業旅遊資源，發展區域農業旅遊核心產品，提升農業旅遊競爭力，諸如：

(一)「食材旅行」

以食農教育爲主軸的食材旅行是到產地採買兼旅遊的旅行方式，讓消費者直接到食材產地，從認識食材到農業體驗、料理烹調到伴手禮製作，瞭解土地與農村的人文風情，不但能讓旅客用心體會食材背後的點滴故事，也能直接和農民購買，更能認識產地，以最直接的方式和農民、農村以及土地產生更深厚的連結，進而達到休閒育樂的效果，從遊玩、品嚐美食到購買伴手禮，完整呈現產地食材旅遊的魅力與精髓。

例如彰化是臺灣的農業大縣，近年來許多農園紛紛轉型成爲觀光果園，如員林的楊桃園、大村及溪湖的葡萄園、芬園的龍眼、荔枝園等，讓遊客到當地採摘果實與認識農產品，符合現代人的休閒旅遊需求。而來到彰化不可錯過的，還有優質的漁鮮美食，如珍珠蚵、文蛤與烏魚子。或帶著小朋友親手做爆米香，跟著鴨子巡田路看有機米，徜徉自然農村環境裡，浸潤在食材與土地的自然芳香中，全家都能玩得開心不已。

（二）節氣水果旅行主題旅遊

繼食材旅行、水果旅行之後，「節氣水果旅行」爲配合1年24節氣，每月精選出2種時令水果，針對自由行遊客，推出共24條採果、賞花遊程。

由臺灣休閒農業學會與行政院農業委員會合作推動，2016年臺灣農業旅遊館特別集結26種臺灣特色水果，推出36條最具在地特色的採果主題遊程，「水果農遊」創造出屬於臺灣的特色旅遊行程，成爲行銷國際的另一新亮點（圖15-4）。

圖15-4　食材旅行

圖片來源：臺灣休閒農業發展協會

圖15-5　節氣水果旅行
圖片來源：臺灣休閒農業發展協會

（三）果、花、茶、米、蔬主題旅遊

繼2015年到2018年的食材旅行、水果旅行（圖15-5）之後，未來2019年2022年將以茶、米、花、果、蔬爲主題的農業旅遊接續串連農產業加值運用，兼容並顧提升農產品附加價值、擴大農產品多元行銷及拓展農業旅遊市場，具體有效延伸農產品價值鏈，質量並進促使臺灣農業與農村永續發展。

以「苗栗壢西坪休閒農業區」爲例，壢西坪是卓蘭鎮內一個相當獨特的處處可聞到花香、茶香、水果香、蔬菜香、餅乾香以及各種香味的休區，壢西坪是一個以「花卉與水果農業體驗」的休閒農業區，壢西坪的農業核心水果有番茄、草莓、水梨、芭樂、柑橘、時蔬依產季搭配古道尋訪套裝行程打造具深度又「好玩」的農遊主題旅遊。

如每年4-5月桐花紛飛，5-6月則有各色繡球花季節，結合花卉與水果客家桐花祭、田野饗宴「客家烤披薩」及壢西坪紅色季節，整合地方業者與果農，推行浪漫台三線深度農村體驗遊程共同打造主題套裝旅遊行程。

（四）特色農業旅遊場域認證 S.A.S（Special Agro-tourism Spots Certified）

休閒農場服務認證，主要目的是爲遊客提供優質服務的休閒農場，提升遊客旅遊滿意度，希望透過服務認證來協助農場發掘並改善服務缺口，提升服務品質並建立休閒農場品牌意象。但休閒農場服務認證僅針對領有登記證之休閒農場，多數休閒農業經營體無法適用；而且服務認證以提升服務品質爲訴求，對於農業生產本質要求不高；服務認證強化產業管理效能，未能凸顯休閒農業特色。

因此以「特色農業旅遊場域認證 S.A.S」於 2019 年開始每年舉辦兩次，進行農業生產場域特色分類・建立農業旅遊場域識別系統・設計具產業特色之視覺標誌・方便消費者選擇農業旅遊點，建構前瞻性、永續性的休閒生活產業。分類指標共分爲農、林、漁、牧 4 大類，茶、米、花、果、咖啡、蔬菜、香染藥草、森林竹、養殖、禽、畜等 11 小類（表 15-4）。

表15-4 特色農業旅遊場域認證分類指標

大類		小類
農		1. 茶　2. 米 3. 花　4. 果 5. 咖啡　6. 蔬菜 7. 香染藥草
林		8. 森林竹
漁		9. 養殖
牧		10. 禽 11. 畜

二、創新農業體驗

透過體驗活動，可讓學童瞭解學校午餐的食材來源，共同認識從產地到餐桌、從生產端到消費端等相關知識，增進對國產農產品的認同、信賴與支持。

（一）農事體驗（一日農夫）

全省各農場紛紛推出創意行程吸客，以體驗農業收成爲主軸，如以香蕉、鳳梨及芭樂爲主軸，結合農事體驗、下田採果及農業生態教育，可讓學童體驗一日農夫食農教育。一日農夫行程非常多元，內容包含農事體驗DIY、四季採果樂、品嚐社區風味餐、鄉村景點遊憩與探索農村文化等，並配合時令推出各種多樣化的行程，例如高雄一日農夫體驗臺灣焢土窯、品嚐客家美食，二仁溪地瓜季 · 窯烤版、美濃旗山歡欣割稻飄～米～香等。大樹休閒農業區主打「抓彩龜、旺旺來」農村體驗活動。以高雄一日農夫爲例，2017年就創造了1.6億元的經濟產值，吸引不少國際學生來體驗。

（二）食農教育

食農教育的本質是要吸引更多消費者接觸農業，食農也是一門好生意，近年食農教育在臺灣遍地開花，學校帶孩子到農場體驗、校園種菜、假日農夫市集辦講座，陸續有企業加入市場開食農餐廳等，長期在推動的民間團體也該思考如何發展出屬於食農教育的商業模式，讓食農教育的發展可長可久。

中華民國農會2018年暑假結合35家農會並整合在地人、文、地、產、景等資源，共同推出「食農體驗，幸福實現」2018年食農體驗經典路線活動的43條路線的活動，結合當地經驗豐富的農民，帶民衆體驗農村生活與農事生產過程，讓民衆更加親近農村、農民與農作物。透過這些食農體驗活動，讓參與民衆體驗「吃在當地、吃在當季」的樂趣，接受「地產地消」觀念，不僅有助於食農教育，更進一步支持國產農產品。

例如位於濁水溪流域的雲林縣麥寮鄉，因沙質土壤適合栽種西瓜，成爲國內西瓜重要產地之一，卻鮮有人知道麥寮盛產西瓜。其時約莫30、40年前，麥寮西瓜除了供應國內市場外，也大量外銷香港，但因爲從農人口老化等因素，漸漸發展爲栽種多元作物。而屏東沿山休閒農業區農村廚房則以臺灣美食料理廚藝體驗學習爲主，在地農場蔬果食材現採新鮮安全看的見，並與在地市集與小農民攤販直接對話採購，也以農場生產深受臺灣各頂級餐廳廚師喜愛的食材來教導分享料理方式。

北區食農教育場域營造與體驗推廣，則選定四個地區，包括新竹縣北埔鄉南埔社區、宜蘭縣員山鄉內城社區、桃園市龍潭區上林社區及新北市金山區，做爲營造食農教育推動基地之場域。其中南埔社區以「幸福南埔 ‧ 黃金水鄉」爲理想，打造出適合老人與小孩居住的友善生活空間，於 2018 年獲選爲全國的金牌農村。積極地與北埔國中合作，由社區提供人力、農地、交通等資源，讓食農教育融入學校教學中，發展出具有地方特色的校本位課程，學生種植出的蔬菜除供應學校營養午餐外亦提供社區長輩共食。不僅培養學生愛鄉愛土的情懷，讓社區學校關係緊密，也爲社區參與教育或課程改革，樹立一個良好的典範。

食農教育可以做爲具體實踐的基台，帶動區域發展中亮點的核心產業研發、生產加工、地方民衆增能、市場行銷。

增能(empower)提升能力

政府機關推動食農教育增能計畫，例如「食農教育教師增能研習課程」、「校園食農教育增能培力共識營」「增能培訓工作坊」等，目的在培養學校教師團隊積極研發食農教育之創意教學方案並提升其傳承與創新知能；培養民衆認識從產地到餐桌、增加並提升從生產端到消費端等相關知識能力。

（三）農村廚房

以農村廚房（圖 15-6）爲軸心，整合從產地到餐桌的在地食材及食農體驗等元素。含括農事體驗：農耕知識、認識大地→食材採集：新鮮食材、在地文化→廚藝學習：烹調技巧、健康料理→料理品嘗：美食文化、用餐禮儀→再消費：地產地銷、地產地銷，以食農教育概念完整串聯產和銷，並與在地深度連結。

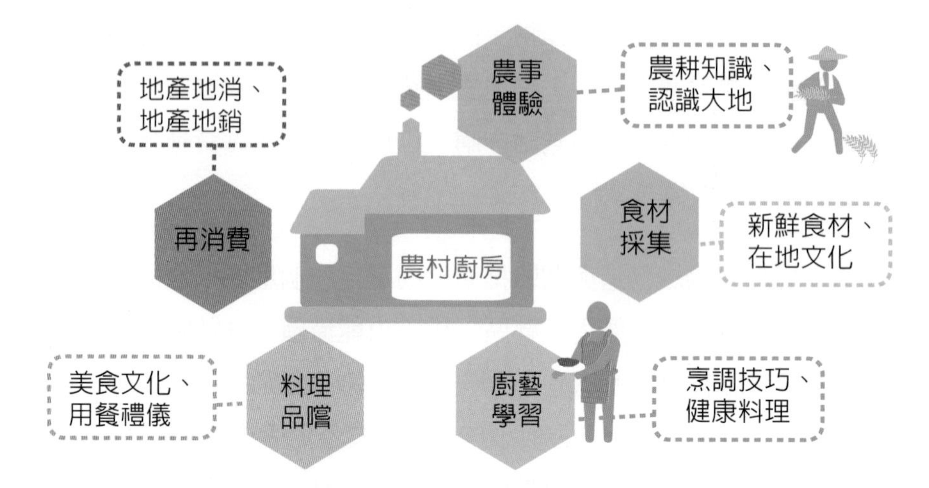

圖15-6 農村廚房整合從產地到餐桌的在地食材及食農體驗，完整串聯產和銷。

參考來源：臺灣休閒農業發展協會 作者繪製

（四）休閒農業有機化、有機農業休閒化

興大有機農夫市集發起人董時叡教授在「2018 有機農業論壇」中提到：

1. 從生產者或政策制定的角度來看，未來很重要的工作之一是「擴大有機產品市場」或「提高有機產品市場佔率」，把餅做大，而不是大家搶著分。
2. 從消費者角度，未來行銷策略除了擴增行銷通路外，還要同時兼重產品、價格、促銷因素，也就是一般行銷學裡面所談的4P。還有需要思考下面4C的觀點：
   (1) 顧客利益（Customer benefit）：有機產品比起一般，對消費者什麼特別的好處？
   (2) 價值（Cost）：以消費者來看，比起一般產品有機價格定的合不合理？它的性價比CP值夠高嗎？
   (3) 便利（Convenience）：消費者是否能很方便購買到有機產品或者消費到有機餐飲？
   (4) 溝通（Communication）：消費者有獲得正確的有機產品資訊嗎？對於有機產品問題時，有無有效的雙向溝通管道？

三、開發國際新興市場—新南向國家及穆斯林市場

新南向計畫帶來的蓬勃農村旅遊商機，未來臺灣農業旅遊可能的潛力市場有新南向國家東南亞新興市場：印尼、菲律賓、泰國、越南、柬埔寨、印度；東北亞新興市場：日本、韓國；穆斯林市場包含馬來西亞、印尼、中東（表 15-5）。

根據日前公布的《新月評等— 2017 年全球穆斯林旅遊指數（GMTI）》，臺灣穆斯林旅遊指數成長幅度高居前十大非伊斯蘭旅遊國中的第 2 名；在旅遊目的地評比上，臺灣位居非伊斯蘭合作組織中的第 7 名，顯示臺灣在經營穆斯林旅遊市場有顯著進步，穆斯林遊客亦被視爲値得開發的客源。穆斯林旅客自 2015 年的 1.17 億人次上升至 2016 年的 1.21 億人次，預估將在 2020 年成長至 1.56 億人次，占全球整體旅遊市場的 10%，顯見穆斯林旅遊商機龐大。穆斯林遊客需考量家族旅遊、朝拜聖地、飲食作息等特性與需求，提供穆斯林友善旅遊環境；日本遊客對於臺灣農場提供多元服務及體驗美食極具興趣，另需輔導業者強化注重場域環境整潔；而放寬來臺免簽或落地簽措施之新南向國家如印度、印尼、菲律賓、越南和泰國等，亦爲臺灣農業旅遊的重要潛力客群，將以農場體驗、在地美食特色，積極參與觀光單位展銷活動共同推廣；近來另以修學主題旅行前往菲律賓及新加坡行銷農業旅遊，有助於開拓國際產學教育市場。

表15-5 100 ～ 106 年來臺農遊遊客數統計表

國別	100年	101年	102 年	103 年	104 年	105 年	106年
總計	166,265	213,857	260,897	302,346	381,096	470,138	439,265
中國大陸	26,781	62,139	79,976	95,123	122,083	142,444	99,834
馬來西亞	57,654	48,863	60,908	59,831	68,578	75,980	78,464
新加坡	45,522	38,568	50,664	62,549	71,135	91,344	83,623
香港	20,484	39,606	41,244	64,188	76,546	100,249	93,610
日本	2,548	8,098	11,762	4,417	15,846	14,106	19,529
菲、印、越、泰	-	-	-	2,919	10,302	22,759	32,975
穆斯林	-	-	-	-	906	1,887	3,295
其他	13,276	16,583	19,343	13,319	15,700	21,369	27,935

資料來源：農委會、臺灣休閒農業發展協會統計資料。

第 3 節
休閒農業面臨問題與對策

「休閒農業」是農業結合觀光休閒服務業的新產業，有別於一般觀光旅遊，主要是利用田園景觀、自然生態及環境資源，結合農林漁牧生產、農業經營活動、農村文化及農家生活，提供國民休閒，增進國民對農業及農村之體驗爲目的之農業經營，具有三農、三產及四生的特性。

「休閒農業區」是依法劃定公告之區域，其間包含有各種類型的經營主體，其運作績效需依賴健全的區管理組織的整合。

「休閒農場」是休閒農業經營的基本單位，是依法申請設置的經營主體，亦是追求利潤的中小企業體。

臺灣地區設置休閒農場須經許可登記，故休閒農場辦理登記後，方爲合法化經營。休閒農場是否合法登記，常是遊客考慮選擇的重要條件，合法登記的休閒農場因此更具有營銷的優勢。根據行政院農委會統計，截至 2018 年 7 月臺灣休閒農場家數爲 521 家，但取得核發許可證的休閒農場僅有 405 家，其中綜合型（大型）農場僅 43 家；而體驗型（小型）休閒農場核發許可證者也只有 362 家。未來合法化是休閒農場經營必走的路。

休閒農場面臨之主要問題分別爲法制面與經營管理面，分別敘述如下：

一、法制面問題

農政機構最近曾多次修法，期使休閒農業法規鬆綁，加速休閒農場經營合法化，然而休閒農業合法化之困難在於休閒農場申請設置涉及法令層面太廣，配套法令未能整合，地方主管機關人員對於衆多法令如地政、建管、環保、水保、農業、都計、稅賦等，無法通盤瞭解，導致輔導能力不足。

尚有一些不同經營型態的休閒農業類型，如觀光農園、教育農園、市民農園等，原本都是由農政單位輔導或補助設置，卻未含在休閒農業輔導管理辦法規範內，除申請設置休閒農場外，無法取得合法經營，急需加強輔導合法化。這些休閒農業法制面的問題，有待各方共同努力，早日解決。

（一）目前休閒農場因法規未能取得許可證的原因

1. 未能依休閒農業輔導管理辦法第17條第4項，取得土地合法使用權：設置休閒農場之農業用地占全場總面積不得低於99%，土地應毗鄰完整不得分散。但有下列情形之一者，不在此限：
   (1) 場內有寬度6公尺以下水路、道路或寬度6公尺以下道路毗鄰2公尺以下水路通過，設有安全設施，無礙休閒活動。
   (2) 於取得休閒農場籌設同意文件後，因政府公共建設致場區隔離，設有安全設施，無礙休閒活動。
   (3) 位於休閒農業區範圍內，其申請土地得分散二處，每處之土地面積逾0.1公頃。不同地號土地連接長度超過8公尺者，視爲毗鄰之土地。

第一目及第二目之水路、道路或公共建設坐落土地，該筆地號不計入第一項申請設置面積之計算。已核准籌設或取得許可登記證之休閒農場，其土地不得供其他休閒農場併入面積申請。集村農舍用地及其配合耕地不得申請休閒農場。已核准籌設或取得許可登記證之休閒農場，其土地不得供其他休閒農場併入面積申請。

2. 場內有增設設施，且未能依休閒農業輔導管理辦法第19條規定合法化：申請籌設休閒農場面積在10公頃以上者，或由直轄市、縣（市）政府申請籌設者，向中央主管機關申請。申請面積未滿10公頃者，由直轄市、縣（市）主管機關審查符合規定後，核發休閒農場籌設同意文件；屬申請面積在十公頃以上者，或由直轄市、縣（市）政府申請籌設者，由直轄市、縣（市）主管機關初審，並檢附審查意見轉送中央主管機關審查符合規定後，核發休閒農場籌設同意文件。

（二）本書作者曾於 2003 年分析休閒農業合法化的問題

1. 現行法規對休閒農業發展較偏向於規範、限制及監督、管制，少於輔導和協助獎勵新產業發展。
2. 除休閒農場外，其他各類型的休閒農業無法獲准合法經營。
3. 加強推動休閒農漁園區計畫，業者紛紛投入住宿與餐飲經營，無形中鼓勵經營者違法。
4. 農業發展條例用詞定義之「農業用地」與「農業使用」未將休閒農業涵蓋在內，影響農地轉移及農民繼承。
5. 休閒農業輔導管理辦法規定設置休閒農場之土地應完整並不得分散，農場中若有超過6公尺以上之農水路經過，即認定土地分散不完整不得申請籌設，造成不少農場無法申請轉型爲休閒農場。

經過農政機構多次修法，原「休閒農場籌設審查作業要點」已經於 2013 年 12 月 13 日廢止，行政院農業委員會於 2016 年 7 月公告有關休閒農場籌設、變更、籌設時程展延、核發許可登記證、停業、復業、換證及結束營業之相關申請流程圖、申請書、勾稽事項表、會勘紀錄表及審查表給各縣市政府及相關單位；行政院農業委員會於 2018 年 4 月 26 日發佈，建置「休閒農場登入及檢核系統」及「農業易遊網」，便利民眾申請休閒農場作業。希望能協助解決休閒農場法制面的主要問題。

二、經營管理面的問題

臺灣休閒農業推行以來，由農業資源多樣化，社會需求複雜化，所以休閒農業發展至今，呈現多元化的型態。現階段臺灣休閒農業發展遭遇的問題除了經營管理面外，另一個爲經營型態的問題。

（一）經營管理面

休閒農業乃結合農業與服務業的農企業，一般從事傳統農業生產的農民轉型到服務業的經營，通常都較欠缺企業經營的理念與方法，休閒農業要維持永續經營增強競爭力，必須要不斷地創意營造特色。產業唯有升級才能生存，升級需要創意，創意需要新的思維建立。

如何加強休閒農業經營者提升服務品質，正確經營管理觀念與方法的建立，將成為臺灣休閒農業永續發展的關鍵。其次如農民經營休閒農業意願與能力間落差相當大，地方資源的開發與整合尚待解決，建設後如何維持永續經營，政府經費如何落實到照顧多數農民，協助或促進地方產業發展，以及農政機關與農會輔導能力不足的問題等等，都是未來急待克服的難題。

(二) 經營型態

休閒農場經營型態有綜合性功能的休閒農場、單一性功能的觀光農園、教育農園、生態農園、市民農園、渡假農莊等等，名稱不一而足。經營項目涉及休閒農業的場家，有的直接而廣泛的與休閒農業有關，是我們所稱的休閒農場；有的僅庭園環境與景觀稍具天然風貌，亦自稱休閒農場，距離規定及理想甚遠，以致令遊客眼花撩亂，難辨眞僞，影響社會對休閒農業的正確看法。所謂休閒農場係以提供農村及農業體驗的休閒農業之場所為限。這些農場必須或多或少都與休閒農業有關聯，都在運用農業資源、自然資源、景觀資源、文化資源，投入觀光休閒旅遊產業。

有些農場並無提供農業資源的導覽解說與體驗活動，僅僅滿足遊客的住宿或餐飲，停留在純觀光旅遊活動，沒有農業經營，失去了休閒農業的內涵與精髓。此外，尚有一些休閒農場座落在同一區域，農業經營型態雷同，體驗活動又彼此相互模仿，缺乏特色，沒有市場定位區隔，因而競爭激烈，發展空間有限，影響營運成效。所以加強休閒農業區（場）的評鑑或品質認證是當務之需。

(三) 缺乏發展資金與人才

發展休閒農業，許多軟硬體建設都需投入鉅大資金，多數農場恐無法負荷；休閒農場未經核准籌設即無法取得專案貸款，需自行籌措；既使核准亦需要土地抵押，所以不一定貸得到足夠金額來開發建設，因此籌措資金成為農場經營首項要務。

休閒農場開發完成後，接著就是進行經營管理、行銷宣導、導覽解說、體驗活動等工作，這些都是需要依賴專業人才來執行。目前休閒農業經營最欠缺的人才是中、高級的規劃與領導幹部。雖許多大專院校觀光、休閒、旅遊科系培育相當多人才，但這些畢業生，懂得觀光休閒，不知農業；而農業科系的學生，知道農業又不了解觀光休閒，尤其是具有專業知能又有實務經驗的人才更是付之闕如，急需加強人才培訓，提升專業知識與技能，提高服務品質。

（四）農業缺工

原本農業人口老齡化、新一代又不願意投入生產、又要保有一級的生產因此產生缺工。

（五）土地取得不易

農業土地掌握在老農手中，害怕二代將原有生產轉變成爲休閒後沒有收入，有賴政府政策推廣和宣傳讓老農了解。另外有理念想要租地經營休閒農場，但是沒有土地或者面積不夠，想要租地但是鄰近老農不願意，害怕設施破壞原有的生產地。

二、休閒農業面臨問題的對策

自政府積極輔導休閒農業發展以來，已歷經多次法規的大幅修定，目前休閒農業之發展與輔導，除以休閒農業輔導管理辦法爲主要依據之外，在休閒農場的規劃、設置與輔導方面，並依循都市計畫法、區域計畫法、水土保持法、山坡地保育條例等其他相關法令，但這些法規係針對土地使用之管制與監督，造成休閒農場開發所受限制極多。

行政院農委會「休閒農業輔導管理辦法」於 2018 年 5 月 18 日最新修訂，分別就「休閒農業區」及「休閒農場」法規再次鬆綁及修正，輔導休閒農業產業永續經營發展，休閒農場合法化經營事項予以敘明。

（一）法制面

1. 休閒農業區：爲輔導休閒農業產業永續經營發展，提升產業核心價值，強化農業、森林、水產、畜牧產業規模化經營再加值發展休閒農業場域之概念，並引導產業聚落化，行政院農委會「休閒農業輔導管理辦法」於2018年5月18日最新修訂，第二章休閒農業區之劃定及輔導有更明確的規定，摘述於下：

   (1) 休閒農業區爲區域發展之概念，係藉由在地特色農產業加值發展休閒農業之重要區域規劃，應有區域經濟及聚落化發展之概念，考量以都市土地規劃休閒農業區之實務，將周邊完整腹地及資源納入方能健全區域休閒農業產業聚落化發展功能，放寬面積上限，由現行規定之一百公頃提高至二百公頃。

   (2) 休閒農業區申請劃定時，其區內應具休閒農業資源並有相關產業發展現況，需包含發展願景及短、中、長程計畫。休閒農業區以穩定發展爲目標，財務自主對休閒農業區推動管理組織永續運作回饋機制，並擔負休閒農業區內公共事務之推動責任。

   (3) 休閒農業區因發展休閒農業而有設置供公共使用之休閒農業設施需求，於休閒農業區範圍變更、廢止而失其可設置之要件，或因失去土地核發使用權限及未能供公共使用時，應廢止其容許使用。

   (4) 輔導休閒農業區發展，每二年得辦理休閒農業區評鑑，作爲主管機關分級輔導依據。主管機關得依評鑑結果協助推廣行銷，並得予表揚。休閒農業區評鑑結果未滿六十分者，直轄市或縣（市）主管機關應擬具輔導計畫協助該休閒農業區改善；經再次評鑑結果仍未滿六十分者，由中央主管機關公告廢止該休閒農業區之劃定。

2. 休閒農場：農政單位爲輔導場域經營管理以合法申請及遊客公共安全爲指導原則，將休閒農場申設程序再予明確，「休閒農業輔導管理辦法」於2018年5月18日最新修訂，第三章休閒農場之申請設置及輔導管理有更明確的規定，摘述於下：

(1) 爲鼓勵休閒農場規模化生產及經營，並提升農地完整性，爲維護農地資源完整性，考量休閒農場係以農業活動爲核心之農業經營，休閒農場設置需辦理農業用地變更之休閒農業設施其申請面積門檻，在非山坡地土地面積及位於山坡地之都市土地面積，由 1 公頃提高至 2 公頃。

(2) 爲維護農地資源完整性及提高休閒農場內農業用地占比，休閒農業設施總面積百分比，由百分之二十調降爲百分之十五，面積上限亦由 3 公頃調降爲 2 公頃。

(3) 爲利產業永續經營，同時兼顧遊客安全，以強化查核管理取代換發許可證之制度，刪除休閒農場許可證效期五年之規定。休閒農場取得許可登記證後營業所涉及其他相關法令，爲顧及遊客安全，明定休閒農場應投保公共意外責任險。

(4) 休閒農場取得許可登記證後，其停業、復業及歇業等事項，皆應由經營者主動申辦，行政機關爲瞭解其經營事實眞相，得由直轄市、縣（市）主管機關辦理勘驗。直轄市、縣（市）主管機關應將初審意見及勘驗結果，併同申請文件轉送中央主管機關，俾據以辦理核發許可登記證之審查。

(5) 取消休閒農場許可登記證效期，並調整休閒農場許可登記證申請換發制度。行政院農業委員會於2016年7月公告有關休閒農場籌設、變更、籌設時程展延、核發許可登記證、停業、復業、換證及結束營業之相關申請流程圖、申請書、勾稽事項表、會勘紀錄表及審查表給各縣市政府及相關單位。原「休閒農場籌設審查作業要點」已於2013年12月13日廢止。

(6) 爲便利民衆申請休閒農場作業，行政院農業委員會於2018年4月26日發佈建置「休閒農場登入及檢核系統」及「農業易遊網（https://ezgo.coa.gov.tw/）」網站，提供已取得休閒農場許可登記證之休閒農場及休閒農業區免費行銷服務。

（二）經營管理面

整合休閒農業業者、休閒農場、農村民宿、田媽媽餐廳、觀光農園、伴手禮店、有機農場、產銷班組織脈絡，從點連接成線再擴散到全面，將優勢資源設計成知識性、趣味性、人性化的體驗活動，將遊客融入情境，感動其視、聽、嗅、味、觸覺的 5 種感官，使其產生美好的感覺，難忘的回憶，將是未來休閒農場制勝的關鍵。

1. 提升休閒農業人力素質及服務功能：農委會爲提升休閒人才專業知識與技能，提高服務品質。結合農民學院共同舉辦休閒農業在職人力培訓課程，課程內容包括休閒農業旅遊產業介紹、休閒農場申設實務入門班、特色產品開發管理及網路行銷運用進階班課程；臺灣休閒農業學會挑選全台11家優質休閒農場進行合作設置培訓中心，培育休閒農業中高階經營管理人才。與觀光導遊協會合作培訓農遊大使，針對直轄市、縣市政府行政輔導人員開辦相關法規及食農體驗活動培訓交流課程及全國休閒農業行政輔導人員聯繫會報。
2. 評鑑與場域認證：：兩年一次的休閒農業區評鑑：2013年度起行政院農委會爲輔導休閒農業區發展，每2年辦理1次評鑑，以激勵競進方式，敦促各休閒農業區積極開拓休閒農業市場及農遊商品。

   特色農業旅遊場域認證 S.A.S：休閒農場服務認證，主要目的是爲遊客提供優質服務的休閒農場，提升遊客旅遊滿意度，希望透過服務認證來協助農場發掘並改善服務缺口，提升服務品質並建立休閒農場品牌意象。但休閒農場服務認證僅針對休閒農場，多數休閒農業產業無法適用；而且服務認證以提升服務品質爲訴求，對於農業生產本質要求不高；服務認證強化產業管理效能，未能凸顯休閒農業特色。因此以「特色農業旅遊場域認證 S.A.S」進行農業生產場域特色分類．建立農業旅遊場域識別系統．設計具產業特色之視覺標誌．方便消費者選擇農業旅遊點，建構前瞻性、永續性的休閒生活產業，提升農業旅遊之「品牌化」、「品質化」與「國際化」，以建立農業旅遊經營之品牌特色與形象發展休閒農業全產業體系。

3. 發展資金的對策

(1) 農委會「青年從農創業貸款」政策：（2018年3月）

①專案輔導青年農民及獲農村再生青年返鄉相關專案輔導或補助者，貸款用途可直接用於從事農產運銷及電子商務。

②申貸前5年內曾獲農村再生青年返鄉相關專案輔導或補助者、取得農業人力團證書且實際從農之農民為貸款對象；並明定農村再生青年其貸款用途得用於直接從事農產運銷及電子商務所需資金。

③資本支出貸款期限，一律延長為15年。

④專案輔導青年農民得享有優惠貸款利率之申請期間，由2年專案輔導期間延長為5年專案輔導及追蹤期間。

⑤最近3年內曾獲智慧農業4.0業界參與補助計畫者，及曾獲補助執行農村社區企業經營輔導計畫者為貸款對象。資本支出貸款期限，由10年延長為15年。

(2) 農委會農業金融局--「小地主大佃農」政策(2016年3月修訂)

農委會為促進農地流通及活化農地利用，鼓勵老農或無意耕作農民長期出租農地，並輔導農業企業經營，減少農地休耕閒置，促使農業轉型升級，提高整體農業競爭力。貸款利率依辦理政策性農業專案貸款辦法相關規定辦理。

農業金融局專案農貸全文請參考：

https://www.boaf.gov.tw/boafwww/index.jsp?a=np&ctNode=238

農業發展基金貸款-小地主大佃農貸款要點全文請參考：

https://www.boaf.gov.tw/boafwww/index.jsp?a=ct&xItem=538680&ctNode=240

「小地主大佃農」名詞定義：

①小地主：指出租農地之所有權人，且爲自然人。

②大佃農：指承租農地之專業農民、農業產銷班、農業合作社、農會及農業企業機構。

③農地：指耕地範圍及都市土地農業區範圍內依法使用之農地。

4. 改善缺乏基層農業勞動人口：農委會針對國內農業缺工的特性，拓增新勞動力，積極推廣農業生產體驗、共耕共存（以前農家間相互幫助收耕）、未來引進農業勞工（假期打工或是外勞工作制度）等因應策略，推動農業季節性缺工2.0，以拓增新勞動力（2個服務團）：

(1) 訓練並僱用青壯年爲農業師傅，並成立農業專業技術團，調派至農場協助高技術農事工作，改善高經濟價值產業缺工情形。

(2) 透過NGO團體積極擴增新勞動力來源，招募農村婦女、待役中青年、轉業、失業人口及新（原）住民組成農事服務團，並讓農業勞工享有勞健保等福利。

(3) 輔助措施如招募民眾或企業員工成立假日農夫團，以外役監人力協助不具專業技術及操作安全之簡易農事工作。

參考文獻

1. Barnard Chester I., 1938, The Functions of the Executive. Harvard University Press, Cambridge, Mass.
2. Charles W.L. and Gareth R. Jones, 1994, Strateric Management Theory 2nd.
3. Edgiton 等著，嚴妙桂譯，2002，休閒活動規劃與管理，桂魯有限公司。
4. Gareth R.Jones 原著，楊仁壽、俞慧芸、許碧芬等譯，2002，組織理論與管理：理論與個案，臺北：雙葉書廊。
5. Gouldner A. W. ,1959, Organizational Analysis, in R. K. Merton, ed., Sociology Today. New York: Basic Books.
6. Hofer C.W. and D Schendel, 1978, Stratery Formulation & Analytical Concept, Paul West Publishing.
7. Jones Gareth, 2001, Organizational Theory: Text and Cases. Prentice Hall, Inc.
8. M. Trochin, Willian, 2000, Introduction to Evaluation, Cornel University.
9. Pine,B.Joseph,and James.H. Gilmore,1998, Wecome to the Experience Economy, Harvard Business School Press.
10. Pine,B.Joseph,and James.H. Gilmore著，吳蘊儀譯，1998，體驗式經濟時代來臨，天下雜誌，208期，36～53。
11. Schmitt, Bernd H. 著，王育英、梁曉鶯譯，2000，體驗行銷，經典傳訊文化公司。
12. 片桐光雄著， 胡忠一譯， 2004 ， 日本農村休閒產業之現狀與未來，2004年休閒遊憩與健康效益研討會論文集，景文技術學院， 19-1-50。
13. 王小璘、張舒雅，1993，休閒農業資源分類系統之研究，戶外遊憩研究，5（1/2），1～30。
14. 王國洲，2004，休閒農業區生態資源與體驗活動綜合規劃之研究， 屏東科技大學農企業管理所碩士論文。
15. 白有文、范子文，1998，北京市觀光農業發展的現狀與未來趨勢， 都市農業的理論與實踐，北京出版社，162～171。

16. 江榮吉，1994，臺灣休閒農業經營主體之研究，臺大農經系研究報告。
17. 交通部觀光局，2001、2003，國人旅遊狀況調查報告。
18. 宋明順，1990，休閒與工作：大眾休閒時代的衝擊，休閒面面觀研討會，125～140，戶外遊憩學會主辦。
19. 李叔眞，1991，異業種合作策略類型之研究，政大企管所碩士論文。
20. 李銘輝、郭建興，2000，觀光遊憩資源規劃，揚智文化事業公司。
21. 李廣仁，1977，企業診斷學，經濟部中小企業處。
22. 李國義、饒達欽，1998，改善專科學校評鑑提高辦學績效，技術及職業教育雙月刊，46。
23. 呂春嬌，1999，從CIPP評鑑模式談圖書館的評鑑，大學圖書館，3（4），15～28。
24. 呂姿慧，2003，休閒農場導入績效評估制度之研究以平衡計分卡觀點探討，臺大森林研究所碩士論文。
25. 林文鎭，1989，森林美學概說，現代育林5（1）：7～9。
26. 林琬菁，2004，從資源永續觀點探討休閒農業與土地利用之關係，政治大學地政系碩士論文。
27. 林衡道，1984，民俗采風，光華畫報雜誌社，8月。
28. 吳宗瓊、賴金瑞、鄭志鴻、游文宏，2004，休閒農漁園區效益評估，2004海峽兩岸休閒農業與觀光旅遊學術研討會，臺中健康管理學院，29-1-11。
29. 吳明哲、李金龍，1989，本省觀光農園輔導現況及未來努力方向， 發展休閒農業研討會會議實錄，臺大農推系，9～20。
30. 吳明峰，2004，休閒農漁園區體驗類型與體驗行銷策略之研究，屏東科技大學農企管理研究所碩士論文。
31. 吳桂森，1989，外埔鄉單車草根香之旅發展經驗與展望，發展休閒農業研討會會議實錄，臺大農推系，117～144。
32. 吳堯峰，1991，休閒農業與民俗文化，休閒農業經營管理手冊，農委會、省農會編印，38～47。
33. 東正則著、胡忠一譯，2003，日本觀光休閒農業的內涵與發展方向，中日國際休閒農業研討會會議實錄，中國農業經營管理學會，3～15。

34. 並木高矣原著，書泉編輯編譯，1992，企業診斷要領　企業診斷的理論和操作方法，書泉出版社。
35. 邱淵，1989，教學評鑑，五南圖書公司。
36. 邱魏志瀕，2000，苗栗縣休閒農場發展策略之研究，中華大學建築與都市計畫學研究所碩士論文。
37. 佳藤秀俊，1989，餘暇社會學，臺北：遠流出版社。
38. 周若男，2002，休閒農業相關法令之規範與作業要點，休閒農業研討會論文，明新技術學院。
39. 周若男，2002，休閒農業輔導管理辦法之修正簡介，農政與農情，117期。
40. 段兆麟，1995，農場經營合作策略類型與績效之研究，臺大農推所博士論文。
41. 段兆麟，1996，農場經營合作策略類型與營運改進之研究，農業經營管理年刊。
42. 段兆麟，1998，替農地把脈、指出病因　農場經營診斷，花蓮區農業專訊，24期，23～25。
43. 段兆麟，2000，體驗式經濟在農業的實踐，新世紀體驗農業經營研討會論文集，11～19。
44. 段兆麟，2002，體驗經濟與教育農園，農業推廣文彙，47輯，209～223。
45. 段兆麟，2003，離島休閒農漁業的發展策略，中日國際休閒農業研討會會議實錄，56～67，中國農業經營管理學會。
46. 段兆麟，2003，休閒農漁園區建立企業化經營制度之研究，屏東科技大學農企業管理系研究報告。
47. 段兆麟，2004，海峽兩岸觀光休閒農業發展比較，都市農業、觀光農業與城鄉發展國際研討會，北京。
48. 屏東技術學院農村規劃技術系，1996，八十五年全村里休閒農業規劃計畫恆春鎮山腳里。

49. 夏聰仁，2004，休閒農業輔導管理辦法之修正重點，農政與農情，142期。
50. 陳水源編譯，1998，觀光地區評價方法，淑馨出版社。
51. 陳思倫、宋秉明、林連聰，1995，觀光學概論，臺北：國立空中大學。
52. 陳昭郎，1986，臺灣推展觀光農園之檢討與改進，中華民國民意測驗協會研究報告。
53. 陳昭郎，1991，澳洲、紐西蘭休閒農業考察心得，農訓雜誌，8卷6 期，72-76。
54. 陳昭郎，2002，休閒農業園區組織功能與運作模式之研究，臺大農推系研究報告。
55. 陳昭郎，2003，休閒農業經營合法化問題探討，休閒、文化與綠色資源理論、政策與論壇論文集（上），2-B5-1-5。
56. 陳昭郎，段兆麟、李謀監、方威尊，1996，休閒農業工作手冊，臺大農推系。
57. 陳昭郎、段兆麟，2004，休閒農業場家全面性調查計畫報告，行政院農業委員會農業發展計畫，93農發-10.1-輔-17，臺灣休閒農業學會。
58. 陳昭明，1981，臺灣森林遊樂需求資源經營之調查與分析，臺大森林系研究報告，85～110。
59. 陳美芬，2004，農業資源融入九年一貫課程的重要性，在走訪鄉村：戶外農業體驗教學與九年一貫課程設計，7～12。
60. 陳美芬，2004，農業資源的戶外體驗式教學規劃，在走訪鄉村：戶外農業體驗教學與九年一貫課程設計，23～29。
61. 陳憲明，1991，休閒農業區鄉土特色及其應用，休閒農業經營管理手冊，農委會與省農會編印，28～32。
62. 張正義，1989，東勢林場發展經驗，發展休閒農業研討會會議實錄，臺大農推系，69～84。
63. 張宏忠，2003，水里鄉上安休閒農漁園區：山城水都風情，農政與農情，92年5月號，61～64。

64. 許士軍，1986，管理學，東華書局。
65. 郭煥成、王云才，2004，中國觀光農業的性質與發展研究，海峽兩岸觀光休閒農業與鄉村旅遊發展，中國礦業大學出版社，1～6。
66. 郭煥成，2004，鄉村旅遊現狀、特徵與發展途徑，2004海峽兩岸休閒農業與觀光旅遊學術研討會，臺中健康管理學院，1-1-19。
67. 黃光政，1989，臺北市的觀光農園，發展休閒農業研討會會議實錄，臺大農推系，41～50。
68. 黃光雄，1989，教育評鑑的模式，師大書苑。
69. 黃明耀，2003，臺灣休閒農業發展的方向與課題，中日休閒農業研討會會議實錄，95～99。
70. 黃志文，1993，行銷管理，華泰書局。
71. 黃政傑，1987，課程評鑑，師大書苑。
72. 湯幸芬，2004，從生態旅遊觀點論鄉村休閒農業之規劃---以宜蘭縣大同鄉松羅村玉蘭休閒農業區爲例，農業推廣文彙，49輯，269～285。
73. 詹益政，1991，旅館經營實務，三民書局。
74. 詹德榮，2004，休閒產業之展望，農政與農情，93年4月號，74～75。
75. 楊振榮，2004，臺灣休閒農業發展及其相關法規之研究，臺灣地方鄉鎮觀光產業發展與前瞻學術研討會，1～27。
76. 經建會住都處，1993，臺灣地區觀光遊憩系統之研究，170～174。
77. 經濟部，1990，經濟部所屬國營事業策略規劃手冊。
78. 葉智魁，1995，工作與休閒——提昇生活素質的反省，戶外遊憩研究，8（2），31～46。
79. 葉美秀，1998，農業資源在休閒活動規劃上之研究，臺大農業推廣所博士論文。
80. 鄭文婷，2004，休閒農漁園區遊憩型態與發展策略之研究，屏東科技大學農企管理研究所碩士論文。
81. 鄭蕙燕、劉欽泉，1995，臺灣與德國休閒農業比較，臺灣土地金融季刊，32卷2期（No:124），177～192。

82. 鄭蕙燕、劉欽泉，1994，德國渡假農場發展所遭遇之問題及因應措施，臺灣土地金融季刊，31卷2期（No.120），67～87。
83. 鄭健雄，2000a，休閒農業的經營利益分析，休閒農業經營輔導班講義，花蓮區農業改良場，95～117。
84. 鄭健雄，2000b，休閒農業的產業分析，休閒農業經營輔導班講義， 花蓮區農業改良場，83～94。
85. 鄭健雄，2004，兩岸觀光休閒農業與鄉村旅遊發展模式之比較， 2004海峽兩岸休閒農業與觀光旅遊學術研討會，臺中健康管理學院，4-1-13。
86. 鄧松亭，2003，從CIPP改進之CPIPOI評鑑模式談自然保護區鄰近休閒農場的經營管理評鑑，臺大農推所休閒農業經營管理上課報告。
87. 劉玉玲，2001，組織行爲，臺北：新文京開發股份有限公司。
88. 劉儒昇，2005，我國農業的解困之道，中國時報，94.4.6.。
89. 賴光邦、張宏維，2002，休閒農業設施適用法規體系之研究，農業經營管理會訊（24）：5～7。
90. 賴光邦、張宏維，2003，休閒農業設施是法性之研究，中日休閒農業研討會會議實錄：38～55。
91. 蔡勝佳，1989，走馬瀨農場之觀光開發，發展休閒農業研討會會議實錄，臺大農推系，101～116。
92. 謝安田，1982，企業管理，五南圖書公司。
93. 薛銘卿，1992，休閒及休閒活動定義之詮釋：非規範及規範性觀點，戶外遊憩研究，5（3/4），71～90。
94. 羅鳳恩、許應，2004，民宿管理辦法之探討，2004海峽兩岸休閒農業與觀光旅遊學術研討會，臺中健康管理學院，37-1-8。
95. 簡俊發，2004，發展休閒農業的輔導方向與作法，農政與農情，93 年7月號，35～39。
96. 嚴廷奎，1977，現代企業管理與組織概論，海角企業公司。
97. 臺灣生態教育農園協會，2019，http://www.eco-farm.org.tw/

國家圖書館出版品預行編目（CIP）資料

休閒農業概論 / 陳昭郎、陳永杰編著. -- 初版. -- 新北市：
全華圖書, 2019.04
面； 19×26 公分
ISBN 978-986-503-079-7(平裝)

休閒農業

432.23 108004470

休閒農業概論

作　　者 / 陳昭郎、陳永杰
發 行 人 / 陳本源
執行編輯 / 廖婉婷
封面設計 / 楊昭琅
出 版 者 / 全華圖書股份有限公司
郵政帳號 / 0100836-1號
印 刷 者 / 宏懋打字印刷股份有限公司
圖書編號 / 08278
初版一刷 / 2019年10月
定　　價 / 新臺幣520元
I S B N / 978-986-503-079-7
全華圖書 / www.chwa.com.tw
全華網路書局 Open Tech / www.opentech.com.tw
若您對書籍內容、排版印刷有任何問題，歡迎來信指導book@chwa.com.tw

臺北總公司（北區營業處）
地址：23671新北市土城區忠義路21號
電話：(02) 2262-5666
傳真：(02) 6637-3695、6637-3696

南區營業處
地址：80769高雄市三民區應安街12號
電話：(07) 381-1377
傳真：(07) 862-5562

中區營業處
地址：40256臺中市南區樹義一巷26號
電話：(04) 2261-8485
傳真：(04) 3600-9806

（請由此線剪下）

讀者回函卡

填寫日期：　/　/

姓名：＿＿＿＿　生日：西元＿＿年＿＿月＿＿日　性別：□男 □女

電話：（　）＿＿＿＿　傳真：（　）＿＿＿＿　手機：＿＿＿＿

e-mail：（必填）＿＿＿＿

註：數字零，請用 Φ 表示，數字 1 與英文 L 請另註明並書寫端正，謝謝。

通訊處：□□□□□

學歷：□博士　□碩士　□大學　□專科　□高中・職

職業：□工程師　□教師　□學生　□軍・公　□其他

學校／公司：＿＿＿＿　科系／部門：＿＿＿＿

・需求書類：

□ A. 電子 □ B. 電機 □ C. 計算機工程 □ D. 資訊 □ E. 機械 □ F. 汽車 □ I. 工管 □ J. 土木

□ K. 化工 □ L. 設計 □ M. 商管 □ N. 日文 □ O. 美容 □ P. 休閒 □ Q. 餐飲 □ B. 其他

・本次購買圖書為：＿＿＿＿　書號：＿＿＿＿

・您對本書的評價：

封面設計：□非常滿意　□滿意　□尚可　□需改善，請說明＿＿＿＿

內容表達：□非常滿意　□滿意　□尚可　□需改善，請說明＿＿＿＿

版面編排：□非常滿意　□滿意　□尚可　□需改善，請說明＿＿＿＿

印刷品質：□非常滿意　□滿意　□尚可　□需改善，請說明＿＿＿＿

書籍定價：□非常滿意　□滿意　□尚可　□需改善，請說明＿＿＿＿

整體評價：請說明＿＿＿＿

・您在何處購買本書？

□書局　□網路書店　□書展　□團購　□其他＿＿＿＿

・您購買本書的原因？（可複選）

□個人需要　□幫公司採購　□親友推薦　□老師指定之課本　□其他＿＿＿＿

・您希望全華以何種方式提供出版訊息及特惠活動？

□電子報　□ DM　□廣告（媒體名稱＿＿＿＿）

・您是否上過全華網路書店？（www.opentech.com.tw）

□是　□否　您的建議＿＿＿＿

・您希望全華出版那方面書籍？＿＿＿＿

・您希望全華加強那些服務？＿＿＿＿

～感謝您提供寶貴意見，全華將秉持服務的熱忱，出版更多好書，以饗讀者。

全華網路書店 http://www.opentech.com.tw　　客服信箱 service@chwa.com.tw

2011.03 修訂

親愛的讀者：

感謝您對全華圖書的支持與愛護，雖然我們很慎重的處理每一本書，但恐仍有疏漏之處，若您發現本書有任何錯誤，請填寫於勘誤表內寄回，我們將於再版時修正，您的批評與指教是我們進步的原動力，謝謝！

全華圖書　敬上

勘　誤　表

書　號		書　名		作　者	
頁　數	行　數	錯誤或不當之詞句		建議修改之詞句	

我有話要說：（其它之批評與建議，如封面、編排、內容、印刷品質等・・・）

得　分

班級：＿＿＿＿＿＿學號：＿＿＿＿＿

姓名：＿＿＿＿＿＿＿＿＿＿＿＿

學後評量—休閒農業概論

第一章　休閒意義與功能

（選擇題每題4分，共100分）

選擇題

(　) 1. 宋明順曾認爲二十世紀的社會特色可以用 M 來象徵，請問下面哪一個爲眞？ (A) Mass (B) Max (C) Min (D) Mechenic

(　) 2. 薛銘卿根據有關文獻探討，對休閒的概念綜合各家說法歸納幾種觀點：下面何種爲非？ (A) 字義的觀點 (B) 時間的觀點 (C) 活動的觀點 (D) 生理的觀點

(　) 3. 休閒、遊憩、運動與觀光時常混淆不清，以下哪一個解釋爲非？ (A) 觀光就空間範疇而言，是以社區或區域尺度 (B) 遊憩就空間範疇而言，是以社區或區域尺度 (C) 運動就空間範疇而言，是以社區或區域尺度 (D) 休閒就空間範疇而言，是以無特定空間範疇

(　) 4. 休閒活動對不同層面會有不同的影響，以下不是第一章所探討的範圍？ (A) 個人方面 (B) 社會發展 (C) 家庭方面 (D) 心理性方面

(　) 5. 休閒的定義從「字義的觀點」解釋，何者爲非？ (A) 與工作相對立的 (B) 自由的（意指時間及行動上自由的獲得） (C) 超脫日常生活的規範 (D) 享受愉悅的心理狀態

(　) 6. 休閒的定義從「時間的觀點」解釋，何者爲非？ (A) 晚上睡覺時間也算是休閒 (B) 閒暇的、自由的時間（意指可自由支配的時間） (C) 解脫工作和責任義務之外的時間 (D) 爲滿足實質需要與報酬之行動以外時間

(　) 7. 遊憩的「價值取向」爲下列哪一項？ (A) 達成某一願望或精神紓解 (B) 鍛鍊強健體魄 (C) 滿足個人實質、社會及心理需求 (D) 不受任何約束與支配下鬆弛身心

(　) 8. 觀光的「資源情境」爲下列哪一項？ (A) 支持活動者產生愉悅經驗的資源或空間 (B) 藉由空間移動達到精神紓解 (C) 足夠身體伸展之空間或特別界定的場所 (D) 任何合法及被允許的空間

（請沿虛線撕下）

【背面尚有試題，請翻面繼續作答】

(　) 9. 休閒的「時間向度」為下列哪一項？　(A) 在約束時間之外的時間　(B) 特定的時間　(C) 無義務的時間　(D) 花費一段不算短的時間

(　)10. 運動的「活動內涵」為下列哪一項？　(A) 以空間移動為內涵之活動。廣義的遊憩 (B) 做自己喜歡的事　(C) 獲得個人滿足與愉快體驗的任何形式活動　(D) 含有競技、鍛鍊之要素的肉身活動

問題答

1.以前所謂「少數特權階級」，是指哪些人？

2.請簡述休閒的定義從「合性的觀點」解釋

得　分

學後評量—休閒農業概論

班級：＿＿＿＿＿學號：＿＿＿＿

姓名：＿＿＿＿＿＿＿＿

第二章　休閒農業意義與功能

（選擇題每題4分，共100分）

選擇題

（　）1. 觀光農園計畫主要輔導工作並非包括　(A) 農園栽培技術改進　(B) 農民組訓及協調　(C) 公共設施之設置及維護　(D) 遊客的事前與事後的服務、示範與教育

（　）2. 休閒農業的官方定義，以下哪個項目不是正確的？　(A) 利用田園景觀　(B) 結合農林漁牧生產　(C) 提供國民與國際觀光客休閒場所　(D) 增進國民對農業及農村之體驗爲目的之農業經營

（　）3.「臺北市農業經營與發展研討會」召開後確定臺北市觀光農園的推展，請問此會議在哪一年召開的？　(A)1959 年　(B)1969 年　(C)1979 年　(D)1989 年

（　）4. 田尾公路花園創設在哪一年特委託學者專家完成「園藝觀光區」的規劃？(A)1953 年　(B)1963 年　(C)1973 年　(D)1983 年

（　）5. 休閒農業有六大特質，何者爲非？　(A) 供給彈性大　(B) 休閒農業是結合生產、生活、生態、生命四生一體的農業經營方式　(C) 活用農業資源提供國民休閒旅遊，增進對農業及農村體驗　(D) 休閒農業的資源主要來自農業資源本身

（　）6. 下列何者非農業的功能？　(A) 供應糧食　(B) 提供國民休閒旅遊　(C) 提供就業　(D) 水源涵養調節氣候

（　）7. 下列何者非休閒農業的功能爲何？　(A) 經濟功能　(B) 不可分割性　(C) 增加國際外交功能　(D) 遊憩功能

（　）8. 下列何者非服務業商品的特性？　(A) 服務是可以儲存的　(B) 膳食纖維　(C) 異質性　(D) 無形性

（　）9. 供給彈性小的特性爲何？　(A) 投資小與　(B) 沒有週期性　(C) 無量的限制、場所的限制與區位限制　(D) 有季節性

（　）10. 下列何者非休閒農業的功能？　(A) 社會功能　(B) 環境綠美化功能　(C) 文化功能　(D) 經濟功能

（請沿虛線撕下）

【背面尚有試題，請翻面繼續作答】

簡答題

1.請列舉森林功能的八大類別

2.東勢林場導向森林遊樂區經營後，增強了哪些項目，請簡述

得　分

班級：＿＿＿＿學號：＿＿＿＿

姓名：＿＿＿＿＿＿＿＿

學後評量—休閒農業概論

第三章　休閒農業發展背景與過程

（選擇題每題4分，共100分）

選擇題

(　) 1. 台灣在哪一年開始，農業佔 GDP 比例開始少於 10%　(A)1951　(B)1961　(C)1971　(D)1981

(　) 2. 台灣哪一年開始，農家所得中非農業開始高於農業所得？　(A)1950　(B)1960　(C)1970　(D)1980

(　) 3. 休閒農場服務品質認證標章中的英文字「四生」各代表的意涵爲何？何者爲非？　(A) 農民生活　(B) 自然生態　(C) 體驗生命 (D) 農業生產

(　) 4. 在休閒農業區時期：1990-1994 年有許多主要工作。何者爲非？　(A) 強力增加休閒農業區數目　(B) 組成發展休閒農業策劃諮詢小組　(C) 從事休閒農業教學研究，強化學理化基礎　(D) 設定「休閒農業標章」並研擬「休閒農業標章使用要點」

(　) 5. 休閒農場服務品質認證標章中的四個顏色各代表的意涵爲何？何者是不正確的？　(A) 金黃色代表豐收　(B) 綠色代表土地　(C) 紅色代表熱情　(D) 藍色代表永恆

(　) 6. 農委會在休閒農業的計畫中協助相關場域通過各種優質場域認證，下列何者爲非？　(A) 服務品質認證　(B) 好客民宿　(C) 校外教學認證　(D) 穆斯林友善餐飲認證

(　) 7. 2017 年推動「農村再生 2.0 創造臺灣農村的新價值」，何者非其主軸？(A) 擴大多元參與　(B) 強調創新合作 (C) 推動有機農業　(D) 強化城鄉合作

(　) 8.「農村再生 2.0 創造臺灣農村的新價值」中的「強調創新合作」，何者爲非？(A) 鼓勵創新與跨領域合作　(B) 農村再生跨域發展等計畫　(C) 藉科技及服務之典範　(D) 促進農業與生態結合

(　) 9. 何者非休閒農業發展的基本原則？　(A) 以農業經營爲主　(B)2 以消費者最大利益爲主　(C) 以農民利益爲依歸　(D) 以自然環境生態保育爲重

（請沿虛線撕下）

【背面尚有試題，請翻面繼續作答】

(　)10. 何者非休閒農業發展目標？ (A) 改變農業生產 (B) 活用及保育自然與文化資源 (C) 提供田園體驗機會 (D) 增加農村就業機會提高農家所得

簡答題

1.休閒農業發展之背景條件為何？

2.休閒農業發展至今經過六個時期，請列舉

得　分

班級：＿＿＿＿＿學號：＿＿＿＿＿

姓名：＿＿＿＿＿＿＿＿＿＿

學後評量─休閒農業概論

第四章　休閒農業發展策略

（選擇題每題4分，共100分）

選擇題

(　) 1. 休閒農業區之設置最低為幾公頃？ (A)15 (B)20 (C)35 (D)50

(　) 2.「兆豐休閒農場」屬於臺灣休閒農業的哪一個類型的經營組織型態？ (A) 合作經營與獨資經營（家庭農場） (B) 公司經營 (C) 農會經營與共同經營 (D) 公營經營

(　) 3. 以農民合作發展休閒農業的優點中，哪一項不包括？ (A) 降低土地與資金的成本 (B) 效率降低營運風險 (C) 強化農民凝聚力 (D) 提升個別農民的生產技術與經營管理能力

(　) 4. 下列何者非合作經營策略欲達成的目標？ (A) 分攤經營成本 (B) 降低營運風險 (C) 達成社會連結 (D) 達成規模經濟

(　) 5. 臺灣在長期經濟導向，帶來農村文化發展的負面影響，下列何者為非？ (A) 世俗化 (B) 個人主義化 (C) 區隔化 (D) 物質化

(　) 6. 觀光旅遊地區從發展到衰退的過程，可歸納成四個階段，請依照順序排列 1. 世外桃源 2. 旅遊開發 3. 大量旅遊 4. 旅遊沒落 (A) 3 → 4 → 1 → 2 (B)2 → 3 → 4 → 1 (C)1 → 2 → 3 → 4 (D)4 → 3 → 2 → 1

(　) 7. 林衡道（1984）曾指出，維護傳統文化，有三方面的意義，下列何者為非？ (A) 由肯定與認同中激發民族自信心與同胞向心力 (B) 以農村文化來充實休閒活動或體驗之內涵 (C) 抹滅過去可創造屬於自己新的文化 (D) 提升體驗活動及產品之品質與附加價值

(　) 8. 依據王小璘與張舒雅（1993）的研究，「豐年祭」屬於哪一項類別？ (A) 歷史價值之人文景觀 (B) 特殊價值之民間遊藝 (C) 鄉土料理 (D) 農村文物

(　) 9. 下列何者非農村文化資源應用在休閒農業經營上的具體作法？ (A) 休閒農場或休閒農業園區與附近旅館促銷活動結合 (B) 規劃各種教育農園，配合中小學教科書內容 (C) 舉辦展示、比賽、參與體驗活動 (D) 探究或調查當地的風土民情

（請沿虛線撕下）

【背面尚有試題，請翻面繼續作答】

(　)10. 何者非承載量(carry capacity)的分類？ (A) 生態容許量 (B) 設施容許量 (C) 環境容許量 (D) 社會容許量

簡答題

1.合作經營動機的理論中，有五種請列舉

2.生態旅遊內涵有以下幾點：

得 分

學後評量—休閒農業概論

班級：＿＿＿＿＿學號：＿＿＿＿

姓名：＿＿＿＿＿＿＿＿＿＿

第五章　休閒農業資源

（選擇題每題4分，共100分）

選擇題

(　) 1.「特殊景觀資源、火山」比較屬於資源的哪個特性？ (A) 中立性與 (B) 不可復原性 (C) 不可移動性 (D) 依需伴生性

(　) 2.「鄉土文物」屬於休閒農業資源中的哪個特性？ (A) 保有鄉土草根性 (B) 保有生命永續性 (C) 具有農村環境機能之教育性 (D) 以上皆是

(　) 3. 日出屬於自然環境之景觀資源的哪一項？ (A) 地形、地質景觀資源 (B) 水資源景觀資源 (C) 瞬間之景觀資源 (D) 以上皆非

(　) 4. 依據「觀光地區評價方法」中以上哪些不屬於自然資源？ (A) 牧場 (B) 溫泉 (C) 博物館 (D) 溪谷

(　) 5. 依葉美秀教授以農業三生（農業生產、農民生活及農村生態）分，「蔬菜」屬於農作物的哪一類？ (A) 糧食作物 (B) 園藝作物 (C) 綠肥作物 (D) 特用作物

(　) 6. 何謂不屬於休閒農業的三生？ (A) 生產 (B) 生活 (C) 生態 (D) 生命

(　) 7. 依據段兆麟教授將鄉村體驗活動資源分類，「匠師」屬於哪一類別？ (A) 人的資源 (B) 產業資源 (C) 文化資源 (D) 景觀資源

(　) 8. 休閒農業資源之開發在資源分類分爲四類，請問「童玩」屬於那一類？ (A) 主題資源 (B) 一般資源 (C) 特色資源 (D) 基礎資源

(　) 9. 休閒農業活動導入原則有六項，何者爲非？ (A) 提供健康的旅遊方式 (B) 自然地融入各種知識與觀念 (C) 注重環境教育 (D) 培養有機栽植的觀念

(　)10. 五官的體驗不包括以下哪一項？ (A) 嗅覺 (B) 胃覺 (C) 聽覺 (D) 視覺

（請沿虛線撕下）

【背面尚有試題，請翻面繼續作答】

簡答題

1.休閒農業資源在規劃應用之原則

2.農業資源導入活動的方式有哪些？

得 分

班級：＿＿＿＿＿ 學號：＿＿＿＿＿
姓名：＿＿＿＿＿＿＿＿＿＿

學後評量—休閒農業概論

第六章　休閒農業體驗活動

（選擇題每題4分，共100分）

選擇題

(　　) 1. 體驗因遊客的參與程度是主動參與或被動參與，依據學者的分析，何者「消費者雖主動參與最少」的一項目？　(A) 娛樂的體驗　(B) 教育的體驗　(C) 美學的體驗　(D) 跳脫現實的體驗

(　　) 2. 請問下列何者非一般所謂的「教育的（Educational）體驗活動」？　(A) 一般參訪團的訪問參觀　(B) 一般遊客到中國大陸遊黃山　(C) 特定族群的知性旅行　(D) 小學生戶外教學

(　　) 3. 到產地去剝花生體驗沒有牽涉到哪一項感官（五種感官）？　(A) 視　(B) 聽　(C) 嗅　(D) 味

(　　) 4. 列舉經濟活動的演進順序　1. 農業經濟時代 2. 服務經濟時代 3. 工業經濟時代 4. 體驗經濟時代　(A)1 → 2 → 3 → 4　(B)1 → 2 → 4 → 3　(C)1 → 3 → 2 → 4　(D)1 → 3 → 4 → 2

(　　) 5. 休閒農業兼具多元特色與功能，何者為非？　(A) 社會　(B) 食安　(C) 文化　(D) 教育

(　　) 6. 陳美芬教授更主張，以農業為主題資源的教學，體驗活動對學習者非常重要，何者非教授的理論？　(A) 促進學生生活經驗的擴展　(B) 透過農業體驗活動養成自我繼續學習的能力　(C) 養成動心和全身學習的能力　(D) 養成對社會的認識

(　　) 7. Schmitt 認為體驗行銷係透過某些要件之塑造，為顧客創造不同之體驗型式，何者為非？　(A) 感官　(B) 思考　(C) 感情　(D) 行動

(　　) 8. 巴黎大學（University of Paris）依據體驗活動性質對遊憩活動加以分類，何者為非？　(A) 體能性活動　(B) 智識性活動　(C) 心靈性活動　(D) 社交性活動

(　　) 9. 李明儒（2000）在農業相關性休閒活動方面，依其活動的屬性可區分為不同的體驗，請問「採果、釣魚、狩獵」屬於哪一類？　(A) 獲取性　(B) 體驗性　(C) 觀賞性　(D) 以上皆是

（請沿虛線撕下）

【背面尚有試題，請翻面繼續作答】

(　)10. 段兆麟教授將休閒農業區遊憩型態分爲六種類型，「民俗技藝」屬於哪一類型？ (A) 鄉土文化體驗型 (B) 漁村文化體驗型 (C) 田園景觀體驗型 (D) 與特殊資源體驗型

簡答題

1.體驗因遊客的參與程度是主動參與或被動參與，以及消費者的關聯或環境關係是屬於融入情境或只是吸收訊息，因此體驗有分爲四類，請列舉。

2.隨著體驗經濟之來臨，生產消費行爲有哪些之現象？

得　分

學後評量—休閒農業概論

班級：＿＿＿＿　學號：＿＿＿＿

姓名：＿＿＿＿

第七章　休閒農業體驗活動規劃

（選擇題每題4分，共100分）

選擇題

（　）1.「養蜂生態教學活動」是屬於活動規劃的哪個要素？ (A) 活動型式 (B) 方案設計類型 (C) 活動內容與時間因素 (D) 場地情境布置

（　）2. 活動規劃中的活動內容（Program Content），又分爲長時間的活動計畫與短時間的活動計畫，長時間的活動計畫包括哪些考慮因素？ (A) 活動目的和目標 (B) 個別參加活動的期間的單一活動 (C) 提供顧客參與設計的機會 (D) 經營者與顧客間或顧客與顧客間有相互交流

（　）3.「身體的／行動」是屬於農業體驗活動的終點行爲的那一項目？ (A) 技能 (B) 認知 (C) 情意 (D) 認知與情意

（　）4. 體驗活動風險管理的目的是要保護何者？ (A) 休閒農業經營者 (B) 休閒農業的員工 (C) 顧客 (D) 以上皆是

（　）5. 以下何者非「設計體驗步驟」？ (A) 訂定主題與主軸 (B) 塑造品牌 (C) 配合加入紀念品 (D) 包含五種感官刺激

（　）6. 飛牛牧場不賣牛肉是「設計體驗步驟」有哪一項目？ (A) 訂定主題 (B) 塑造印象 (C) 去除負面線索 (D) 配合加入紀念品

（　）7.「香草傳奇」是屬於臺灣教育農園體驗活動哪個類型？ (A) 園藝型活動 (B)DIY 型活動 (C) 生活型活動 (D) 養生型活動

（　）8. 依據陳美芬教授區分休閒農業體驗活動類型分類，「傳統樂器表演」是屬於哪一類？ (A) 觀賞型體驗 (B) 懷舊體驗 (C) 環境資源體驗 (D) 體驗農耕體驗

（　）9. 在「鳳梨採摘體驗教學設計」中，下列何者並非在體驗活動設計範疇中？ (A) 介紹鳳梨原產地與傳入臺灣的發展過程 (B) 醫療功用 (C) 以實作方式讓學生體驗採摘的樂趣 (D) 將採摘的鳳梨進行製作的加工品

（　）10. 在「鳳梨採摘體驗教學設計」中，下列何者並非在介紹「鳳梨生長環境」的設計內容中？ (A) 鳳梨的生長地理環境與氣候 (B) 台灣的鳳梨產銷制度 (C) 當地農民如何運用產期調節方法 (D) 台灣地區鳳梨的主要產區

（請沿虛線撕下）

【背面尚有試題，請翻面繼續作答】

簡答題

1..Edginton 等人指出對大多數的休閒服務機構而言，活動設計的要素大致相同，其規劃重點的考量不外乎幾種要素？

2.活動規劃要素有哪些考慮因素？請列舉

得 分

學後評量─休閒農業概論

班級：＿＿＿＿學號：＿＿＿＿

姓名：＿＿＿＿＿＿

第八章　台灣休閒農業經營類型

（選擇題每題4分，共100分）

選擇題

(　) 1. 請問「市民農園」是屬於臺灣休閒農業的哪個經營方式？ (A) 生產手段利用型 (B) 農產物採取型 (C) 場地提供型 (D) 以上皆是

(　) 2.「東勢林場遊樂區」是屬於臺灣休閒農業依經營主體與面積大小分類的哪一類？ (A) 獨資經營 (B) 農民團體經營 (C) 公營經營（公家經營） (D) 合作經營

(　) 3.「飛牛牧場」是屬於臺灣休閒農業依利用型態的哪個分類？ (A) 農產品直接利用型 (B) 農作過程利用型 (C) 農業環境利用型 (D) 農村社區利用型

(　) 4. 臺灣休閒農業依區位性分類，有哪幾類？ 1. 都市近郊型 2. 鄉村型 3. 山地型 4. 海邊型 (A)1、3 (B)2、3 (C)3、4 (D) 以上皆是

(　) 5. 依據課本所述，臺灣最多設置休閒農業區的縣市是哪個地方？ (A) 台中市 (B) 苗栗縣 (C) 宜蘭縣 (D) 南投市

(　) 6. 依據課本所述，臺灣尚未設置休閒農區的區域是哪個地方？ (A) 北部 (B) 中部 (C) 東部 (D) 離島地區

(　) 7. 依據課本所述，臺灣第二多處設置休閒農場的縣市是哪個地方？ (A) 台中市 (B) 苗栗縣 (C) 宜蘭縣 (D) 南投縣

(　) 8. 哪一個不是休閒農業區發展的方向與目標？ (A) 活用農漁村資源 (B) 整合資源構成帶狀園區 (C) 鼓勵發展民宿 (D) 推動休閒農業策略聯盟

(　) 9. 在休閒農業區的推展成效中「經濟面」有一項爲非？ (A) 促進農村產業經濟活絡與轉型 (B) 增加民宿發展 (C) 活用農漁業資源 (D) 增加農村就業機會

(　)10. 一盤炒飯，當中含有醣類 65 克，蛋白質 30 克及脂質 30 克，其所提供的熱量爲多少大卡？ (A) 有效利用社區閒置空間 (B) 增加公共設施 (C) 增加社區公園的綠美化與生態景觀 (D) 建構農村休閒旅遊網絡

（請沿虛線撕下）

【背面尚有試題，請翻面繼續作答】

簡答題

1.. 鄉村民宿經營成功的要素包括哪幾項？請列舉

2.休閒農業區的推動策略爲何？請列舉

得 分

學後評量─休閒農業概論

班級：________ 學號：________

姓名：________

第九章 國際常見之休閒農業

（選擇題每題4分，共100分）

選擇題

( ) 1. 日本觀光休閒農業的演進中「農業勞力省力化」是第幾期的農家意識？
(A) 第一期 (B) 第二期 (C) 第三期 (D) 第四期

( ) 2. 1997 年日本農協團體由於全國中央會推動「三個共生運動」，下列何者為非？
(A) 與消費者共生 (B) 與下一代共生 (C) 與亞洲共生 (D) 與環境共生

( ) 3. 日本休閒農業常以各種不同的概念與名稱出現，「野營場」是哪一種類型呢？
(A) 農產品直接利用型 (B) 林產利用型 (C) 資源利用型 (D) 農村環境利用型

( ) 4. 日本的市民農園的分類與台灣不同，下列何者為非？ (A) 家庭農園 (B) 教育農園 (C) 高齡農園 (D) 特殊農園

( ) 5. 德國休閒農業主要有幾項涵義，下列何者為非？ (A) 維持原景 (B) 以農為服務之主體 (C) 農村都市化 (D) 資源活化

( ) 6. 以下何者非德國的市民農園的功能？ (A) 提供體驗農耕之樂趣 (B) 增加農民收入 (C) 提供退休人員或老年人最佳消磨時間地方 (D) 提供休閒娛樂及社交的場所

( ) 7. 哪個國家常將森林設置「森林休閒遊憩公園」？ (A) 德國 (B) 日本 (C) 澳洲與紐西蘭 (D) 中國

( ) 8. 以下何者非澳洲與紐西蘭兩國休閒農業的規劃設計之共同點？ 1. 自然又有特色 2. 農業資源的充分利用 3. 許多地方均設計鄉村民俗博物館 4. 環境設計成小型的森林休閒遊憩公園 (A)1,2 (B)3.4 (C)1,3 (D) 以上皆是

( ) 9. 根據學者段兆麟教授整理，中國大陸各地區休閒農業的發展的整體特色有 7 項，哪一項目為非？ (A) 觀光休閒農場規模大，農家樂推行的地區 (B) 善用歷史文化資源 (C) 體驗設計手法呈現精巧 (D) 以上皆是

( )10. 目前大陸觀光休閒農業面臨哪些問題？ (A) 法規政策面問題 (B) 規劃建設面問題 (C) 經營管理面問題 (D) 土地面積問題

（請沿虛線撕下）

【背面尚有試題，請翻面繼續作答】

簡答題

1.請簡述日本休閒農業的發展

2.澳洲與紐西蘭兩國休閒農業的「經營管理」共同點，請列舉。

得 分

學後評量—休閒農業概論

班級：＿＿＿＿ 學號：＿＿＿＿

姓名：＿＿＿＿

第十章　台灣休閒農業經營現況

（選擇題每題4分，共100分）

選擇題

(　) 1. 根據行政院農委會 2018 年 7 月底統計，台灣目前為止哪個地區的休閒農業區最多？ (A) 北區 (B) 南區 (C) 中區 (D) 離島區域

(　) 2. 台灣目前為止哪個地區的休閒農場最多？ (A) 北區 (B) 南區 (C) 中區 (D) 離島區域

(　) 3.「暑假農業打工機會」是政府在培育農業人才哪個項目？ (A) 產學合作 (B) 推動農民學院 (C) 培訓農遊大使 (D) 休閒農場聯合徵才

(　) 4.「融合理論與實務的課程，透過實務工作之體驗，至農場實習 6 個月至一年」是產學合作的哪個類型？ (A) 暑期產學合作 (B) 契約制產學合作 (C) 三明治產學合作 (D) 雙軌制產學合作

(　) 5. 何者不是「契約制產學合作」闡述？ (A) 依就業學程達成產學無縫接軌 (B) 學生會晚一年完成就業學程 (C) 業者優先提供實習 (D) 業者優先就業機會

(　) 6. 下列何者非培訓農遊大使的機構？ (A) 行政院農業委員會 (B) 臺灣休閒農業發展協會 (C) 中華民國觀光導遊協會 (D) 觀光局

(　) 7. 農遊大使的成員的選拔自於哪裡？ 1. 國內專業的導遊 2. 青年農民（青農）3. 大專院校相關科系學生 4. 高中職相關科係老師 (A)1、2 (B)3、4 (C)1、3 (D) 以上皆是

(　) 8. 何者非農遊大使所選定的場域？ (A) 具特色休閒農場 (B) 田媽媽 (C) 農遊果園 (D) 森林遊樂區

(　) 9. 休閒農業區評鑑舉辦頻率？ (A)1 年 1 次 (B)1 年 2 次 (C)2 年 1 次 (D)3 年 1 次

(　)10. 截至 2017 年台灣目前哪個休閒農業區完成 7 國外與領航員？ (A) 台東縣關山鎮親水休閒農業區 (B) 南投縣埔里桃米休閒農業區 (C) 苗栗縣大湖江廍園休閒農業區 (D) 宜蘭縣冬山鄉中山休閒農業區

（請沿虛線撕下）

【背面尚有試題，請翻面繼續作答】

簡答題

1.「農業綠色旅遊及環境加值發展四年期計畫」主要目的爲何？請簡述

2.農業綠色旅遊中「遊程六大要素」爲何？

得　分

學後評量—休閒農業概論

班級：＿＿＿＿＿學號：＿＿＿＿＿

姓名：＿＿＿＿＿＿＿＿＿

第十一章　休閒農業規劃

（選擇題每題4分，共100分）

選擇題

(　) 1.「規劃」與「計畫」是不同的何者爲正確？ (A) 計畫是一種過程 (B) 規劃是動態的 (C) 規劃是靜態的 (D) 規劃是管理的基礎

(　) 2. 傳統的規劃程序與現代規劃程序是不相同的，何者爲正確？ (A) 現代的規劃程序偏重規劃師 (B) 現代的規劃程序注重最後規劃的結果（規劃報告書） (C) 現代規劃程序重視社會意願的達成 (D) 現代的規劃程序偏重決策者意念的表現

(　) 3. 何者爲現代的動態規劃理念？ (A) 重視規劃過程 (B) 有一定的規律性 (C) 沒有一定的規律性 (D) 以上皆是

(　) 4.「規劃」的功能有許多，下列哪一項不包含？ (A) 規劃後一定會成功 (B) 引導組織走向一個較佳的地位 (C) 保持組織的彈性 (D) 協助管理者思考、做決定及行動，以最有效果的方式目標前進

(　) 5. 做「休閒農業規劃」非常重要，哪一項不是課本所提到的？ (A) 可增進農場做休閒成功的機會 (B) 能更有效適應環境的變遷 (C) 有助於實質建設之執行 (D) 增加政府的補助

(　) 5. 下列哪一項不是休閒農業區規劃步驟？ (A) 確立規劃範圍與目標與現況調查與基本資料蒐集與分析 (B) 發展潛力與限制分析 (C) 研擬規劃原則與發展構想 (D) 先做農場財務規劃

(　) 6. 休閒農業區規劃內容哪一項爲「硬體建設方面」？ (A) 區內的水土保持 (B) 畜牧場規劃 (C) 遊憩路線規劃 (D) 以上皆是

(　) 7. 休閒農業區規劃內容中「軟體建設方面」包括哪幾項？ (A) 農場區域的遊憩規劃 (B) 農民教育與解說服務 (C) 休閒農場的公共建設的經營管理 (D) 以上皆是

（請沿虛線撕下）

【背面尚有試題，請翻面繼續作答】

(　) 8. 休閒農業區規劃步驟中哪些是「現況調查與基本資料蒐集與分析」項目，下列哪一項是課本上所闡述的？ (A) 農民組織 (B) 道路系統計畫 (C) 全區機能配置 (D) 旅遊環境

(　) 9. 休閒農漁場規劃原則中，哪一個項目不在其中？ (A) 確實做好水土保持 (B) 自然生態保育 (C) 廢棄物處理 (D) 籌設產銷班組織

(　)10. 現況調查與基本資料蒐集與分析中「社經環境」哪一個項目不包括？ (A) 景觀資源 (B) 視覺空間 (C) 視野分析 (D) 休閒設施分析

簡答題

1. 請列舉休閒農業區規劃步驟？

2.休閒農業區規劃步驟中哪些是「現況調查與基本資料蒐集與分析」項目，請列舉？

得　分

班級：＿＿＿＿　學號：＿＿＿＿

姓名：＿＿＿＿＿＿

學後評量—休閒農業概論

第十二章　休閒農業園區組織與管理

（選擇題每題4分，共100分）

選擇題

（　）1. 課本提到「組織」（Organization）從三個面向來看，何者爲非？ (A) 從功能上來看 (B) 發展的觀點看 (C) 就結構上而言 (D) 從人性的觀點而言

（　）2. 組織是一種協和人類行動的系統（Barnard, 1938），何者非其要素？ (A) 組織係由一群人所組成 (B) 組織內的人須有互動作用 (C) 組織裡的互動作用是透過某種結構來執行 (D) 組織內只有共同目標

（　）3. 藉著組織，個人可以增進幾項單獨無法完成的能力，何者爲非？ (A) 擴增能力 (B) 縮短時間 (C) 財富的累積 (D) 知識的累積

（　）4. 休閒農業園區組織之原則，何者爲非？ (A) 只要有管理組織即可 (B) 管理組織要充分利用地方資源並積極開發潛在資源 (C) 園區的管理組織，必須以農民自主意願而成立的 (D) 以園區範圍爲基礎組成經營主體答案

（　）5. 休閒園區的農民組織運作，首先要充分利用地方資源，何者非「地方資源」？ (A) 財力 (B) 物質 (C) 精神 (D) 人力

（　）6. 休閒農業園區組織之類型，何者爲非？ (A) 管理委員會 (B) 共同經營班 (C) 公司型態 (D) 半公半私型態

（　）7. 下列非休閒農業園區之管理的範疇？ (A) 資源調配與廣告宣傳 (B) 教育解說與設施管理 (C) 交通管理 (D) 資源維護與公共關係

（　）8. 影響休閒農業園區運作的因素有許多，何者爲非？ (A) 組織投入的影響因素 (B) 組織缺對公共建設的投入 (C) 休閒農業園區內部運作階段的影響因素 (D) 組織產出部分的因素

（　）9. 下列何者非影響「組織投入」的因素？ (A) 經費 (B) 政府的補助 (C) 人員 (D) 資訊

（　）10. 何者爲休閒農業園區的外在環境影響因素？ (A) 結構與設計 (B) 組織文化 (C) 衝突管理 (D) 自然環境

（請沿虛線撕下）

【背面尚有試題，請翻面繼續作答】

簡答題

1. 五項組織的功能爲何，請簡述。

2.農村組織有五項重要功能，請簡述。

得　分

學後評量─休閒農業概論

第十三章　休閒農業經營管理

班級：＿＿＿＿＿學號：＿＿＿＿＿
姓名：＿＿＿＿＿＿＿＿＿＿

（選擇題每題4分，共100分）

選擇題

(　) 1. 下列何者非休閒農場生產管理需要注意方面？ (A) 農場之規劃 (B) 設施或機械設備之設置 (C) 生產制度設定 (D) 消費者的喜好

(　) 2. 下列何者非人力資源管理的主要工作項目有哪些？請列舉 (A) 人的薪資安排 (B) 職位分類 (C) 員工訓練 (D) 員工甄選

(　) 3. 下列何者非課本上談到的「員工訓練方式」有哪些？ (A) 開班講習 (B) 員工進修 (C) 對外建教合作 (D) 員工旅遊方式

(　) 4. 課本上談到的「員工考核的項目」不包括下列哪一項目？ (A) 員工工作素質與工作數量 (B) 聯繫協調能力與學識品行 (C) 平時配合加班情形 (D) 命令執行能力與學習精神

(　) 5. 下列非課本上所談到的「薪金的給付」應注意原則？ (A) 安定原則 (B) 個人與公司內部人員關係原則 (C) 激勵原則 (D) 公平原則

(　) 6. 台灣企業與農場的員工福利制度不包括下列哪一項目？ (A) 獎勵金與員工一般保險 (B) 員工安全衛生與子女教育補助 (C) 另外的保險外加原則 (D) 激勵原則

(　) 7. 財務比率分析的五力，何者為非？ (A) 收益力 (B) 生產力 (C) 折舊力 (D) 成長力

(　) 8. 何者為民宿經營的特性？ (A) 只有5間房間 (B) 具家庭功能與業務全天性 (C) 都是為在鄉村地區 (D) 只有在假日時候經營

(　) 9. 成功民宿的經營要素有哪些？ (A) 安全的居住環境與．親切誠懇的服務態度 (B) 健全的行銷計畫與．專業的經營管理 (C) 融合社區生活環境 (D) 以上皆是

(　)10. 田園餐飲的特色，何者為非？ (A) 以營利為目的 (B) 全部都是運用在地食材 (C) 若遭客人不滿易影響農場聲譽與服務態度與菜色是成功關鍵 (D) 是休閒農場主要經營活動的輔助單位

（請沿虛線撕下）

【背面尚有試題，請翻面繼續作答】

(　)11. 下列何者非餐飲經營成功因素？ (A) 建立持久性競爭力 (B) 穩定既有客源並不斷開發新客源 (C) 不斷的改變設備與設施 (D) 降低餐飲成本提高利潤

(　)12. 解說媒介種類中的「非人員解說」不包括下列哪個項目？ (A) 戶外解說設施 (B) 室內解說設施 (C) 學習手冊 (D) 解說印刷品

(　)13. 休閒農場的環境開發利用原則，下列不包括哪一項目？ (A) 開發之最小破壞原則 (B) 開發之業主最大利益原則 (C) 開發之最適原則 (D) 規劃指導開發原則

簡答題

1. 何謂行銷組合？請列舉。

2.休閒農業行銷四部曲爲何？並請列舉其步驟。

得　分

學後評量—休閒農業概論

班級：＿＿＿＿　學號：＿＿＿＿

姓名：＿＿＿＿＿＿

第十四章　休閒農場經營診斷與評鑑

（選擇題每題4分，共100分）

選擇題

(　) 1. 企業診斷包含許多分析，下列非包含含在內？ (A) 個人薪資分析 (B) 經營分析 (C) 生產分析 (D) 策略分析

(　) 2. 休閒農場在「管理面」的診斷項目，何者爲非？ (A) 組織與管理 (B) 市場與行銷 (C) 住宿經營 (D) 資源與技術

(　) 3. 休閒農場在「業務面」的診斷項目爲何？ (A) 農業經營 (B) 研發與創新 (C) 民俗文化 (D) 餐飲服務

(　) 4. 評鑑必須符合以四個條件，何者爲非？ (A) 評鑑應當是有用的 (B) 評鑑應當是可行的 (C) 評鑑應當是精確的 (D) 評鑑應當是休區全體會員一起參與的

(　) 5. 休閒農場評鑑有其目的，下列項目何者爲非？ (A) 確保休閒農場服務品質 (B) 作爲補助參考體 (C) 評鑑結果做爲決策依據 (D) 引導休閒農場提升經營管理能力化

(　) 6. 評鑑之種類之標準，何者爲非？ (A) 組織或機構之計畫發展過程 (B) 評鑑規模大小 (C) 決策層次方 (D) 時間先後

(　) 7. 下列何者非依工作決策層次所區分的評鑑？ (A) 範圍的決策 (B) 結構的決策 (C) 投入評鑑 (D) 過程評鑑

(　) 8. 在計畫發展工作過程中所的決策，何者爲非？ (A) 範圍的決策 (B) 結構的決策 (C) 執行的決策 (D) 即計畫的決策

(　) 9. 休閒農場服務認證中的「特色管理評選」何者非評選指標？ (A) 農場服務管理 (B) 農場特色營造 (C) 綠色餐飲服 (D) 農場設備管理

(　)10. 何者非「特色農業旅遊場域認證」與「休閒農場服務認證」的區別？ (A) 服務認證以提升服務品質爲訴求對於農業生產本質要求不高 (B) 特色農業旅遊場域認證僅針對休閒農場 (C) 服務認證強化產業管理效 (D) 特色農業旅遊場域認證則是以建立農業旅遊經營之品牌特色與形象

（請沿虛線撕下）

【背面尚有試題，請翻面繼續作答】

簡答題

1. 休閒農業發展方向的診斷，應包括哪些方向？請簡述

2.休閒農場評鑑主要目的爲何？請列舉

得 分

班級：＿＿＿＿＿＿學號：＿＿＿＿＿＿

姓名：＿＿＿＿＿＿＿＿＿＿＿＿

學後評量—休閒農業概論

第十五章 休閒農業未來趨勢與發展策略

（選擇題每題4分，共100分）

選擇題

（ ）1. 隨著時代變遷，旅遊趨勢轉變，下列何者爲非？ (A) 旅遊方式的轉變 (B) 旅遊消費金額改變 (C) 旅遊地區的轉變 (D) 旅遊人口結構轉變

（ ）2. 今後休閒農業的輔導，下列何者爲非？ (A) 將輔導休閒農場成爲唯一有機的生產基地之政策 (B) 輔導休閒農場或休閒農業區積極參與環境教育 (C) 加強推動農業體驗校外教學 (D) 改進休閒農業輔導策略與方法

（ ）3. 休閒農業未來發展方向在「經營面」應該發展的方向爲何？ (A) 轉變成「觀光型」農場加強市場區隔 (B) 強化行銷策略掌握市場需求 (C) 提升服務品質增強競爭優勢 (D) 加強網路行銷積極推展農業旅遊

（ ）4. 特色農業旅遊場域認證 S.A.S 分爲四大類，何者爲非？ (A) 農 (B) 漁 (C) 牧 (D) 動物類

（ ）5. 請問「雞」屬於特色農業旅遊場域認證 S.A.S 的哪一類？ (A) 茶、米、花 (B) 果、咖啡、蔬菜、香染藥草、森林、竹 (C) 養殖、禽、畜 (D) 以上皆是

（ ）6. 何者非創新農業體驗項目？ (A) 農事體驗（一日農夫） (B) 食農教育 (C) 校外教學 (D) 農村廚房

（ ）7. 何謂非四生一體的休閒生活產業？ (A) 生產 (B) 生命 (C) 生態 (D) 生存

（ ）8. 下列非「食材旅行」？ (A) 到超級市場採買食材 (B) 從認識食材到農業體驗、料理烹調到伴手禮製作 (C) 直接和農民購買 (D) 讓消費者直接到食材產地

（ ）9. 何者現在非休閒農業之東南亞新興市場的國家？ (A) 印尼 (B) 菲律賓 (C) 泰國 (D) 寮國

（ ）10. 休閒農業在「經營管理面」所面對的問題中，下列哪一項不包括在內？ (A) 經營管理面 (B) 經營型態 (C) 農業勞動力過剩 (D) 缺乏發展資金與人才

（請沿虛線撕下）

【背面尚有試題，請翻面繼續作答】

簡答題

1. 休閒農業未來發展方向在「經營面」應該發展的方向為何？請列舉

2.休閒農業面臨問題的對策中在「經營管理面」所採取的方法有哪些？請列舉